U0341264

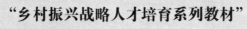

"乡村振兴战略人才培育系列教材"

丛书编委会:

主　任: 王显伟　李汝刚

副主任: 罗红伟　郭向周　李运昌　熊春明

主　编: 郭向周　韩志茶

编　委: 顾培铵　宇利鹏　范曙宇　韩志茶

　　　　李若良　杨锐铣　李正祥　高新华

　　　　刘喜雨　张小明　覃　磊　赵兴文

　　　　董汉中　陈　华　李虹贤　李月琴

《绿色生态养殖技术》

本书编委会:

本书主编: 刘喜雨

本书副主编: 黄建新　李灿荣

本书参编: 陈富珍　曹荣昌　李星润　龚　蕾　王乔花

乡村振兴战略人才培育系列教材

丛书主编 郭向周 韩志荼

绿色生态养殖技术

LÜSE SHENGTAI YANZHI JISHU

主编 刘喜雨

云南大学出版社
YUNNAN UNIVERSITY PRESS

图书在版编目（CIP）数据

绿色生态养殖技术 / 刘喜雨主编. — 昆明：云南大学出版社，2021

乡村振兴战略人才培育系列教材 / 郭向周，韩志茶主编

ISBN 978-7-5482-4116-4

Ⅰ．①绿… Ⅱ．①刘… Ⅲ．①生态养殖—教材 Ⅳ．①S815

中国版本图书馆CIP数据核字(2020)第161378号

策划编辑：朱　军
责任编辑：蔡小旭
封面设计：刘　雨

乡村振兴战略人才培育系列教材

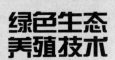

绿色生态
养殖技术
LÜSE SHENGTAI
YANGZHI JISHU

主编　刘喜雨

出版发行：云南大学出版社
印　　装：昆明瑾煜印务有限公司
开　　本：787mm×1092mm　1/16
印　　张：18
字　　数：352千
版　　次：2021年9月第1版
印　　次：2021年9月第1次印刷
书　　号：ISBN 978-7-5482-4116-4
定　　价：49.00元

社　　址：云南省昆明市一二一大街182号（云南大学东陆校区英华园内）
邮　　编：650091
电　　话：（0871）65033244　65031071
网　　址：http://www.ynup.com
E-mail：market@ynup.com

若发现本书有印装质量问题，请与印厂联系调换，联系电话：0871-64167045。

序　言

中华人民共和国成立70多年来，我国的农业、农村发生了翻天覆地的变化，农民生活水平得到了显著提升。随着人们生活水平的日益提高，消费者对食品安全日益关心，畜禽产品的质量安全问题更是消费者关注的重点。因此，如何防止养殖过程中对周围环境造成污染是现代养殖生产必须面对和解决的关键问题。既要生产出优质、安全、绿色、无公害的畜禽产品，又要在养殖业的发展过程中处理好养殖和环境保护的关系，这样才能保证养殖业的健康发展。解决好这个问题的根本出路在于搞好畜禽的绿色生态养殖。

党的十八大以来，党和政府突出强调了经济发展与环境保护的问题，强调乡村振兴战略。要走好新时代乡村振兴路，就要顺应迈向高质量发展这个大势，让绿色成为"三农"发展的底色。"水光山色与人亲""绿水青山就是金山银山"，良好生态环境是乡村振兴的重要支撑。当前，农业生态环境保护和农村污染防治的任务还很重，农民群众对"家乡美"有更多期待。践行绿色发展理念，就应推动农村生产、生活、生态协调发展，推进山水林田湖草系统治理，扎实推进农村人居环境整治行动，把乡村大地建设成为农民安居乐业的美丽家园。

文明，是历史沉淀下来的，有利于增强人类对客观世界的适应和认知，符合人类精神追求，能被绝大多数人认可和接受的人文精神、发明创造以及公序良俗的总和。文明是使人类脱离野蛮状态的所有社会行为和自然行为构成的集合。绿色生态养殖，就是要求所有养殖者坚守"绿水青山就是金山银山"这个环境保护意识，把环境保护当成一种自觉行动，生态养殖，绿色养殖，保护好每一滴水源、每一寸土地、每一片天空，使其不被污染，使每一批畜禽产品都是绿色无公害食品。

绿色生态养殖就是将畜牧业自身的发展和生态农业、生态经济有机结合起来，运用生态系统的原理、生态学的技术和方法，实现畜牧资源的高效转化、持续利用，保证畜禽的健康，保护好养殖场及周围环境，从而解决好畜牧生产过程中的资源利用、环境保护、畜禽产品质量等问题。

在组织和实施畜禽生态养殖的过程中，要按照生态系统"整体、协调、循环、再生"的原则，使畜牧业与农、林、渔业之间互相结合，有效利用各种自然资源，保证资源的循环利用、再生；处理好畜牧场与周围环境的关系，既防止畜牧场对周围环境的污染，又避免周围环境对畜牧业生产造成危害，保证畜牧生产健康、可持续发展；通过整个养殖过程的科学、规范管理，来提供优质、安全的畜禽产品。

绿色生态养殖是畜牧业发展的必然趋势。大理州自然条件千差万别，绿色生态养殖的模式多种多样，如何根据各地实际情况，因地制宜，组织好畜禽绿色生态养殖生产，是每一个养殖从业者关心的热点问题。为此，我们组织多年从事畜禽养殖教学、科研、生产的专家编写本书，以期对读者有所帮助。

本书共九章，包括：第一章绿色生态养殖模式的构建及意义（陈富珍），第二章选择适合乡村绿色生态养殖的项目（龚蕾），第三章绿色生态养殖的环境卫生及建场选址（龚蕾），第四章绿色生态养殖的饲料种植与粪便还田（曹荣昌），第五章绿色生态养殖的放养与圈养管理技术（王乔花），第六章牛的绿色生态养殖技术（刘喜雨、李星润），第七章猪的绿色生态养殖技术（李灿荣），第八章家禽的绿色生态养殖技术（曹荣昌），第九章畜禽常见疾病及防治（黄建新）及附图：国内外优质畜禽品种（李星润）等。本书注重科学性、实用性、先进性，通俗易懂，是在校大、中专畜牧兽医专业学生、投资生态养殖场人员和农民朋友的必备书籍。

特别感谢大理州畜牧工作站、洱源县畜牧局、祥云大有集团公司等单位对本书编写的支持和帮助，同时对本书编写中参考引用文献的作者表示感谢。

由于编者水平有限，书中难免有错漏之处，敬请批评指正。

编　者

2020 年 8 月

目　录

第一章 绿色生态养殖模式的构建及意义

第一节 绿色生态养殖的基本概念

一、农牧结合

"农"指种植业，"牧"指养殖业。所谓农牧结合，乃是新型种植业与现代养殖业之间的一切对立统一的联系，是指农业与畜牧业两个生产部门结合，种植业为养殖业提供物质基础，而养殖业又为种植业提供有机肥，彼此间互为供养关系。农牧结合为高效合理利用土地、生产资料和劳动力提供了必要条件，为提高农牧业的经济效果提供了有利条件，可以增加农民收入、满足城乡居民消费需求。这种结合遵循生态经济学原理，与新农村建设结合，加快了畜牧业转型升级，可以着力构建资源循环、安全优质、集约高效、可持续发展的现代生态畜牧业生产体系。

农牧结合旨在全面提升种植业生产能力和畜产品供给能力，促进畜牧业与种植业、生态环境的协调发展，构建农村种植业与畜牧业相互适应与协调，畜牧业的规模和种类与种植业提供的饲料相适应。这种种植业生产也适应于畜牧业的需要，可使两者平衡并协调发展。农牧结合的生态化处理技术，其目标是使种植业的结构、产品、种植方式、产量安排、季节安排、品种安排能适应一定水平畜牧业产品的数量、质量和种类，通过这种农牧结合的方式合理消化和处理相关废弃物，从而达到生态化处理的目的。

农牧结合、绿色循环一定是将来大农业、现代农业的根本出路。

二、生态农业

生态农业是以生态学为理论依据，合理地利用和控制农业系统物质循环过程，建立经济效益和生态效益高度统一的农业生产结构。生态农业的主导理念是促进物质的循环利用，充分合理利用自然资源，使再循环渠道更加通畅。生

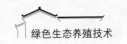

态农业的表现是农、林、牧、副、渔各业并举，相互连接，成为一个有序的、循环畅通的、高度组织化的立体网状农业生产系统。

三、生态养殖

生态养殖是生态农业发展中的重要组成部分，是实现种植业能量高效利用和循环利用的重要通道。畜禽生态养殖要求以生态经济学和生态学为理论指导，在维持生态平衡的条件下，在畜牧养殖规划、设计、管理组织过程中做到因地制宜，减少废弃物、污染物的产生，提高资源利用率，保持畜禽养殖业平衡、可持续发展，积极改善、提高生态环境质量和畜牧产品质量的生产方式。

四、生态优先

生态优先是根据不同区域的地形地貌、生态类型以及不同养殖动物、生物污染的特点，突出环境保护和循环利用，粪污处理采用雨污分流、固液分离的工艺；根据环境的承载能力，在生产过程中贯彻生态优先、清洁生产的理念，制订方案，因地制宜地应用不同模式、工艺、技术，实现多种形式的改造与提升，提高资源的利用率和生产效率，实现养殖业健康可持续发展。

五、生态化建设

生态化建设是利用养殖场周边的农田、蔬菜地、果园等，通过建立管网输送系统，将处理后的沼液、粪尿污水作为有机肥料输送到种植业基地，全部还田返林，实现综合利用。

六、绿色畜牧业

绿色畜牧业是指按照绿色食品的生产标准，集饲料基地、养殖、加工、包装、运输、销售于一体的畜牧产品生产经营链。其核心是通过对生产经营全过程的控制，最终为消费者提供无污染、健康、安全的绿色畜产品。绿色畜产品生产是在未受污染、洁净的生态环境条件下进行的，在生产过程中通过先进的养殖技术，以最大限度地减少和控制对产品和环境的污染和不良影响，最终获得无污染、安全的产品和良好的生态环境。

七、有机畜牧业

有机畜牧业是在牲畜的饲养过程中，禁止使用化学饲料或含有化肥、农药成分的饲料喂养牲畜和禽类；在预防和治疗畜禽疾病时尽可能不使用具有残留性的药物，以免人们食用牲畜肉类及其制品后损害人体健康。有机畜牧业的根本目的是对环境有利，保证动物健康的持续性，关注动物福利，生产高质量的产品。

八、生态隔离

生态隔离是指同一物种的不同种群生活在同一区域内的不同生态环境内，而造成的不能交配。例如，体虱和头虱由于寄生场所不同，已经形成了不同的适应性特征，虽然在某种条件下，它们也能够相互杂交，但后代中会出现不正常的个体。这表明经过生态隔离，二者已经产生了一定程度的分化。

在畜牧养殖中主要指养殖场地理位置远离居民区，有利于疫病隔离，同时避免造成居民生活环境的污染。

九、三区三线

"三区"指生态、农业、城镇三类空间；"三线"指的是根据生态空间、农业空间、城镇空间划定的生态保护红线、永久基本农田和城镇开发边界三条控制线。

生态空间：是指具有自然属性、以提供生态服务或生态产品为主体功能的国土空间，包括森林、草原、湿地、河流、湖泊、滩涂、荒地、荒漠等。

农业空间：是指以农业生产和农村居民生活为主体功能，承担农产品生产和农村生活功能的国土空间，主要包括永久基本农田、一般农田等农业生产用地，以及村庄等农村生活用地。

城镇空间：是指以城镇居民生产生活为主体功能的国土空间，包括城镇建设空间和工矿建设空间，以及部分乡级政府驻地的开发建设空间。

生态保护红线：是指在生态空间范围内具有特殊重要生态功能、必须强制性严格保护的区域，包括自然保护区等禁止开发区域，具有重要水源涵养、生物多样性维护、水土保持、防风固沙等功能的生态功能重要区域，以及水土流失、土地沙化、盐渍化等生态环境敏感脆弱区域，是保障和维护生态安全的底线和生命线。

《大理市洱海生态环境保护"三线"划定方案》中对三线的划定为：蓝线以"2007年环洱海1500数字化修测地形图"和2014年勘定的1966米湖区范围界线划定；绿线以蓝线为基准线外延15米划定；红线以洱海海西、海北（上关镇境内）蓝线外延100米，洱海东北片区（海东镇、挖色镇、双廊镇境内）环海路道路外侧路肩外延30米划定。根据《科学划定洱海流域畜禽养殖禁养区、限养区方案通知》，蓝线和绿线范围内为禁养和限养区。

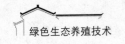

十、禁养区

畜禽养殖禁养区是指按照法律、法规、行政规章等规定，在指定范围内禁止任何单位和个人养殖畜禽。禁养区范围内已建成的畜禽养殖场，由县人民政府依法责令限期搬迁或关闭。

十一、限养区

畜禽养殖限养区是指禁养区和适养区的过渡区域，是对禁养区的保护，按照法律、法规、行政规章等规定，在一定区域内限定畜禽养殖数量，禁止新建规模化畜禽养殖场。限养区内现有的畜禽养殖场应限期治理，污染物处理要达到排放要求；无法完成限期治理的，应搬迁或关闭。

十二、适养区

畜禽养殖适养区是指除禁养区、限养区以外的区域，原则上作为畜禽养殖适养区。在畜禽养殖适养区内从事畜禽养殖的，应当遵守国家有关建设项目的环境保护管理规定，开展环境影响评价。其污染物排放不得超过国家和地方规定的排放标准和总量控制要求。

十三、资源化利用

资源化利用就是把养殖场的粪便污水收集起来，通过生物技术及机械加工处理，加工成固体有机肥或沼液肥水，用于农作物施肥，改善土壤肥力。

十四、无害化处理

无害化处理是指养殖场粪尿及污水通过沼气净化、生物发酵、氧化塘沉淀等技术处理，实现无害化达标排放；病死畜禽通过无害化处理池或集中收集送至县级病死动物无害化处理厂进行规范化处置，确保不发生滥丢或出售病死畜禽事件。

十五、粪污零排放

粪污零排放是指采用人工干清粪工艺，实现雨污分流、干湿分离，通过粪污综合净化处理系统及技术工艺，建立治污生态循环链，实现养殖场粪污资源化利用、无害化处理，达到零排放目标。

十六、绿色农业

绿色农业是指将农业生产和环境保护协调起来，在促进农业发展、增加农户收入的同时保护环境、保证农产品的绿色无污染的农业发展类型。绿色农业涉及生态物质循环、农业生物学技术、营养物综合管理技术、轮耕技术等多个方面，是一个涉及面很广的综合概念。

十七、养殖粪污

养殖粪污是指规模养殖场产生的废水和固体粪便的总称。

十八、干清粪工艺

干清粪工艺是指生产过程中产生的粪和水、尿分离并分别清除的生产工艺。

十九、堆　肥

堆肥是利用含有肥料成分的动植物遗体和排泄物，加上泥土和矿物质混合堆积，在高温、多湿的条件下，经过发酵腐熟、微生物分解而制成的一种有机肥料。堆肥所含营养物质比较丰富，且肥效长而稳定，同时有利于促进土壤固粒结构的形成，能提高土壤保水、保温、透气、保肥的能力，而且与化肥混合使用又可弥补化肥所含养分单一，长期单一使用化肥使土壤板结，保水、保肥性能减退的缺陷。

二十、沼　液

沼液是以牛、猪、鸡、兔粪便为原料（无烧碱、无沙土），经长时间恒温厌氧发酵所产生的液体。沼液中养分种类较原料和普通化学合成肥料高 10 倍以上，养分极其丰富，含有丰富的氮、磷、钾、氨基酸，以及丰富的微量元素、B 族维生素、各种水解酶、有机酸和腐殖酸等生物活性物质。沼液是很好的有机肥料，能刺激作物生长，增强作物抗逆性及改善产品品质，常作为绿色生态种植的首选肥料。

第二节　绿色生态养殖模式

随着国民经济的增长，我国畜牧业发展迅猛，畜牧业总产值占农业总产值的比例逐年提高。然而，畜牧业的发展也面临着种种困境，如环境污染问题、食品安全问题以及生产效率低下、劳力短缺等问题。随着社会主义新农村建设的兴起，对畜牧养殖业也提出了新要求，改变以往落后的养殖模式，发展绿色无污染、可持续发展的养殖业成为畜牧业发展的主流。因此，发展绿色生态养殖是一种适应养殖模式发展方向的新思路。

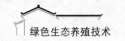

一、绿色生态养殖模式的构建

绿色生态养殖模式所涉及的领域，不仅包含畜牧业，也包括种植业、林业、草业、渔业、农副产品加工、农村能源、农村环保等。绿色生态养殖模式实际上是由多个有机农业企业组成的综合生产模式。在相对封闭的农业生态系统内，通过饲料和肥料把种植生产和动物养殖合理地结合在一起，对建立系统内良性物质循环、保持和增强土壤肥力有重大意义。

绿色生态养殖模式把种植、养殖、安全防控合理地安排在一个系统的不同空间，既增加了生物种群和个体的数目，又充分利用了土地、水分、热量等自然资源，有利于保持生态平衡。通过植物栽培、动物饲养、牧地系统组合，充分利用了可再生资源，变废为宝，为土壤改良、农业可持续发展提供了新思路。在实施过程中应尽量减少畜禽对外部物质的依赖，强调系统内部营养物质的循环的过程中，把农业生产系统中的各种有机废弃物重新投入到系统内的营养物质循环，把动物、植物、土地和人联结为一个相互关联的系统。绿色生态养殖模式不仅仅考虑经济效益，更注重经济、生态、社会效益的共赢，谋求生态、经济与社会的统一。

二、绿色生态养殖模式的类型

(一) 田间养殖模式

中国自古就有利用水田、池塘等湿地发展种养结合的传统，在原有的农田基础上实现植物、动物、微生物、环境之间物质和能量循环，具有"一地双业、一水双用、一田双收"的效果。目前常见的田间种养结合模式主要有稻花鱼、虾、蟹的养殖和稻鸭（鸡）共育等。

模式一：稻花鱼、虾、蟹的养殖。

模式简介：稻花鱼、虾、蟹互生互长，稻田为鱼、虾、蟹提供丰富的食物来源和生活栖息场所，鱼、虾、蟹为水稻耘田、除虫草、积肥和改善田间小气候，促进水稻提质增产增收（如图1-1所示）。

该模式优点：稻花鱼、虾、蟹养殖不仅可以丰富田间的生物种类，还能促进水稻的增产丰收，是一项粗放型、投资少、见效快、风险低、无污染、收入高的水产养殖项目。与常规水稻种植相比，在稻鱼、稻鳅养殖模式下，亩均纯收益提高500~1800元；在稻虾和稻蟹养殖模式下，亩均纯收益可提高2000元以上。稻田综合种养的生态效益显著，对南方十省份的稻田养鱼调查显示，亩均化肥使用量减少15%左右，农药使用量减少约40%，同时通过田埂加高、加固，开挖鱼沟，每亩稻田可多蓄水200余立方米，起到抗旱保水、调节气候的作用。

图 1-1 稻花鱼、虾、蟹的养殖模式

模式二：稻鸭（鸡）共育。

模式简介：鸭（鸡）稻互生互长，稻田为鸭子（鸡）提供了丰富的食物来源和生活栖息场所，鸭子（鸡）为水稻耘田、除虫草、积肥和改善田间小气候，作为害虫的天敌保护水稻，促进水稻提质增产增收（如图 1-2 所示）。

该模式的优点是：（1）投资少、简便、省事。一般农用闲居房屋皆可；（2）充分利用自然资源，水稻收割后，掉落的稻穗和未成熟的稻粒及各种草籽，还有稻田内的鱼虾和虫子、虫卵等都是家禽的好饲料；（3）减少作物来年病虫害；（4）禽粪可以肥田，减少化肥造成的环境污染；（5）提高了鸭（鸡）的肉质风味。

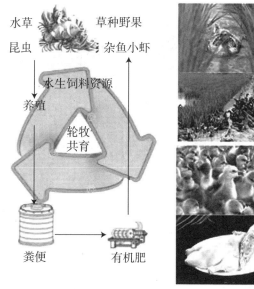

图 1-2 稻鸭（鸡）共育

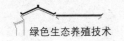

(二) 畜、禽—沼、肥—果、蔬生态模式

生态养殖模式饲养的畜禽日增重和饲料利用率都很高。这是由于动物可及时利用果园青绿多汁饲料，补充其所需的维生素和矿物质。另外，果园饲养的鸡可采食虫、草，营养来源比庭院饲养的鸡更丰富，同时果园环境空气清新，适于动物的生长，使其生产潜力得以充分发挥。养牛场采取"奶牛场+粪便处理生态系统+废水净化处理生态系统+耕地还原系统"的人工生态畜牧场模式。粪便采取固液分离，固体部分进行沼气发酵，建造适度的沼气发酵塔和沼气贮气塔以及配套发电附属设施，合理利用沼气产生电能。发酵后的沼渣可以改良土壤的品质，保持土壤的团粒结构，使种植的瓜、菜、果、草等产量颇丰，池塘水生莲藕、鱼产量大，田间散养的土鸡肉质风味鲜美。利用废水净化处理生态系统，将畜牧场的废水及尿水集中起来，进行土地外流灌溉净化，使废水变成清水并循环利用，从而达到畜牧场的最大产出。这样的绿色生态系统，既改善周围的环境，减少人畜共患病的发生，又使环境无污染无公害，处于生态平衡中。循环经济有利于畜牧业的持续发展，可以为其他大型养殖场起到示范带动的作用。

模式一：猪—沼、肥—蔬果、苗木作物—饲料。

模式简介：以生猪养殖企业为主体，立足企业自身资源及产业特点，实施生猪养殖，猪粪发酵后生产沼气和有机肥，沼气可用作燃料，有机肥用作蔬果苗木和农作物的基肥，后期将农作物、果蔬加工产生的果渣等加工成饲料喂猪，形成生态循环体系（如图1-3所示）。

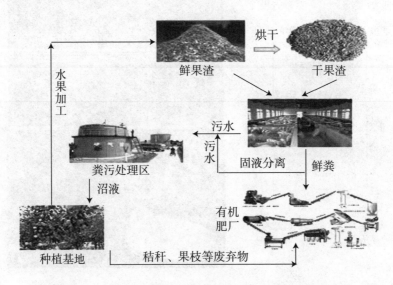

图1-3 "猪—沼、肥—蔬果、苗木作物—饲料"循环模式

模式二：牛羊—有机肥—果草、作物—饲料。

模式简介：由养牛、羊的多个龙头企业牵头带动，结合农户主体自身资源条件，实施"牛羊—有机肥—果草、作物—饲料"多种循环模式养殖。用牛、羊粪发酵生产有机肥，可作为农作物、蔬菜、水果生产的基肥，果树下实施饲草作物间作套种，牧草、农作物、果蔬渣用作牛、羊的饲料，促进养殖、种植和环境的有机结合，生态绿色循环发展（如图1-4所示）。

特色：基于区域土地的承载消纳能力，规划区域畜牧业发展，出台政策扶持文件，由龙头企业牵头，带领多个种养农户和小型企业成立牛/羊产业联合体，依据联合体成员现有资源开展绿色循环分工协作，将牛、羊粪收集处理成有机肥，种植青贮饲料喂羊，体现"N+1"联合体循环。

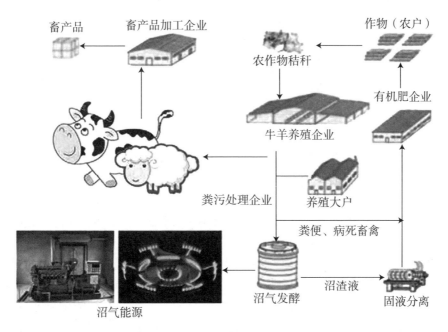

图1-4　"牛羊—有机肥—果草、作物—饲料"循环模式

模式三：鸡—有机肥—蔬果。

模式简介：将鸡粪发酵成有机肥，作为蔬菜、果木生产的基肥，促进鸡粪的资源化利用（如图1-5所示）。

特色：以一个企业为主体开展养殖，将鸡粪发酵有机肥，进行蔬菜、果木生产的自主循环消化（或多企业农户参与循环消化），体现"1+1"自主循环。

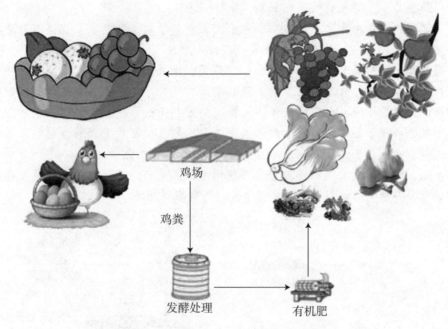

图1-5 "鸡—有机肥—蔬果"自主循环模式

（三）山、林地养殖模式

山、林地养殖模式在多山或地貌复杂地带应用比较成功，有荒山坡果园和河滩果园两种。以此种方式饲养，规模一般在1000~2000只之间，其优点是：（1）果农以果木为主，以养殖为辅，规模小、投资少、风险小；（2）禽类可食用草籽、有害虫子及虫卵以节约饲料；（3）禽粪可肥园，既减少了投资又保护了环境；（4）成禽运动多，体质好，肉质鲜嫩，味道鲜美。在山区、丘陵地带，成片林地多，将土鸡养在成片林地，土鸡可采食林地的杂草、昆虫，同时，辅以适量的玉米和稻谷等粮食。一般采取轮牧方式，一块林地的杂草采食完后再轮转至另一处，休闲一年后，再次利用，有效利用了资源并能防止疫病传播。

模式：林牧结合。

模式简介：利用树林中杂草（牧草）草种、野果、昆虫以及土壤矿物质等天然资源，开展林下肉鸡、猪等的散养和轮牧养殖，为林土除虫草、积肥和改善林间小气候，促进畜产品增产增收（如图1-6所示）。

特色：以一个企业为主体，利用林下饲料资源，为林土除草、积肥和改善林间小气候，既促进了绿色畜产品增产增效也改善了生态环境，体现"1+1"自主循环。

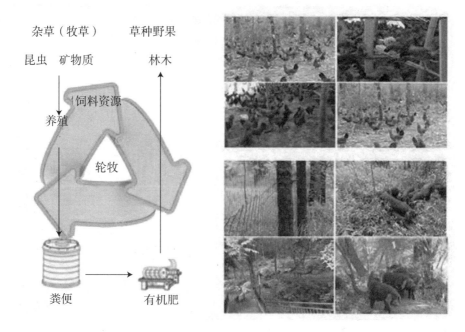

图 1-6 "猪鸡—林生物链"自主循环模式

（四）渔业养殖模式

鱼塘养鸭，鱼鸭结合（即水下养鱼、水面养鸭）是被推广的一种生态养殖模式（如图 1-7 所示）。无论在哪种鱼塘养鸭，都要以鱼为主。鱼鸭结合的方式主要有三种：（1）直接混养。（2）塘外养鸭。离开池塘，在鱼塘附近建较大的鸭棚，并设活动场和活动池。（3）架上养鸭。在鱼塘上搭架，设棚养鸭，这种方法多用于小规模生产。这种养殖模式的优点是：（1）增加肥料。每只鸭日排粪为 130~200 克，鸭粪中尚有 26% 未被消化的营养物质排入池中，兼具肥料和饲料双重作用。（2）增加饲料。鸭群吃漏的饲料约占总投饲量的 10%，能为鱼所食。（3）增氧促肥。鸭群嬉戏、潜水掘泥觅食，将上层高溶氧水层搅入中下层，使整个水体的总氧量有所提高、分布均匀；同时鸭搅动底泥，加速了淤泥中无机盐的释放，利于肥水。（4）促鱼增产。据无锡市河埒乡养殖场试验，每亩放鸭 122~128 只，鱼可增产 17%~32%。

图 1-7　鱼塘养鸭生态养殖模式

（五）生态园区模式

生态园区是值得推广的一个人造的大自然生态群落。生态园区内动物、植物和微生物应有尽有。生态园内的养殖是一种立体养殖，模式有猪、鸡、鱼或牛、鸭、鱼或羊、鸡、鱼等饲养园，此外还有野生动物园及珍禽园以及各种珍稀林木等（如图 1-8 所示）。这种养殖模式的优点是：（1）可供人们旅游、观光、娱乐、休闲，享受高山流水、闲云野鹤式的田园风光；（2）为科研提供实习基地，有利于探索更先进的畜牧理念；（3）科学地利用荒山，绿化、美化环境，创造独特的人文景观。（4）生态园内由于养殖种类多、投资大，吸引一批高素质的专业技术人员和科研人员，由他们提供技术服务，更有利于园区内生物的疫病控制和科学管理；（5）生态园虽然投资较大，但由于经营种类和项目多，且都是一环套一环，既充分利用了自然资源又节约了成本，更有利于宏观调控，市场风险较小。

三、绿色生态养殖模式构建的意义

（一）减少畜禽粪污污染，改善环境

数据显示我国养殖规模是巨大的，肉类产品世界第一，生产 8000 多万吨肉类产品，一年生猪的饲养量接近 12 亿头，禽类一年中出栏 130 多亿只。每年产生的畜禽粪污，单屠宰场清理粪污产生的污水就多达 30 亿吨，加上各养殖场生产过程中产生的畜禽粪污，数量更是巨大，如果全部直接排放到环境中，将会对环境造成很大的危害。构建绿色生态养殖，能够有效地减少畜禽粪污的产生。畜禽—沼、肥—果蔬的生态模式将畜禽产生的粪污进行固液分离，固体部分进行沼气发酵，产生的沼气用于发电，沼渣沤肥土壤，废水净化处理，外流灌溉等，减少了粪污排放，甚至能做到零排放，降低对环境的污染，有效改善动物和人类的生活环境。据韩秋茹报道，在养殖场采用干清粪、凹槽式饮水器模式，实现了雨污分离、干湿分离，污水量有效减少 2/3，通过将污水发酵降解，改善了污水颜色和气味。

（二）资源循环利用，降低生产成本

2017 年第十二届全国人大五次会议举办的记者发布会上，农业部韩长赋部长说道："畜禽废弃物只是废弃物，不是污染物，是放错了地方的资源。"通过植物栽培、动物饲养、牧地系统组合，充分利用可再生资源，变废为宝。将畜禽产生的粪污通过干湿分离、沼气发酵等方法变成有机肥料，改良土壤，增加肥力，使种植的瓜、菜、果、草等产量颇丰；又可兼作饲料，使鱼、虾、蟹肥美。种植的农作物、果蔬、苗木加工利用后的果渣，可加工成饲料饲喂畜禽，使种、养、牧相互结合，降低畜禽养殖企业、农户的生产成本，减少养殖户肥料费用支出。据统计，发展生态牛羊养殖产业，将牛粪和羊粪堆积发酵之后，作为有机肥销售，每头牛每年可增收 2000 元以上（5 吨有机肥×400 元/吨），每只羊每年可增收 400 元以上（1 吨有机肥 400 元）。

（三）减少疾病，保障食品安全

运用现代生态养殖技术，可以使养殖设施、饲料、粪污、产品、投入品实现标准化、生态化、微生物化、资源化、有机化及无害化，使在良好生长环境中形成的养殖、种植更加健康。对现代生态养殖技术进行合理的应用能降低动物发病率，提高其成活率，并可采用益生微生物对动物体内残留的有害物质进行清理，为动物产品提供安全保障。利用现代生态养殖技术能减少农作物、果蔬、苗木的化肥、农药的使用量，为人们提供绿色、有机、无害化的食品，保障食品安全。

（四）创建品牌，提高经济效益

绿色生态养殖技术能为畜禽提供优质的饲料和良好的生长环境。动物吃得好、睡得好，长得就好。生态的牛、羊、猪、鸡、鱼、虾、蟹等养殖模式都基本回归自然，养殖的动物产品肉质肥美、口味佳，营养价值高，深受广大人民

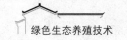

的喜爱；生态种植出来的果蔬、作物产量丰、品质佳，绿色健康，同样深受广大人民的喜爱。依赖产品质量，形成自己的品牌，绿色生态养殖技术使种、养殖的经济效益得到迅速的提升。

（五）助力脱贫致富，带动农村经济

由政府统筹，当地的龙头企业牵头，带领种养农户成立畜禽（牛/羊/猪/鸡）产业联合体，再依据联合体成员现有资源开展绿色循环分工协作，开展养殖、畜禽粪收集处理生产有机肥、种植青贮饲料饲喂畜禽模式。该模式能很好地利用联合体成员各自的资源优势，一方面企业能给当地的贫困农户提供优质畜禽种子资源、饲料、启动资金等，帮助农户就业、创业，增加农民收入，脱贫致富；另一方面农户可以解决企业用工、管理问题等，使得企业长足有效发展。企业发展必定带动当地经济快速发展，当地经济发展，农民生活就会越来越幸福，最终实现共同富裕。

（六）加快生态产业发展，营造新式生活

生态园区养殖可供人们旅游、观光、娱乐、休闲，也可为科研提供实习基地，有利于探索更先进的畜牧理念，建造人、畜、环境和谐发展的生活模式。同时以多功能生态园区产业发展带动农业升级、农村建设和农民增收，促进农村劳动力转移，缩小城乡差距，达到多功能生态园区反哺农业、带动城市发展的作用。

第三节 大理州绿色生态养殖概况

一、大理州畜禽养殖现状

2017 年，大理州外销生猪 70 万头、牛 10 万头、羊 60 万只、家禽 300 万羽、禽蛋 5 万吨，畜禽外销收入突破 50 亿元。

2017 年，全州加工乳制品 32 万吨，加工产值 27 亿元，乳制品加工占全省加工总量的 65%；屠宰加工生猪 388 万头、肉牛 24 万头、羊 32 万只、禽 1250 万羽，产值 80 亿元；加工腌腊制品、冷鲜肉、火腿、牛干巴、卷蹄等肉制品 3.6 万吨，加工产值 18 亿元。

从 2012 至 2017 年，短短五年的时间，全州创建畜禽养殖标准化示范场 27 个，建成万头猪场 10 个、10 万羽鸡场 26 个、千头牛场 5 个、千只羊场 5 个，建成万亩高原生态牧场 5 个，畜禽养殖规模化率提高到 50%，比 2012 年增加了 10 个百分点。

全州完成猪种改良 60 万窝，其中人工授精 32 万窝；推广良种禽 2450 万羽；加工利用青贮饲料 50 万吨，推广人工牧草种植 20 万亩、专用青贮玉米种植 6 万亩；奶牛良种覆盖率 100%、生猪良种覆盖率 90%、肉牛良种覆盖率 45%、羊良种覆盖率 70%。全州不断扩大畜禽养殖规模比重，以适应养殖结构优化和供给侧结构改革的需要，使畜禽标准化、规模化养殖不断发展。截至目前，全州通过畜牧部门备案的畜禽规模养殖场（小区）达 2322 个，累计创建国家级畜禽标准化示范场 6 个、省级 21 个；建成 5 个万头猪场、3 个万亩高原生态牧场、5 个千头肉牛场、5 个千只羊场、2 个千头奶牛场、10 个出栏 10 万羽的肉鸡场、5 个存栏 10 万羽的蛋鸡场、350 个奶牛家庭牧场。全州奶牛存栏量、牛奶产量、乳品加工和外销产量占全省的 60% 左右，肉牛出栏、肉奶蛋人均占有量居全省第一，家禽产业位居全省前列。

全州拥有州级以上畜牧产业化龙头企业 21 家，其中省级以上 6 家。全州乳品加工企业不断整合发展壮大，从 2005 年的 13 家整合为目前的 3 家，日处理鲜奶能力达 1560 吨。云南欧亚乳业、新希望邓川蝶泉乳业为农业产业化国家级重点龙头企业，云南皇氏来思尔乳业为省级龙头企业。全州现有永平阿巧嬢清真肉食品、云龙诺邓火腿、弥渡卷蹄等肉食品加工企业，年加工能力约为 4 万吨。全州现有中小型饲料加工企业 30 多家，年饲料产销量达上百万吨。全州建有生物有机肥加工厂 6 座，年收集并加工畜禽粪便 18 万吨。全州共有 18 家畜牧企业通过了无公害农产品产地认定，2 家畜牧企业通过了绿色食品认证，云龙诺邓火腿、南涧县无量山乌骨鸡、云龙矮脚鸡通过了国家地理标志认证。

为加强以洱海流域为重点的养殖污染治理，大理州制定《大理州畜禽养殖污染防治"十三五"规划》及相关工作方案。2017 年全面完成全州 12 个县市畜禽养殖禁养区划定工作，2018 年 4 月底完成禁养区畜禽规模养殖场关停、搬迁工作。畜禽粪污资源化利用取得明显成效，洱海流域建成 2 座有机肥加工厂和 18 个畜禽粪便收集站，年收集处理畜禽粪便 16 万吨；日产 3 万立方米天然气的大型生物天然气工程已经投产。全州粪污综合利用率达 71%，规模养殖场粪污处理设施配套率达 88%。

二、大理州发展绿色生态养殖存在的问题

（一）缺乏发展规划

近几年来大理州各级畜牧兽医部门都在积极引导广大养殖户结合自身条件，积极发展绿色生态养殖，但是不少地方没有制定出具体的发展规划，影响畜牧业绿色发展步伐。

（二）发展机制不健全

大理州不少地方在畜牧业绿色发展过程中，养殖粪污治理、病死畜禽无害

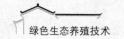

化处理等一些必要的工作机制还没有建立健全。

（三）宣传、知识普及度不够

目前很多人对绿色养殖、生态养殖的认识，几乎都只停留在无公害、不用农药化肥、纯绿色等一些名词解释的层面上，甚至只把这些概念当作谋求高效益的一个噱头。

（四）科学养殖水平不高

在大理州部分地区，还有不少养殖户的养殖观念和养殖技术落后，仍采取传统的养殖方式，养殖效益低下，亏损时有发生。

（五）经营主体培育力度不够

大理州不少地方对龙头企业、家庭牧场、养殖专业合作社等经营主体培育力度不够，致使畜牧业绿色发展的推动力不够，组织化程度低。

（六）农产品品牌培育力度不够

在如今竞争激烈的时代，品牌对一个产业的发展起着十分重要的作用，品牌会给一个产业带来很多"好处"。但我国很多地方，在畜牧业绿色发展的过程中对品牌培育不够，主要表现在缺乏品牌意识、打造知名品牌力度小等方面。

（七）畜产品质量安全监管力度不够

主要表现在执法力度不够，对拒绝接受重大动物疫病免疫、乱扔病死畜禽、销售经检疫不合格的动物产品、销售过期变质饲料等违法行为的查处力度不够，给畜产品质量安全监管带来了隐患。

（八）饲料来源、品质管控存在较大漏洞

为了加快畜禽的生长速率，传统的畜禽养殖往往会在饲料中添加激素，缩短畜禽的生长周期，这种方法虽然能够提高经济效益，但给购买畜产品的人群带来一定的健康隐患。目前我省的饲料监督管理工作并没有得到有效的推进，在饲料的管理方面存在很大的漏洞，难以保证畜产品的质量安全。

（九）政策扶持力度不够

（1）小规模养殖场的污染治理缺少政策扶持。根据省市畜禽养殖污染治理扶持政策，500头以下的养殖场不能列入省市综合整治项目，而大理市也尚未出台明确的补助政策和奖励资金，小规模养殖场的污染治理工程缺乏合理有效的政府激励机制。

（2）畜禽养殖户有心无力。小规模养殖场经济效益比较低，容易受到自然和市场的双重压力，其单位治污成本偏高，要其全部承担畜禽养殖污染治理资金也比较困难。

（3）小规模养殖场的治理工作更加迫切。由于小规模养殖场是一家一户养殖，布局不合理，有些甚至就在村庄之中，且基本没有污染处理措施，周边农户对其污染反响很大。

三、大理州加快发展绿色生态养殖的措施

（一）科学规划，推广生态养殖

对于当地政府来说，要根据当地气候特点、生态条件以及农业资源的具体分布状况，制订出一个科学的规划方案，对现有的畜牧生产结构进行调整，坚持绿色养殖，实现从源头到产品产出的绿色化和安全化；积极引进和推广生态养殖技术和模式，例如"猪—沼—果""猪—沼—菜"等模式；兴建科学养殖示范园基地，并在养殖过程中采用专业的监测设备和技术，实现养殖全过程的动态化监测，把可能造成的环境污染控制在最小范围内。

（二）建立健全畜牧业绿色发展机制

在大理州人民政府的统一领导下，全州建立起由畜牧兽医局、生态环境局、农业农村局、发改委、财政局等多部门参与的协调联动工作机制；对畜禽养殖密集区域，运用养治分离的PPP（Public-Private-Partnership）模式，建设专业化生产、公司化运营的畜禽废弃物集中处理中心，形成政府、企业、社会共同参与的畜禽养殖粪污利用机制；规模畜禽养殖企业建有农（林、果、菜、茶）牧结合粪污利用的自行循环机制；建立种养业对接的畜禽粪污利用互利运行机制；建立市场运作的病死畜禽无害化收集处理机制。

（三）加强引导，注重宣传

畜牧部门下发文件，召开现场会议，组织培训，与媒体进行宣传、指导和其他形式的合作。生态环境保护已逐渐成为养殖畜禽的主导模式，并带来良好的社会效益与经济效益。

（1）确保畜牧业安全生产，促进绿色环保发展。推行绿色畜牧养殖技术，减少疾病发生的概率，减少抗生素的使用，解决畜禽产品中的兽药残留问题，保证产品质量。

（2）改善生态环境，通过绿色畜牧业，使畜禽粪便经发酵后可有效降解、消融，不产生任何废弃物，畜禽周围无异味，实现绿色养殖环境零排放、零污染。

（3）强化绿色畜牧养殖技术的正面宣传、主题宣传、深度报道、典型宣传，实现绿色养殖的经济化和环保化的研究与应用，深化绿色畜牧养殖技术和生态养殖文化的建设，注重全媒体时代推行绿色养殖技术新闻宣传与舆论引导。

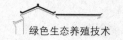

（四）不断提升科学养殖水平

加强养殖技术推广体系建设。加快构建省、州（市）、县、乡上下协调，科研中心、高等院校、中介组织、养殖群体多方参与的综合性技术推广体系，为山区畜牧业绿色发展提供有力的技术支撑；加快科学养殖技术创新步伐。加强与畜牧兽医科研机构、院所的对接沟通；加强品种培育、饲草饲料、环境控制、疫病防控、粪污治理、循环利用等方面的研究，突破关键性技术瓶颈；加强科学养殖技术的培训指导力度。以开展送科技下乡、畜牧科技进万家等活动为载体，组织畜牧专家、科技人员对广大养殖户进行技术指导和培训，同时利用行业网站、地方媒体、电视讲座等形式，加大科学养殖技术的宣传普及力度，努力提高广大农民的科学化养殖水平。

（五）加大发展主体培育力度

引进和培育龙头企业。坚持扶优、做强的原则，加快现有龙头企业改造升级；加大招商引资力度，着力引进培育一批从事畜牧业绿色发展的龙头企业，支持龙头企业通过定向投入、委托生产、保护价收购、入股分红和利润返还等多种形式，建立各环节相衔接的产业集群。积极发展家庭牧场。按照规模化、专业化、标准化发展要求，鼓励农民采取互利互换方式，集中土地和林地，引导农户采用先进适用技术和现代生产要素，着力建设一批"专业型、综合型、外向型"的家庭牧场，培植一批科技致富带头人，打造"产、学、研"相结合，"养、种、管"相配套的高标准示范区；组织引导农民，大力发展绿色养殖专业合作社。按照自愿、自立、互助原则，引导绿色养殖专业合作社加快发展。深入开展绿色养殖专业合作社评先和评优活动，对发展基础好、带动能力强、辐射作用大的绿色养殖专业合作社，授予示范社称号，并给予专项资金扶持，使其发挥更大的带动作用。

（六）大力实施发展品牌战略

着力品牌培育。积极调动和吸引各类生产要素参与山区畜牧业绿色发展，加快形成畜产品优质优价的良性导向机制，引导畜牧业绿色发展龙头企业、农村专业合作组织等发展主体积极开展畜产品品牌创建活动，力争形成一批特色鲜明、优势明显、附加值高、竞争力强的畜牧业绿色产品品牌；加强市场开拓。积极实施"走出去"战略，加大畜牧业绿色产品品牌推介力度，通过产销对接、产品订货等形式，积极组织龙头企业在国内大中型城市开展品牌化营销，不断扩大绿色畜牧业品牌产品的市场占有率和知名度。组织开展消费宣传、展示展销、新产品推介等活动，增强消费者绿色消费观念，不断培育和扩大成熟消费群体，增强山区畜牧业绿色发展的活力。

（七）强化畜产品质量安全监管

加大畜牧兽医行政综合执法力度。成立畜牧兽医行政综合执法大队，违法违规行为统一由畜牧兽医行政综合执法大队查处。加大生产、流通、屠宰等重点环节动物卫生监督执法力度，深入开展专项整治行动，依法严厉查处生产、销售、使用假劣兽药、饲料和非法添加剂等违法行为；加强重大动物疫病防控。深入贯彻执行《中华人民共和国动物防疫法》，建立健全工作机制，加强省、州（市）、县（区）重大动物疫病应急物资储备库和兽医实验室建设，加强乡镇动物防疫基础设施建设。

（八）建立合格的饲料原料基地

在绿色畜牧养殖技术的推广中需要建立合格的饲料原料基地，保证饲料的安全性和可靠性，从而保证畜产品的质量。加强饲料厂与畜牧业的合作，共同建设饲料基地，并建立专业部门进行监督，确保产品的质量安全。

（九）及时出台规模畜禽养殖污染治理补助政策

及早出台小规模畜禽养殖污染治理补助政策。根据其他地区的治理经验和我州的实际情况，建议补助方式采用以奖代补的形式，鼓励养殖户开展污染治理工作，对验收合格的给予一定的资金奖励，补助力度以污染治理工程总投资的 50%～60% 为宜。以治理一个 300 头猪左右规模养殖场污染治理项目为例，预计工程总投入达 12 万元，按补助 50% 标准计算，每个治理点需补助资金 6 万元。

（十）加强和完善畜牧业市场体系与信息体系建设

依法加强畜牧业服务与管理：积极组织和协调管理部门，为养殖企业或农户提供及时高效的服务，使技术服务部、畜牧业生产、供应、销售环节更紧密地联系在一起。充分利用地方畜牧养殖业的市场信息、技术服务网络的品种改良、流行预测、疾病防治、草原建设、推广、实用技术培训、市场管理，为农牧民提供有效的技术推广服务。与此同时，要不断增强畜牧业技术运用的法制建设，加强与完善市场体系与信息体系建设、各种形式与主要畜产品市场规模建设，可有针对性地进行农贸市场的建设。总之，信息化服务对畜牧养殖技术产业化的作用，无论是畜牧养殖业的产前、产中，还是产后，都至关重要。为了推动畜牧养殖技术产业化信息体系建设，必须打破现有的区域城乡分割体制，整合现有养殖业信息资源和渠道，以提高养殖业产业化信息队伍素质为基础，以加强畜牧养殖技术产业化信息体系建设为中心，以健全畜牧养殖技术产业化信息网络体系为重点，形成覆盖全国、连接国内外的畜牧养殖技术产业化信息网络体系。

（十一）加大发展投入力度

增加对畜牧业绿色发展的财政投入。省、州（市）、县（区）财政可设立并逐年增加畜牧业绿色发展专项资金，重点用于支持龙头企业培育、规模饲养场标准化改造、重大动物疫病防控、养殖技术推广、畜产品开发，以及畜牧业检验检测设施建设等。同时会同相关部门整合资金，加大对山区畜牧业绿色发展的支持力度，打造发展亮点，培育发展典型，提升整体带动能力；加大对畜牧业绿色发展的金融支持。加强与建设银行、农村商业银行、村镇银行、邮政储蓄银行等各大银行的合作，创新金融放贷产品，提供优质服务，每年筛选一批畜牧业绿色发展重点项目、重点基地、重点品牌，给予信贷支持。采取贷款担保、政策保险、贷款贴息等方式，建立畜牧业绿色发展投融资和担保体系。同时积极引导社会资本参与到山区畜牧业绿色发展的热潮中来，积极构建政府主导、多方参与、灵活高效投入的新机制。

第二章　乡村绿色生态养殖项目的分析与选择

实施乡村振兴战略，是党的十九大做出的重大决策部署，是决胜全面建成小康社会、全面建设社会主义现代化国家的重大历史任务，是新时代"三农"工作的总指导。农业、农村、农民问题是关系国计民生的根本性问题。没有农业的现代化，就没有国家的现代化。

第一节　乡村绿色生态养殖存在的问题

党的十九大提出实施乡村振兴战略，对对于乡村民族绿色生态养殖既是一个重要任务，也是一次重大机遇。新时期新起点，面对新要求，乡村绿色生态养殖仍存在着一系列问题：

一、效率仍然不够高

众多的小散户拉低了畜牧业生产的整体水平。在散养户家，每年提供的畜禽数量不足，畜禽饲料转化率低，畜产品生产成本高，市场竞争力不足，资源利用不充分。

二、畜牧业产业体系仍然不完善

面向养殖场户尤其是散养农户的畜牧业社会化服务体系尚未建立起来，畜牧业产品和销售关系没有系统化，各方利益分配失衡，畜产品加工技术水平滞后，肉类和蛋品深加工比重低，使其增值空间受到很大制约。

三、养殖业结构仍然不平衡

农牧结构上种养分离，区域优化畜牧产业结构助力乡村振兴在结构上与资源环境的匹配度差，畜种结构上"一猪独大"的耗粮型结构特征明显，产品结构上高端产品和特色产品生产跟不上市场需求，功能结构上生产强生态弱。

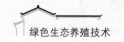
第二节　乡村发展绿色生态养殖的制约因素

一、环境污染严重

畜牧业的养殖过程中，由于养殖人民对环境保护的思想认识不透彻，大部分农民只注重经济效益，从未考虑对环境的影响，将养殖粪污随意排放，致使各种细菌滋生，导致各种疫病时有发生，排污处理设施欠缺，造成环境污染，扰乱和阻碍了人民的正常生活，从而制约了乡村养殖业的持续发展。

二、养殖防疫不到位

在我们国家，针对某些急性、烈性、危害性较大的传染病和地区性动物易感传染病制定了强制免疫措施，即区域性政府采购这些传染病疫苗，用于基层防疫，此措施大幅度降低了这些恶性传染病的发病率和死亡率。这项举措本着利民惠民的宗旨，为乡村的健康养殖业保驾护航，但是却让一部分养殖户产生了依赖心理，再也不愿意花钱去采购其他疫病的疫苗，只注射政府采购的免费疫苗。这恰恰让某些二类、三类动物疫病钻了空子。比如猪丹毒、猪细小、猪支原体肺炎、猪链球菌病、羊痘、羊脑炎、禽白血病、鸭瘟、小鹅瘟、传染性胸膜肺炎等，这些都是政府没有采购的专用疫苗，一旦发病传染非常快，疫情难以控制，会给养殖户造成重大的经济损失，有一些疾病还危害人畜健康，这严重制约了乡村养殖业的发展。

三、突发奇想搞养殖

一些中小养殖户，对畜牧养殖只是一时兴起。看到村里的其他人发展养殖业富裕起来，就眼红，跟风发展养殖业，这些人不具备丰富的养殖经验，也没有先进的养殖理念，只看到养殖产生的利益，而看不到养殖的辛苦和风险，盲目投产搞养殖，经不起各种风险的打击，常乘兴而来、败兴而归，这也影响了乡村养殖业的发展。

（一）养殖技术落后

有的乡村地区养殖技术十分落后，养殖水平还停留在老式传统养殖上。体现在：

（1）动物圈舍设计不合理，没有为动物创造舒适的生活环境和科学的生产条件，不利于畜禽养殖业发展。

（2）大多数防疫工作不到位，卫生条件脏乱差。很多养殖户为了节省成本，不注重各种疫苗的注射，在注射疫苗时候偷工减料；也不懂得圈舍内外消毒的重要性，甚至不给圈舍消毒。

（3）饲养管理技术欠缺，特别是动物生产期的护理技术不足，这不仅降低了初生仔畜的存活率，也会诱发母畜的产科疾病，影响母畜后续的配种和分娩。

（4）动物日粮搭配不合理，维生素及矿物质元素缺乏，致使动物发育不良，动物缺钙、腹泻、气喘等问题经常发生。

（5）常见疾病诊疗知识匮乏，遇到动物发病手忙脚乱，随意喂药，处置不当，最后病程延误，导致更加严重的后果，造成不必要的经济损失，这些都制约着乡村养殖业的发展。

（二）养殖户缺乏强大的心理素质

动物养殖需要有一颗坚强的内心，不论动物发生什么情况，都要沉着冷静地应对。但是现在有的小型养殖户只考虑赚钱，从未预估风险，一遇到动物或动物产品的经济波动就担惊受怕，惶惶不安。俗话说"家有万贯，带毛的不算"说的就是养殖业是存在风险性和不可预估性的，告诉我们要防患于未然，坚定信念，不畏艰难。现在乡村部分养殖户对风险没有承受力也成了制约乡村养殖业的一大因素。

（三）养殖户信息不灵通

养殖业的发展需要较长的生产周期，需要养殖户掌握超前的科学养殖方法、目前市场的养殖现状、对养殖动物信息预测及对养殖市场的驾驭能力。但是乡村养殖，由于受到地域和基础条件的限制，有的偏远地区，交通不便利，信息不灵通，相对比较闭塞，再加上有的养殖户相对懒惰，并且文化程度较低，不关注养殖信息动态，得过且过，常盲目跟从，不能与时俱进，这也制约着乡村养殖业的发展。

第三节　乡村畜牧产业振兴的关键

一、加强畜种多元化

就目前全国畜产品市场供给现状来看，猪肉产品的市场基本趋于饱和。生猪和肉鸡等肉类在熏木产品中生产份额占值较高。市场需要更加有特色、更加优质化的畜产品，这就需要从养殖端重新调整产业的结构类型。在稳定当前的畜产品结构类型的同时，让新型的驴、土鸡、蜜蜂、黑山羊、梅花鹿、放养黑猪、草食类牛羊等特色种类动物也被养殖户认识和发掘。只要给养殖户一定科学设计的引导，就可以形成规模化的养殖业或是生产一定的产品，提升生产比

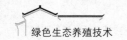

重。同时可以结合当地特色产业发展，在新乡村的建设中做精心规划，将畜牧产业与特色养殖、观赏驯养、餐饮品鉴、特色礼包等推介活动结合起来，增加畜种的多元化、畜产品的特色化，满足人们对畜产品差异化的消费需求。

二、促进三产融合发展

构建农村一、二、三产业融合发展，延长产业链、提升价值链、完善利益链，既是畜牧养殖产业的发展方向，又是助力精准脱贫的有效路径。在运行方式上采取"公司+农户""公司+合作社+农户"订单养殖，通过保底分红、股份合作、利润返还等多种形式，让农民合理分享全产业链的增值收益。积极培育新型经营主体，并扶大扶强，引导他们从单一养殖向服务加工、市场营销、全程社会化服务方面转型，提高产品档次和附加值，拓展增收空间。运用现代互联网信息技术，宣传推介产品，对接农超、农社，解决销售难题。统筹兼顾培育新型农业经营主体和扶持小农户，提升小农户抗风险能力，把小农生产引入现代农业发展轨道。

三、环境生态化

认真落实草原生态保护补助奖励政策，严格按照规定划定畜禽养殖禁养区、限养区红线，强化畜牧养殖生产全过程中排放污染治理，全面推进畜禽养殖生产中废弃物的资源化利用，加快构建种养结合、自繁自养的养殖方式，制定农牧业循环的可持续发展新格局；在畜牧产业发展中，积极推行"升级进档"，严格落实县政府关于畜禽养殖禁、限、适养三区规划，认真开展养殖场动物防疫许可、环保审批等准入条件的审批工作，查漏补缺，整改提升。在养殖设施方面，积极采用现代化装备，加强环境控制，提高自动化生产能力和工作效率，最大限度地提供畜禽养殖福利。完善养殖场大门、生产区、畜舍"三级"综合消毒防控措施，切断疫病传播环节，降低畜禽发病率，减少药物使用量和抗生素残留。积极开展养殖场绿化、硬化、亮化、美化改造，将养殖场建设成"场在林中、绿在场中"、具有现代气息的绿色生态产业基地或园区。对有条件的养殖场推行煤改气、煤改电和新能源利用，实现生态环保。产业兴旺是乡村振兴的工作重点，必须坚持质量兴农、绿色兴农，以农业供给侧结构性改革为主线，加快构建现代农业产业体系、生产体系、经营体系，提高农业创新力、竞争力和全要素生产率，加快实现畜产品高质量、高效益的转变。

四、管理规范化

产品优质是质量振兴农村的前提条件，也是养殖管理规范的内在体现。要实现规范化管理，一是健全管理措施，必须建立质量管控措施、各类岗位工作职责及畜种在不同阶段的饲养操作技术规范，确保生产人员到位、生产措施到位、技术标准到位；二是人员持证上岗，聘用的从业人员需有年度健康体检证、技能鉴定资格证（如疫病防治员、繁育员、检验化验员、饲养员），条件允许也可聘请行业专家、学校教授担任技术指导或顾问，提高科技含量；三是使用安全饲料，购买或使用饲料（预混料、浓缩料、全价料及饲料添加剂）必须索取饲料生产许可证，查验标签、产品质量检验合格证、生产批号、GMP认证等，并存留档案，确保来源清楚、渠道安全；四是保障兽药质量，购买兽药时须索取兽药生产许可证、兽药GMP认证书、产品质量证明文件，有禁用药、限用药、适用药名录，严格禁用原料药、人用药、激素药，严禁将治疗用药作为促生长剂药使用，出栏畜禽严格执行休药期规定；五是科学防控疫病，制定适宜本场生产实际的免疫程序，并遵循"以监促防，防检结合"，健全抗体检验或病原监测记录。采取发酵、化制等方式处理病死畜禽，采用有机肥加工、沼气能源利用等方式，使粪污实现资源化利用。要确保畜牧产业向绿色化、优质化、特色化、品牌化迈进。

五、粪污资源化

加强养殖场污染防治，落实污染物无害化处理设施是前提，种养结合、循环利用是目的。设置粪污设施时根据生产能力配套建设。目前国家主要推广有机肥和沼气能源生态利用模式，实现有机肥和沼液还田，为此，养殖场需要配套一定的土地面积予以消纳处理。按规模养殖场粪肥养分供给量（对外销售部分不计算在内）除以单位土地粪肥养分需求量，得出配套土地面积，实现清洁生产，种养平衡，资源利用。关于病死畜禽无害化处理，小型养殖场多采用化尸井（池）自然腐化；有条件的规模养殖场采取堆积发酵或化制，加工成有机肥或工业柴油，既彻底消除了病原携带，又实现了资源化利用。

第四节　乡村绿色生态养殖方式构建的意义

长期以来，乡村生态环境问题成了农村农业发展的"短板"，是农民群众追求美好乡村生活路上的"绊脚石"。乡村振兴战略的重要目标和任务是切实改善农村的生产生活条件，建设人与自然和谐共生的美丽宜居乡村。

中国传统农业具有的发展模式是"天地合一、因地制宜、用养结合、良性循环、持续利用"，长期以来这个模式保持着农业的长盛不衰。近年来，小规模养殖业的种养结合逐步分离，逐渐形成了大规模的种养业专业化、规模化生产，

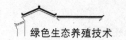

并且快速发展起来。但这样的种养衔接的养殖还不够紧密，畜禽粪便、作物秸秆还田率下降，化肥、农药过度施用，导致养殖业面临污染环境的形势十分严峻。因此，提出"生态养殖"这个新的概念，需要重建种养循环的养殖生产体系，实现物质和能量在种植业和养殖业间的循环利用，减少农业废弃物的产生，提高整个系统的资源利用效率。

"生态养殖"是近年来在我国农村大力提倡的一种生产模式，其最大的特点就是在有限的空间范围内，人为地将不同种的动物群体以饲料为纽带串联起来，形成一个循环链，目的是最大限度地利用资源，减少浪费，降低成本。利用无污染的水域如湖泊、水库、江河及天然饵料，或者运用生态技术措施，改善养殖水质和生态环境，按照特定的养殖模式进行增殖、养殖，投放无公害饲料，也不施肥、洒药，目标是生产无公害绿色食品和有机食品。生态养殖的畜禽产品因其品质高、口感好而备受消费者欢迎，产品供不应求。

相对于集约化、工厂化的养殖方式来说，生态养殖是让畜禽在自然生态环境中按照自身原有的生长发育规律自然地生长，而不是人为地制造生长环境和用促生长剂让其违反自身原有的生长发育规律快速生长。如农村一家一户少量饲养的不喂全价配合饲料的散养畜禽，即为生态养殖。因为畜禽是在自然的生态环境下自然地生长，其生长慢、产量低，因而其经济效益也相对较低，但其产品品质与口感均优于由集约化、工厂化的养殖方式饲养出来的畜禽。

第五节　乡村绿色生态养殖方式构建的途径

按照十九大提出的"产业兴旺、生态宜居、乡风文明、治理有效、生活富裕"的总要求，聚焦乡村振兴战略，以"优供给、强安全、保生态"为发展方向，加快畜牧养殖业的发展步伐。转变生产方式，提高生产效益；加快产业融合发展，提升产业价值；加快种养结合（自繁自养）循环，促进生态环境发展。持续提升劳动生产率、资源利用率、畜禽生产率，推动畜牧业高质量发展，在农业中率先实现现代化。

一、优供给

引导和鼓励畜牧龙头企业参与和投资畜禽育种、精深加工、市场开拓等领域的开发建设，培育新型畜牧业经营主体，大力推广"龙头企业+合作社+农户"等多种经营模式，提高养殖主体市场竞争力和抗风险能力。

二、保生态

认真落实草原生态保护补助奖励政策，严格按照规定划定畜禽养殖禁养区、限养区红线，强化畜牧养殖生产全过程的排放污染治理，全面推进畜禽养殖生产中废弃物的资源化利用，加快构建种养结合、自繁自养的养殖方式，制定畜牧业循环的可持续发展新格局。

三、强安全

严格落实基础免疫，建立免疫程序。健全重大动物疫情应急机制，积极推进基层兽医社会化服务，强化对畜禽饲养、屠宰、经营、加工、运输、储藏动物及其产品的监督管理，确保不发生区域性重大畜产品安全事故，保证养殖动物福利，使其健康生长生产。

四、重培训

结合政府实施精准扶贫、新型职业农民培育、畜牧业重点项目建设和畜牧兽医实用技术推广，采取多种形式进村到场开展培训工作。有针对性地开展贫困群众养殖技术培训，增强贫困农户的发展能力。

第六节　乡村绿色生态养殖项目选择应考虑的因素

（1）选择合适的自然生态环境。如一些地方采取的林地养殖等就是很好的生态养殖模式。

（2）使用配合饲料。使用配合饲料是进行现代生态养殖与农村一家一户散养的根本区别。进行现代生态养殖所用的配合饲料中不能添加促生长剂与动物性饲料。

（3）注意收集畜禽粪便。减少环境污染，保证环境卫生。

（4）多喂青绿饲料。不仅可以给畜禽提供必需的营养，而且可提高畜禽机体免疫力，促进畜禽身体健康。

（5）做好防疫工作，尤为重要。尽量少用或不用抗生素来预防疾病，可选用中草药预防，不仅可提高畜禽产品质量，而且降低饲养成本。

（6）做好生态养殖宣传工作。让更多人了解生态养殖、投入生态养殖。

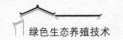

第三章　绿色生态养殖的环境因素及选址建场

在新时期的背景下，随着我国畜牧行业的发展速度明显加快，畜禽养殖业的规模不断扩大，养殖的数量也随之增加，实际的养殖效益十分理想。云南省大理州的畜牧业也发展势头强劲，畜禽养殖规模越来越大，养殖数量越来越多，养殖效益也非常可观。但在长期畜禽养殖的过程中，养殖环境卫生存在的问题逐渐显现出来，不利于畜禽养殖工作的可持续性发展，甚至会威胁人们的身体健康。基于此，本章节将畜禽养殖环境卫生作为阐述重点，提出养殖业中常见的卫生问题及解决方法。

第一节　绿色生态养殖的环境因素及影响

养殖场环境因素控制就是明确环境因素对畜禽的作用和影响规律，并依照这些规律制定出利用、控制、保护和改造环境技术的规划。它不仅要创造出适合于畜禽生理和行为特征所需要的生活和生产条件，保持畜禽健康，预防疾病，充分发挥其生产力，实现高产高效；还要对畜牧业生产中产生的粪、尿、恶臭、污水、药物残留等畜产公害有控制措施，以保护人类生存的环境。

一、绿色生态养殖的环境因素

（一）物理因素

物理因素主要包括寒冷温热、光照时间、噪声大小、地形地势、海拔高低、土壤情况、牧场和畜舍种类等。在物理因素中牧场和畜舍种类一般为人为因素。在现代养殖业中，这些因素都可以经过科学实验的累积和安排发生改变，对于不同年龄阶段和不同种类的畜禽，都可以找到一个最优方案以提高其生产力水平，实现科学养殖和健康养殖。

（二）化学因素

化学因素主要包括空气中的氧气、二氧化碳、有害气体（一氧化碳、二氧化硫、氨气等）、水和土壤中的化学成分。空气中的氧气和二氧化碳的变化一般不会太大，但随着海拔的升高，氧气的含量有所降低，可能会给畜禽带来一定的伤害。长期封闭的畜禽舍由于成分不同也会引起这两种成分的变化。

有害气体主要分内源性的和外源性的。内源性有害气体主要是畜禽的粪、尿和动物尸体等分解产生的氨和硫化氢；外源性的有害气体主要来自工业排放的氮氧化物、硫化物、氟化物等，有时会形成酸雨而危害畜禽。

（三）生物学因素

生物学因素主要指的是饲料和牧草的霉变，有毒有害植物，各种内外寄生虫和病原微生物。其中饲料的加工和保存应该被作为一个值得重视的问题。很多小型饲料厂或者养殖户，对于霉变饲料不重视，甚至故意将人不能吃的粮食给畜禽吃。

（四）社会因素

社会因素主要指人为的畜禽场管理，特别是畜禽场的大小、地面材料和结构、机械运行等。

二、物理因素给畜禽带来的影响

（一）气温对畜禽的影响

1. 气温对畜禽生产性能的影响

夏季高温会引起畜禽不孕不育和受胎率下降，气温的升高，对公畜、母畜和仔畜都存在一定程度的影响。

（1）公畜的影响。精子生成的温度（除禽外）一般都要低于动物体本身的体温，所以哺乳动物的睾丸都悬挂在动物体外，以便于睾丸散热，提高精子的生成能力和活力。公畜阴囊有很好的热调节能力，一般可以使得阴囊的温度低于体温 3~5℃。高温情况下，精子活力会下降，精子数量和密度都会显著下降，畸形数量上升，特别在羊和兔子这两种动物中表现特别明显。在低温条件下，可以促进动物体的新陈代谢，一般有益无害。

（2）母畜的影响。高温对母畜的间接影响：受高温影响显著的公羊和兔，当母畜秋天发情时，由于精子质量还受气温的影响尚未恢复，容易导致母畜失配或者受胎率下降。高温对母畜的直接影响：主要是影响受精卵的着床。温度过高，受精卵不易着床，容易造成死胚。高温条件引起的胚胎损失严重的程度，决定于动物在高温条件下热应激后体温升高的程度大小和持续的时间长短。高温还会使小母畜初情期延迟，母畜不发情或者发情持续时间短，发情的症状不明显，导致受胎率下降。特别在小母牛上表现明显，母猪也有一定变化。由于温度较低影响动物的生长发育，所以低温对小母畜可能会引起性成熟延迟，但

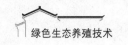

是在现代的养殖场中这种情况一般可以避免。

（3）仔畜的影响。高温时处于妊娠期的母畜，产下的仔畜一般初生体重较轻，体型也较小，生活能力低，对环境适应力弱，死亡率比较高。引起这一现象的原因一是高温时，母畜增加向体表的血液输送量以利于自身散热，而使得子宫内供血不足，营养减少；二是高温导致母畜的采食量下降，本身营养跟不上导致营养不良而影响仔畜发育，使得初生仔畜的生命力下降和体重偏轻；三是高温使得母畜内分泌平衡失调，引起母畜体内酶活性改变。

畜禽舍内温度分布规律：由于潮湿温暖的空气向上升，畜体本身也散发热量，外护围结构和保温的隔热性能和通风条件差异，导致了畜禽舍内温度分布不均匀。从垂直方向来看，天棚和屋顶的温度较高，地面温度较低；从水平方向来看，畜禽舍中央温度较高，靠近门、窗和墙壁的温度较低。畜禽舍越大，这样的差异越显著。所以在笼养育雏舍中，我们应该把发育较差和体质较弱的雏鸡安排在上层；在初生仔猪舍中，由于仔猪怕冷，可以安排在畜禽舍中央位置。

猪舍内一般种公猪和空怀母猪的舒适温度为15~20℃，哺乳仔猪保温箱为28~32℃，保育猪舒适温度为20~25℃。一般牛的品种均不适宜高温，最适温度在10℃左右，高温和低温都会引起奶牛停止产奶，所以奶牛的舒适温度为9~18℃，一般不超过27℃，肉牛舒适温度为10~25℃。蛋鸡的舒适温度为10~24℃，肉用仔鸡的舒适温度为21~27℃。

2. 气温对生长育肥的影响

每一种畜禽都有相对最佳的生长、育肥温度，一般此时的饲料利用率能达到最高，使生产成本达到最低。这个温度一般都在它们的等热区范围内。初生鸡最适合的生长育肥温度也会随着日龄在不断变化，0~3日龄为34~35℃，3~10日龄为31~33℃，10~17日龄为28~30℃，18日龄为26.7℃，32日龄为18.9℃。

生长鸡小范围的适当低温，对生产不仅无害，反而可使其生长加快，死亡率下降，但饲料利用率会有所下降。育肥肉鸡从第四周起，18℃生长最快，24℃饲料利用率最好，要想两者兼顾，21℃最为合适。

3. 气温对产蛋的影响

在一般饲养管理条件下，各种家禽产蛋的适宜温度在13~25℃，最佳温度为18~23℃，下限温度为7~8℃，上限温度为29℃。温度持续在29℃以上，蛋鸡产蛋明显减少，蛋重、蛋的大小和蛋壳厚度均会出现不利影响；温度低于7℃，产蛋量也会减少，并且饲料的消耗量增加，饲料的利用率下降。

4. 气温对产奶和奶品质的影响

（1）气温对产奶量的影响：牛的体型较大，临界温度较低，特别是高产奶牛，可低至 -13℃，所以一定范围内的低温对奶牛产奶不会造成太大的影响，反而高温才会对奶牛产生不利影响。奶牛最适宜产奶的温度在 10~15℃，生产环境温度界限可以控制在 -13~30℃。

（2）气温对奶品质的影响：高温不仅对奶牛产乳量有影响，还对乳脂率和牛饲料消化利用率产生不良影响。气温从 10℃ 上升到 29℃，乳脂率下降 0.3%。如果气温持续升高，奶牛产奶量急剧下降，乳脂率从相对值上看会略微上升。

（二）光照对畜禽的影响

光照是畜禽养殖过程中一个重要的环境因素，是动物生存生产中必不可少的外界条件。不同的畜禽在养殖生产中需要的光照强度也不同，需要根据动物的种类和生长周期来控制光照。在养殖过程中，光照类型主要有紫外线、红外线和可见光。

紫外线具有较高的能量，照射机体后可产生一系列的光化学反应和光电效应，不同的波长对动物体生物学作用的强弱也不同。在养殖业中有利有害，其中有利作用有五点：①杀菌作用；②对动物佝偻病有治疗作用；③色素沉着作用；④增强机体的免疫力和抗病能力；⑤增强气体代谢作用。紫外线局部照射时，还能改善局部血液的循环能力，达到止痛、消炎和促进伤口愈合的作用。其中有害作用也有四点：①红斑作用；②光照性皮炎；③皮肤癌；④光照性眼炎。长期接触紫外线较少的动物，可发展成慢性结膜炎。

红外线有光化学效应，又称为热射线。对动物体的影响包括有害和有益两方面。有益作用表现在：①消肿镇痛；②采暖御寒。据研究表明，红外线辐射可以提高雏鸡的成活率、蛋鸡产蛋率、肉鸡增重率和饲料转换率。其中有害作用表现在：①日射病；②白内障；③其他疾病：过度的红外线照射，使得表层血液循环增加，内脏血液循环减少，使胃肠道对特异性传染的抵抗力和消化力下降。另外还会影响机体散热，使动物体温升高，导致中暑。

可见光对动物体的影响：在太阳辐射中，动物产生光感、色感的部分为可见光，它能通过视网膜，作用于中枢神经系统，可见光的光化学效应和光的波长（光色）、光的强度和光的周期有关。

1. 波长（光色）对动物的影响

多名学者的研究表明：在红光照射下，鸡趋于安静，啄癖减少，成熟期略迟，产蛋量稍微增加，蛋的受精率降低；在蓝光、绿光、黄光照射下，鸡增重较快，性成熟较早，产蛋量较少，蛋略重，饲料利用率降低，公鸡交配能力增强，啄癖减少。

2. 光照强度对动物的影响

处于生长育肥期的动物，太强的光照会引起神经兴奋，休息时间减少，甲

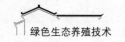

状腺分泌增加，代谢率提高，从而降低增重速度和饲料利用率。因此，任何动物在生长育肥期间都应该减少光照强度，控制光照时间，便于养殖业发展。

3. 光照周期对动物的影响

光照的时间和强度随着四季的变化交替而呈周期性变化，称为光周期。在长期的实际养殖生产过程中，人们发现：光周期的变化对动物养殖有影响。

（1）对动物繁殖性能的影响。当春季白昼时间逐渐变长时，能刺激某些动物的性腺活动和发育，促进其排卵、配种、受孕，人们把这一类动物称为"长日照动物"，主要是马、驴、雪貂、狐、猫、野兔及鸟类等；而另一部分动物当秋季日照逐渐缩短时，则会促进其发情、配种、受孕，人们把这一系列动物称为"短日照动物"，主要有绵羊、山羊、鹿和一般的野生反刍动物。有些动物由于人类的圈养和驯化，失去了繁殖的季节性，比如猪、牛、兔子等动物常年发情，对光周期不敏感。

（2）对动物产蛋性能的影响。处于产蛋期的母鸡，需要长时间的日照，在昼短夜长的冬季，日照时间满足不了母鸡产蛋的生理需求，引起母鸡过早停产。突然的增加或者减少光照时间，会扰乱内分泌系统功能，导致母鸡产蛋率下降。

（3）对动物生长育肥和饲料利用率的影响。采用短周期间歇光照，可刺激肉用仔鸡消化系统发育，增加采食量，降低活动时间，提高增重和饲料转化率。采用间歇光照，可提高肉鸭日增重，降低腹脂率和皮脂率。

（4）对动物产奶量的影响。哺乳动物的产奶量，一般是春季逐渐增多，5~6月达到高峰，7月份大幅度跌落，10月份又慢慢回升。延长光照时间有利于提高动物产乳量，一般动物最适宜产乳的光照时间是每天16~18小时。

（5）对产毛的影响。不同动物的换毛时间有所不同，羊毛一般夏季生长快，冬季生长慢，秋冬季开始换毛。在自然界中，鸡是秋季开始换毛，牛是春季开始换毛。

（三）噪声对畜禽的影响

声音是一个可以利用的物理因素，它不仅在行为学上对动物造成影响，还会对动物养殖和生产也造成影响。例如，奶牛在挤奶时播放轻音乐有增加产奶量的作用；用轻音乐刺激猪，有改善单调环境而防止猪咬尾癖的效果，还有能刺激母猪发情的作用；轻音乐能使产蛋鸡安静，有延长产蛋周期的作用。但是随着畜牧业的机械化养殖和管理，噪声来源越来越多，强度越来越大，已经严重影响到动物的健康和生产性能，需要引起注意。噪声对动物健康的危害可概括为听觉系损伤（特异性的）和听觉外影响（非特异性的）两个方面，其危害程度与噪声的强度、持续的时间和方式、频谱特性密切相关。

1. 对生产性能的影响

噪声不仅影响奶牛的产乳量，还会引起奶牛流产和早产；引起绵羊日平均增重和饲料利用率降低；导致鸡暂时性坠蛋，持续地给予该强度的噪声，可能使鸡产蛋下降，甚至死亡率和淘汰率上升。大型的动物对噪声有一定的适应能力，如猪、牛等动物首次接受噪声刺激后，出现惊吓或者生产力下降的情况，但很快能够适应，长期适应后不适的反应可以消除。

2. 对动物生理机能的影响

噪声会影响动物的听力、神经和胃肠道消化功能，使得动物血压升高、脉搏加快、听力受损，根据噪声的强弱发生听觉暂时性减退或敏感降低；噪声也会对动物的神经系统发生危害，使其出现烦躁不安，精神紧张；甚至出现消化系统障碍，肠胃黏膜出血等。

3. 对神经内分泌的影响

噪声可能会引起动物内分泌系统紊乱，如垂体释放促甲状腺素和促肾上腺皮质激素分泌增多，促性腺激素分泌减少，血糖升高等生理功能失调，免疫力下降。

（四）气流对畜禽舍造成的影响

气流俗称风，空气经常处于流动状态。气流的状态通常用风速和风向来表示。风速是指单位时间内，空气水平移动的距离，风速的大小与两地气压差成正比，两地距离成反比。风向指的是风吹来的方向，我国大多数地方处于亚洲东南季风区。

（1）对生长育肥的影响。气流对育肥猪的影响，取决于气温。在低温环境中增大风速，畜禽需要增加物质能量代谢，增加产热量即维持代谢而降低生产性能。在高温环境中，增加气流速度，可提高畜禽生长育肥速度。

（2）对产蛋性能的影响。低温环境，增加气流，鸡产蛋率下降；高温环境，增加气流，鸡产蛋率提高。

（3）对产奶的影响。适宜温度下，风速对奶牛产奶无显著影响。

（4）对畜禽健康的影响。气流对畜禽的影响主要体现在寒冷环境中。①对畜禽舍应该注意贼风的防范。贼风是指畜禽舍保温条件较好，舍内外温差较大时，通过墙体、门、窗的缝隙，侵入的一股低温、高湿、高风速的气流。贼风易引起畜禽关节炎、神经炎、肌肉炎等疾病，甚至引起冻伤。②对放牧畜禽应注意严寒中避风，特别是夜间。

三、化学因素给畜禽带来的影响

化学因素给畜禽带来的危害来源于有害气体，如一氧化碳、硫化氢、氨气和二氧化碳等。

（一）氨气对畜禽的影响

氨气无色，有刺激性臭味，由含氮有机物（如粪尿、饲料、垫草等）分解产生。氨气的密度较小，在畜舍内上部空气中的氨气浓度较高；氨气极易溶于水，因而潮湿的墙壁、垫草及各种设备的表面都可以吸附氨气。氨气产生于地面，分布于家畜所能接触到的范围之内，危害极大。

（1）刺激眼睛和呼吸系统。氨气容易被家畜的呼吸道黏膜、眼结膜吸附而引起家畜的黏膜和结膜充血、水肿、分泌物增多，甚至发生咽喉水肿，声门痉挛、支气管炎、肺水肿等。

（2）氨气被吸入肺部，可通过肺泡上皮进入血液，引起血管中枢的反应，并与血红蛋白结合，破坏血液运氧的能力，造成组织缺氧，引起呼吸困难。

畜禽长期在低浓度氨气的作用下，体质变弱，对疾病的抵抗力降低。高浓度的氨气可直接引起接触部位的碱性化学性灼伤，使组织溶解、坏死；进入呼吸系统的氨气还能引起中枢神经系统麻痹，产生中毒性肝病，心肌损伤等症状。氨气对呼吸系统的毒害随时间的延长而加重。

（二）硫化氢对畜禽的影响

硫化氢是一种无色、有腐蛋臭味的刺激性气体。畜舍中的硫化氢由含硫有机物（主要是蛋白质）分解而来，粪便中含大量的硫化氢。硫化氢比重比空气大，且产生于地面，因此愈接近地面浓度越高。硫化氢的危害主要有：

（1）刺激眼睛和呼吸系统。硫化氢易被黏膜吸收，引起眼炎和呼吸道炎症，出现畏光、流泪、角膜混浊等症状，还引起鼻炎、气管炎、咽喉灼伤甚至肺水肿。经常吸入低浓度的硫化氢，可出现植物性神经紊乱，发生多发性神经炎。高浓度的硫化氢可直接抑制呼吸中枢，引起窒息而死亡。

（2）影响血液循环系统，造成组织缺氧，全身性中毒。

（3）使畜禽抗病力下降。长期处在低浓度硫化氢的环境中，畜禽体质变弱，抗病力下降，易发生肠胃病、心脏衰弱等，使生产性能下降。

（4）对猪的危害很大，变得畏光，丧失食欲，变得神经质；呕吐，失去知觉，因呼吸中枢和血管运动中枢麻痹而死亡。猪在脱离硫化氢的影响以后，对肺炎和其他呼吸道疾患仍很敏感，极易引发气管炎和咳嗽等症状。

（三）二氧化碳对畜禽的影响

二氧化碳无色无臭，略带酸味。二氧化碳本身无毒性，只是畜禽舍内含量过高会造成畜禽缺氧，引起慢性中毒。畜禽长期生活在缺氧的环境中，易造成精神萎靡、食欲减退、体质下降、生产性能降低，对疾病的抵抗力减弱，特别易感染结核等慢性传染病。

（四）一氧化碳对畜禽的影响

一氧化碳是一种无色无味气体，密度比空气略小，不溶于水。吸入肺里很容易造成组织窒息，严重时死亡。一氧化碳对全身的组织细胞均有毒性作用，尤其对大脑皮质的影响最为严重。

（五）对于畜禽舍内有害气体的调控措施

（1）科学规划、合理设计。从畜舍的设计考虑，注重设置良好的除粪装置和排水系统，地面和粪尿沟要有一定坡度，便于污水、粪便排放，不在中途滞留。猪舍地面设计成半漏缝地板而非全漏缝地板，可以减少有害气体的逸出，减少漏缝地板下粪坑的表面积。

（2）加强饲养管理。及时清除粪尿、合理换气、做好畜舍的保温防潮、畜舍地面有一定坡度、勤换垫草、避免漏水、溢水。

（3）使用垫料与除臭剂。垫料有麦秸、稻草、树叶、锯末、玉米芯粉可吸收有害气体，黄土也有一定的效果。除臭剂有吸附剂（如沸石粉、海泡石、磷酸、过磷酸钙、硅酸等）、酸化剂（如甲酸、丙酸等）、氧化剂（如过氧化氢、高锰酸钾等）和活菌制剂（如 EM 菌）。沸石、海泡石、过磷酸钙等洒在垫料中均可以显著降低氨臭。

（4）平衡日粮与提高饲料消化率。改善日粮中氨基酸平衡状态，减少蛋白质总的供给量，有利于减少畜禽粪便中氮、硫的含量，对减少有害气体的产生有着重要而现实的意义。

四、生物学因素给畜禽带来的影响

生物学因素主要指的是饲料和牧草的霉变，有毒有害植物，各种内外寄生虫和病原微生物。

（一）霉变饲料给畜禽带来的影响

（1）黄曲霉毒素的危害。引起肝脏损伤，严重破坏血通透性和毒害神经中枢，引起急性中毒。若长期少量摄入，则引起慢性中毒，诱发肝癌、胆管细胞癌、胃腺癌、肠癌等。

（2）赤霉菌毒素的危害。赤霉烯酮主要可引起猪急性中毒，表现为：母猪阴户肿胀，乳腺增大，乳头潮红，妊娠母猪流产，严重的可引起直肠和阴道脱垂，子宫大增重甚至扭曲和卵巢萎缩。亚急性中毒时，表现为母猪不孕和产仔减少，仔猪体弱或产后死亡，小公猪睾丸萎缩，乳房增大等雌性症状。赤霉菌毒素能使猪食后呕吐，马上呈现醉酒状神经状。

（3）沙门氏菌污染的危害。畜禽采食沙门氏菌污染的饲料后，会引起肠道

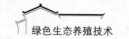

疾病，并可能因为菌体在肠道的分解产生内毒素而中毒。

（二）有毒有害植物给畜禽带来的影响

（1）硝酸盐及亚硝酸盐。亚硝酸盐中毒引起组织缺氧，表现为口吐白沫、神经症状、血液呈酱油样等症状。当饲料中同时含有胺或酰胺与亚硝酸盐时，将形成亚硝胺，它具有较强的致癌作用。硝酸盐会降低畜禽对碘的摄取，从而影响甲状腺机能，引起甲状腺肿，还会破坏饲料中的胡萝卜素，干扰维生素的作用，引起母畜受胎率降低和流产。

（2）氰苷饲料。产生有毒的氢氰酸，其中毒症状表现为中枢神经系统机能严重障碍，出现先兴奋后抑制，呼吸中枢及血管运动中枢麻痹。

（3）菜籽饼。菜籽中含硫葡萄糖苷（芥子苷），芥子苷水解生成有毒的异硫氰酸酯类（芥子油）和噁唑烷硫酮等有毒物质。芥子油有辛辣味，具有挥发性和油脂性，高浓度的芥子油对皮肤黏膜有强烈的刺激作用。可以引起肠胃炎、肾炎和支气管炎。噁唑烷硫酮是致甲状腺肿物质，其作用是阻碍甲状腺素合成，引起垂体前叶促甲状腺素的分泌，导致甲状腺肿大。

（4）棉籽饼。棉籽饼中的有毒物质主要是游离棉酚和环丙烯类脂肪酸。游离棉酚对神经、血管及实质脏器细胞都有毒害，进入消化道后引起胃肠炎。棉酚积累在神经细胞中，使神经机能紊乱；影响造血功能，引起贫血，影响雄性畜禽繁殖机能而造成不育。环丙烯类脂肪酸是动物肝脏中不饱和脂肪酸酶的有害成分，它主要能使动物体脂肪硬化，使母鸡卵巢和输卵管萎缩，降低产蛋率和蛋的质量，使蛋黄黏稠度改变，蛋黄硬化、蛋白带色。

（5）其他光敏植物。荞麦、苜蓿、三叶草、灰菜、野苋菜等含有光敏物质。家畜采食含有光敏物质的饲料后，受日光照射引起皮炎，伴有中枢神经系统和消化系统障碍的过敏反应，严重时引起死亡。

（6）马铃薯。马铃薯的块茎、茎叶及花中有毒成分主要是龙葵素（马铃薯素或茄碱）。动物误食后会引起中毒，其表现为肠胃炎和神经症状，甚至死亡。

（7）蓖麻子饼和蓖麻子叶。蓖麻茎叶和种子中含有蓖麻毒素和蓖麻碱两种有毒成分，蓖麻毒素的毒性最强，多存在蓖麻籽实中。马、骡等马属动物极为敏感，反刍动物抵抗力较强。蓖麻毒素对消化道、肝、肾、呼吸中枢均可以造成危害，严重者甚至死亡。

（三）寄生虫和病原微生物给畜禽带来的影响

寄生虫分为体内寄生虫和体外寄生虫，寄生虫对动物带来的损伤主要是吸收机体营养和机械性损伤。畜禽表现消瘦、生产力下降、皮肤瘙痒、被毛脱落、皮肤溃烂、内脏器官的损伤，严重者甚至导致动物死亡。病原微生物会使家畜生病，导致动物消瘦、生产力下降，严重也会导致畜禽死亡。

五、社会因素给畜禽带来的影响

给养殖场带来影响的社会因素主要表现在养殖场的管理上，规范的养殖场管理可以提高养殖效率、降低养殖成本、动物健康成长、高效生产，使得养殖场经济利益最大化。

第二节 养殖场的选址与建场

现代畜牧场是应用现代化科技和现代化生产方式从事动物养殖的场所，随着农业的不断发展，具有生产专业化、品种专门化、产品上市规范化和生产过程机械化的特点。这种集约化、规模化、高水平高密度的专业化畜禽养殖成为当下主流养殖模式和畜禽产品主供渠道，这样的养殖方式从幼畜开始就对其生长环境的温度、湿度、光照、噪声、有害气体、病原微生物、动物异常行为的出现等实施控制，保证能为动物生长发育创造更好的环境，生产优质合格的动物产品，获取高额的经济效益。现代养殖场的科学规划选址和设计，不仅是实现以上目标的保证，而且可以使得建设投资减少、生产流程通畅、人力劳动效率提高、生产潜力得到最大程度发挥，降低生产成本。总之，不合理的养殖场建设可能会导致生产指标无法实现，甚至导致养殖直接亏损、破产，给养殖企业或养殖户造成巨大经济损失。

养殖场规划的主要内容因规划对象和规划层次的不同而有所差异，一般规划内容为：养殖场场址的选择、建筑物布局和规划、建筑物类型与结构、建筑设计四个方面。养殖场规划完成后，经建设主管单位、乡镇规划、环境保护等有关部门依次批准，才可以进行养殖场的具体布局和规划。

一、养殖场场址的选择

现代规模化、集约化、专业化的动物养殖场面临着很多严峻的问题，首先是如何达到安全的防疫卫生条件，如何减少外部环境污染；其次是养殖生产必须考虑占地规模、场区内外环境设计；最后是市场交通运输、区域基础设施、生产与市场管理水平等。养殖场的场址选择不当，会导致整个养殖场在运营过程中不仅得不到理想的经济效益，还有可能因为对周围的空气、水、土壤等环境造成的污染而遭到周围企业或者居民的反对，甚至被法律惩罚。因此，养殖场场址的选择是养殖场可行性研究的主要内容和规划建设必须面对的第一大问题。无论是新建养殖场，还是在现有的养殖场上改建或者扩建，选址的时候务必要综合考虑自然环境因素、社会经济状况、养殖动物的生理和行为要求、卫生防疫条件、生产流通交通路线及养殖人员的管理等各种因素，科学和因地制

宜地处理各个因素之间的关系。

（一）养殖场选址的原则

（1）符合《中华人民共和国畜牧法》《中华人民共和国动物防疫法》《中华人民共和国环境保护法》等法律法规的相关要求，符合地方的乡镇规划条例，符合农、牧业部门、环境保护部门对区域规划发展的相关规定。

（2）为了有利于动物养殖舍内环境卫生调控，选址的时候需要确保养殖场场区具有良好的小气候条件，当地的自然气候环境与养殖动物生活和生产所需的环境不能有太大差异。

（3）便于《中华人民共和国环境影响评测法》中有关规定进行评价，确保各项卫生防疫制度的实施和制定可行的污染物、废弃物的处理综合措施。

（4）便于合理组织养殖生产管理工作，提高设备利用率和劳动生产效率。

（5）保证场区面积宽敞，为今后扩建留有余地，减少土地资源使用浪费。

（二）养殖场选址的条件

1. 自然条件

（1）地形地势。地形开阔是指场地上原有的房屋、树木、河流等地物要少，可以减少施工前的清理场地和填挖土量等工作。地形整齐，是指要避免过于狭长或边角多的场地，这会拉长生产作业线，不利于场区规划和联系。边角过多，还会增加外界防护栏的设施投资，降低场地的利用率。面积足够，是指场地的面积应该根据饲养动物种类、规模和饲养管理方式、集约化程度和饲料供应程度来决定。确定场地面积应该本着节约用地原则，不占或少占农田，但是周围最好有相应的配套农田、果园或者鱼塘，能够解决大部分养殖场粪便是最理想的。地势应该选择高燥、平坦并且稍有坡度、排水良好的地区。避免低洼潮湿场地，远离沼泽地等。在平原地区，一般场地较为平坦，选址应注意在周围稍高的地方。地下水位要低，一般低于建筑物地基深度 0.5 米最适宜。在靠近河流的地方，场地要选择较高的地方，应该事先了解当地历史最高水位，并在历史最高水位 1~2 米为宜，以防涨水时被水淹没。在山坡地区，应该选在稍平稳的缓坡上，坡面向阳，总坡度不超过 25%，建筑区坡度应在 2.5% 以内。坡度过大不利于建筑的施工，还会增加施工成本，建成之后也不利于运输和管理。山坡建厂还需要注意地质情况，避开断层、滑坡、塌方的地段。

（2）土壤质地。养殖场的土壤状况对养殖也存在影响，不仅影响场区的空气、水质和植被的化学成分和生长状态，还影响土壤的净化作用。最适宜建场的土壤类型应该是透水性、透气性好，容水量、吸湿性小，毛细管作用弱，导热性小，保温良好；没有被有机物和病原微生物污染；没有生物地球化学性地方病。在壤土、沙土、黏土三种类型中，壤土较为理想。

（3）水源水质。水源水质关系着生产和生活用水、建筑施工用水，要予以足够的重视。水源水质的好坏直接影响到人、动物的健康和动物产品的质量。因此，养殖场的水源应该满足水量充足，能够满足场内人、畜禽的饮用和其他生产、生活用水；便于防护，不易受污染，取用方便，处理技术简单易行等要求。水质要求清洁，不含细菌、寄生虫卵及矿物毒物等。在选择地下水作为水源的时候，应该调查是否因为水质问题出现过某些地方性疾病。要符合农业部在《无公害食品畜禽饮用水水质》《无公害食品畜禽产品加工用水水质》《生活饮用水卫生标准》中规定的无公害畜禽生产的水质要求（如表3-1所示）。水源不符合饮用水标准时，必须经过净化消毒处理，要达到标准才可以投入养殖场使用。

表 3-1　畜禽饮用水水质标准

指　　标	项　　目	标准值	
		畜	禽
感官性状指标	色	≤30°	≤30°
	浑浊度	≤20°	≤20°
	臭和味	不得有异味、臭味	不得有异味、臭味
一般化学指标	pH	5.5~9.0	6.5~8.5
	总硬度（以碳酸钙计算，毫克/升）	≤1500	≤1500
	硫酸盐（毫克/升）	≤500	≤250
	溶解性总固体（毫克/升）	≤4000	≤2000
毒理学指标	氟化物（毫克/升）	≤2.0	≤2.0
	氰化物（毫克/升）	≤0.20	≤0.05
	砷（毫克/升）	≤0.20	≤0.20
	汞（毫克/升）	≤0.01	≤0.001
	铅（毫克/升）	≤0.10	≤0.10
	铬（六价）（毫克/升）	≤0.10	≤0.05
	镉（毫克/升）	≤0.05	≤0.01
	硝酸盐（以氮计，毫克/升）	≤10.0	≤3.0
细菌学指标	总大肠菌群（MPN/100mL）	成年畜100以下，幼畜和种禽10以下	

（4）气候因素。气候不仅影响建筑物规划、布局和设计，而且会影响养殖场畜禽舍的朝向、防寒与遮阳设施的设置。因此在养殖场选址前，应该收集拟建地区的气候和气象资料、常年气象变化和灾害性天气等。如平均气温、绝对最高气温、最低气温、土壤冻结度、降雨量和积雪量深度、最大风力、常年的主导风向、频率和日照情况等，这些因素与养殖场的畜禽舍建筑方位、朝向、间距、排列顺序都有联系。

2. 社会条件

（1）城乡建设规划。场址的选择应该遵循选址原则，符合本地区的农牧业生产发展总体规划，符合环保部门、地质部门、农牧业管理部门等的相关要求，提前落实该地区的禁养区和限养区，避免在其位置建立养殖场。不在城镇建设发展方向上选址，以免影响到城乡人民的生活环境，造成频繁搬迁或者重建。在城郊建立养殖场，距离大城市至少 20 千米，小城镇至少 10 千米。并且养殖场的选址要远离自然保护区、水源保护区、工业、商业和居民聚集的地方，不应选在化工厂、屠宰场、制革厂等容易造成环境污染的企业的下风处或附近。

（2）卫生防疫。畜禽场与居民点应该保持一定卫生间距。与其他养殖场、兽医机构、畜禽屠宰场不小于 2 千米，距居民区不小于 3 千米，并且位于居民区及公共建筑群常年主导风向的下风向。切忌在旧畜禽场、屠宰场或生化制革厂等地上重建畜禽场，以免发生疫病。

（3）交通条件。选择场址时既要考虑交通便利，又要与交通干线保持一定的距离。市场的频繁流通会增大养殖场传染病流行的风险。根据环保部和农业部的共同规定：畜禽场距一、二级公路与铁路不小于 1 千米，距三级公路（省内公路）、四级公路（县级和地方公路）不小于 500 米，养殖场应有专用道路与主要公路相连接。

（4）供电条件。由于现在的养殖场多是自动化或半自动化的规模养殖，所以选择场址时，还应重视供电条件，特别是机械化程度较高的养殖场，更要具备可靠的电力供应。为减少供电投资，应靠近输电线路，尽量缩短新线架设距离，尽可能采用工业与民用双重供电线路，或设有备用电源，以确保生产正常进行。

二、养殖场建筑物规划布局

完成养殖舍场址的选择后，要根据其地形地势和当地主风向，有条理地安排养殖场的不同建筑功能区域、道路、排水、绿化等设施位置。根据场地规划方案和工艺设计对各种建筑物的规定，合理安排每栋建筑物和各个设施的位置、朝向和互相之间的距离，除此以外还要考虑不同场区和建筑物之间的功能关系、场区小气候的改善，以及养殖场的卫生防疫和环境保护。

（一）养殖场规划布局的原则

（1）根据不同畜禽场的生产工艺要求，结合当地地势环境特点，因地制宜，做好功能区的划分。

（2）充分利用原有自然地形、地势，建筑物长轴尽可能顺场区的等高线布置，最大限度减少基础建设费用。

（3）合理组织场内外人流物流，创造最有利的环境条件和低劳动强度的生产联系，实现高效生产。

（4）保证建筑物具有良好朝向，满足采光和自然通风条件，并有足够的防火间距。

（5）利于粪尿、污水及其他废弃物处理利用，确保符合清洁生产要求。

（6）满足生产需求的同时，建筑物布局紧凑，节约用地，不占或少占耕地。满足占地同时留有余地。

（二）养殖场功能分区

1. 总体布局

养殖场的总体布局应该遵循"因地制宜"和"科学合理"两大原则，统筹安排，考虑到今后长远发展的问题，还应该留有余地，利于环保。功能区设置要全面合理，主要是要从立体卫生防疫体系和生产管理的角度出发。一般包括四个功能区域，即生活管理区、辅助生产区、生产区和隔离区。隔离区和生产区应该分开。同一个养殖场内只饲养一种动物，同一舍内只饲养同一日龄生产的同一种动物群。生产区内各个养殖舍之间应该设有安全距离或者设有隔离防护设施；生产区内应该设有净道和污道，并且互不交叉。养殖场的四周应该设有围墙和防疫设施，大门口设置值班室、更衣室和车辆消毒通道。

2. 场区布局

（1）生活管理区。该区域主要是从事养殖场管理活动的工作人员生活的功能区域，与社会环境联系极为密切，主要包括：行政楼和技术办公室、会议室与接待室、警卫室和值班室、员工宿舍和食堂、养殖场大门等。这个功能区域位置除了应该处于该地区主风向的上风向、地势较高的地区，还应考虑到此区域与外界联系频繁，所以养殖场的大门应该开设于此区域，门前要设有车辆消毒池，两侧要设有值班室和消毒通道、更衣室。生活区和管理区也应该分开，生活区应该在管理区的上风向、地势较高处。

（2）辅助生产区。该区域主要设置供水、供电、供热、设备维修、物资仓库、饲料储备等设施。这些设施应该靠近生产区的负荷中心布置。

（3）生产区。该区域是动物生活生产的场所，应该包括各种畜禽舍、孵化

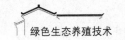

室、蛋库、挤奶厅、乳品处理间、羊剪毛间、家畜采精室、人工授精室、家畜装车台、选中展示厅等，是养殖场的核心功能区域。该区域建筑面积占全场总面积的80%左右，是养殖场主要的建筑区域。生产区的入口应该设有人员消毒间和车辆消毒池。大型的畜牧场，则进一步划分种畜、幼畜、育成畜、商品畜等小区，以方便管理和便于防疫。

由于商品畜禽群如奶牛群、肉牛群、育肥猪群、蛋鸡群、肉鸡群等，这类畜禽饲养密度大，机械水平较高，还要及时出场销售，且这类畜禽群的饲料、产品、粪便的运输量大，与场外联系频繁，因此这类畜禽群安排在靠近大门交通比较方便的地段，可以减少外界疫情向场内传播的机会。育成畜禽群包括青年牛羊、后备猪、育成鸡等，安排在空气新鲜、阳光充足、疫病易防控的区域。种畜禽群是畜禽场中的基础群，设在疫情少发的场地，必要时，应该与外界隔离。

以自繁自养的猪场为例，猪场的布局根据主风向和地势由高到低的顺序，依次为种猪舍、分娩猪舍、保育猪舍、生长猪舍、育肥猪舍、采精室等。

(4) 隔离区。主要布置兽医室、病畜禽剖检室、隔离区和畜禽场废弃物处理设施。隔离区是养殖场病畜、污物集中之地，是卫生防疫和环境保护工作的重点，应设在全场下风向和地势最低处。其与生产区的间距应该满足兽医卫生防疫要求，其与生产区保持300米以上的卫生间距，还应设有绿化带隔离。为运输隔离区的粪尿污物出场，宜单设道路通往隔离区。

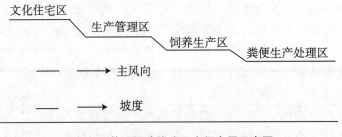

图 3-1　养殖场功能分区空间布局示意图

(三) 养殖场建筑物布局

养殖场内的建筑物布局是否合理，不仅关系到养殖场的生产联系和劳动效率，同时也直接影响到养殖场的卫生防疫。在养殖场内部布局时，要综合考虑建筑物之间的功能关系，满足养殖场的通风、采光、防火、防疫要求，同时还要节约用地，保证布局整齐美观。

1. 建筑物的排列

养殖场建筑物的排列一般为东西成排、南北成列，尽量做到整齐、紧凑、美观。要根据地形形状、畜禽舍的数量和长度布置为单列式、双列式或多列式。

（1）单列式。畜禽舍在四栋以内宜单列布置。单列式布置使得净道和污道分工明确，但是道路和工程管线线路较长，适用于小规模和场地狭长的养殖场。

（2）双列式。畜禽舍超过四栋宜呈双列式或多列式排布。双列式是三种排列方式中最经济实用的布局方式，优点是既能够保证净道污道的分工明确，又能缩短道路和工程管线长度。

（3）多列式。适用于大型畜禽养殖场使用，但是应该避免净道污道交叉引发相互污染。如果场地宽敞，尽量避免将生产区建筑物布置成横向狭长或竖向狭长，因为狭长的地形必然造成饲料、粪便运输距离加大，管理和生产联系不便利。

2. 建筑物的位置

（1）根据功能关系来布局。功能关系是指房舍建筑物和设施在畜牧生产中的相互关系。在安排各建筑物位置时，应将相互有关、联系密切的建筑物和设施靠近安置，以便于生产联系。不同畜群间，彼此应有较大的卫生间距。大型养殖最好达 200 米远。商品畜群应设置在靠近场门交通方便地段；育成畜群应设置在空气新鲜、阳光充足、疫病较少的区域；种畜群应在防疫比较安全的场区处，必要时应与外界隔离；干草和垫料堆放棚应在生产区下风空旷地方。

（2）根据卫生防疫要求来布局。办公、生活、饲料、种畜、幼畜建筑物安置在地势高、上风向处，生产群于相对较低处，病畜及粪污处理应置于最低、下风处。大型养禽场宜单独设孵化场，小型养禽场应将孵化室安置在防疫较好又不污染全场的地方，并设围墙或隔离、绿化地带。大型鸡场宜单设育雏场，小型鸡场则应与其他鸡舍保持一定距离，并设围墙严格隔离。

（3）根据生产工艺流程安排来布局。商品猪场工艺流程：种猪配种→妊娠→分娩哺育→保育或育成→育肥→上市。根据主风向配置：种公猪舍→空怀母猪舍→妊娠母猪舍→产房、断奶仔猪舍→肥猪舍→装猪台。

种鸡场工艺流程：种蛋孵化→育雏（又分幼雏、中雏、大雏）→育成→产蛋→孵化→销售（种蛋或鸡苗）。根据主风向配置：孵化室→育雏舍→中雏舍→育成鸡舍→产蛋鸡舍。

3. 建筑物的朝向

冬季南北向圈舍应使纵墙接受较多的光照，尽量减少盛行风对纵墙的吹袭；夏季则应尽量减少太阳对纵墙的照射，增加盛行风对纵墙的吹袭，这样的朝向才能使畜舍冬暖夏凉。

（1）根据日照确定朝向。冬季南向畜舍的南墙接受太阳光多，照射时间相对较长，光线照进舍内也较深，有利于防寒；夏季则相反，南向畜舍的南墙接受太阳照射较少，照射时间也较短，光线照入舍内较浅，因此有利于防暑。畜舍朝向南或南偏东、偏西45度内为宜。

（2）根据通风要求确定朝向。我国夏季盛行南风或东南风，冬季多为东北风或西北风。畜舍的纵墙应与冬季主风向形成0~45度夹角，纵墙与夏季主风成30~45度夹角。

4. 建筑物的间距

（1）根据日照确定畜舍间距。为了使南排畜舍在冬季不遮挡北排畜舍的日照，尤其保证在冬日9~15点这6小时内使畜舍南墙满光照射，畜舍间距应等于屋檐高度的3~4倍。

（2）据通风、防疫要求确定畜舍间距。应使下风向畜舍不处于上风向的畜舍的漩涡风区内。这样，既不影响下风向畜舍的通风，又可使其免遭受上风向畜舍排出的污浊空气污染，有利于卫生防疫。畜禽舍的间距在3~5倍屋檐高时，可以满足通风和防疫的要求。

（3）防火间距。这取决于建筑材料、结构和使用特点，参照我国防火规范，畜舍一般耐火等级为二级或三级，防火间距是6~8米。

5. 养殖场公共卫生设施

（1）畜禽运动场。①运动场位置。背风向阳、地形开阔，可以设在畜禽场间距或两侧。②运动场面积。运动场面积是每只（头）动物所占舍内平均面积的3~5倍，种鸡按鸡舍面积的2~3倍。既要保证动物自由活动又要节约用地（如表3-2所示）。③建筑要求。平坦，稍有坡度，便于排水和保持干燥。四周应设有围墙或围栏，可加尼龙网丝。在运动场两侧以及南侧，应设遮阳棚或者种植树木，便于夏日遮阳。运动场栏外应设有排水沟。

表 3-2　运动场大小和围栏高度

动物品种	运动场面积（平方米/头或只）	围栏或围墙高度（米）
乳牛	20	1.5
青年牛	15	1.2
带仔母鸡	12~15	1.1
种公猪	30	2~2.2
生长猪或后备猪	4~7	1.1
羊	4	1.1
育成鸡	0.5~1	1.8

（2）场内的道路。生产区道路分为"净道"和"污道"，二者不得混用或交叉；场内道路要求直而短，保证生产顺利进行。管理区和隔离区：分别设与场外相通的道路。道路不应透水，路面有 1%～3% 的坡度。路面材料最好为柏油、混凝土、砖石或渣土。道路宽度要能通行内用车辆，道路宽度需 1.5～5 米。道路两侧应植树并设排水沟，用于排污水和雨水。

（3）防护设施。畜禽场四周应设有较高的围墙或坚固的防疫沟，以防场外人员或其他动物入场，必要时在沟内放水。在畜禽场大门和各区域及畜禽舍的入口，应设有消毒设施，如车辆消毒池、人的脚踏消毒槽或喷雾消毒室、更衣换鞋间等，并安装紫外线灭菌灯。消毒室应装有定时通过指示铃。

（4）排水设施。在道路一侧或两侧设明沟排水沟壁，沟底可砌砖、石，也可将土夯实做成梯形或三角形断面。排水沟最深处不应超过 30～60 厘米，雨污分流。

（5）贮粪池。积（化）粪池应设在生产区的下风向，与畜舍至少保持 50～100 米的卫生间距。畜牧场粪尿、污水最好直接进入粪污处理设施。积粪池应深 1 米，宽 9～10 米，长 30～50 米，底部要做成水泥池底。

（6）养殖场绿化。绿化是养殖场环境改善的最有效手段之一，它不但对养殖场环境的美化和生态平衡有益，而且对养殖场员工工作、生产也有着很大的促进作用。绿化对于建立人工生态型养殖场无疑起着十分重要的补充和促进作用。以下介绍养殖场绿化的优劣处：

①养殖场绿化可以美化场区环境。搞好养殖场绿化建设，不仅能美化和改善养殖场环境，而且还能为职工工作、畜禽生长创造一个舒适健康的环境，有效提高劳动生产效率。

②养殖场绿化可以吸收空气中的有毒有害物质，起到过滤、净化空气及减轻异味的作用。集约化养殖场由于饲养量大、密度高，因此舍内排出的二氧化碳较为集中，同时伴有少量氨气、硫化氢和一氧化碳等有害气体。进行绿化可以让绿色植物在光合作用时吸收大量的二氧化碳，释放新鲜的氧气，同时许多植物对多种有害气体也有较强的吸附性。

③养殖场绿化可以调节场区的气温，改善场区小气候。树木通过遮阴作用，减少了阳光的照射辐射，而树叶叶面水分蒸发又可以吸走大量的热，可减少 50%～90% 的热辐射。绿色植物还可以起到降低风速、截留降水、蒸腾等作用，可形成舒适宜人的场区小环境。

④养殖场绿化可以减少场区灰尘及细菌含量。在养殖场的养殖生产过程中，各类操作经常使舍内空气含有大量的灰尘，而对动物有害的病原微生物可以依附在灰尘上，所以舍内的灰尘对动物的健康造成了直接的威胁。因此，畜禽舍

内的病原微生物要比大气中的病原微生物多得多。绿化植物通过叶子的吸附和粘着滞留作用，使空气中的病原微生物含量大大减少。吸尘的植物通过雨水的冲刷后，又可以继续发挥除尘作用，同时许多树木的芽、叶、花能分泌挥发性的植物杀菌素，具有较强的杀菌能力，可杀灭对场区内人和动物有害的病原微生物。

⑤养殖场绿化可以净化水源。树木是一种很好的水源过滤器。养殖场大量浑浊有臭气的污水流经较宽广的树林草地，深入地层，可以经过树林草地的污水在过滤后变得洁净、无味，使水中细菌含量减少90%以上，从而改善养殖场的水源水质。

⑥养殖场绿化可以降低噪声。养殖场内部交通运输工具、饲料加工和送料机械、粪尿清除产生的声音以及动物本身的鸣叫、采食、走动、斗殴产生的噪声都会对动物的休息、采食、增重、生产等都有不良的影响。树木与植被对噪声具有吸收和反射的作用，可以降低噪声的强度。

⑦养殖场绿化有利于防疫、防污染，同时还起到了隔离的作用。养殖场外围的防护林和各区域之间的绿化隔离带，都可以防止人和动物的来往，减少疫病传播的机会。

三、养殖场的建筑类型与结构

畜禽舍小气候环境的好坏，主要受畜禽舍类型、畜禽舍建筑结构的保温性能、通风、采光及畜禽舍环境调控技术等的影响。

（一）畜禽舍的建筑类型

1. 开放舍（棚舍）

开放舍（棚舍）的四面无墙或只有端墙，主要起遮阳、避雨作用。①特点：夏季隔绝太阳辐射，四面敞开通风良好，防暑性能比其他畜禽舍好；但冬季无墙壁，对寒风侵袭没有防御力，防寒差。开放性畜禽舍受环境影响大。②适用范围：寒冷地区不能做冬舍，可做运动场上的凉棚或草料库；由于开放性畜舍用材少、施工简单、造价低，为扩大适用范围，克服保温能力差的缺点，在畜禽舍的南北门设置隔热效果好的卷帘，由机械控制升降。夏季完全敞开，冬季可完全闭合。

2. 半开放舍

半开放舍指的是三面有墙，正面全部敞开或设置半截墙的畜舍。①特点：通常敞开部分在南侧，冬季有足够阳光，有墙部分又可抵御北风，夏季南风可吹入舍内，有利于通风；防寒能力有所提高，但因舍内空气流动较大，受外界气温影响，很难进行畜禽舍环境的调控。②适用范围：在寒冷地区，可用于饲养各种成年畜禽，特别是耐寒能力强的牛、马、绵羊等；在温暖地方，可作产房或幼畜禽舍。生产中，为提高防寒能力，冬季可在敞开部分设单层或双层卷帘，可有效改善畜禽舍内小气候环境。

3. 封闭舍

封闭舍是指利用墙体、屋顶等外围护结构形成全封闭状态的畜禽舍，分为有窗式和无窗式。①有窗式特点：具有好的保温隔热能力，方便人工控制舍内环境，通风换气主要依靠门、窗和通风管。根据舍外环境状况，通过开闭窗户使舍内温、湿度和空气质量保持在一个合适的范围。当舍外温度过高或过低时，可通过人工调控设施对舍内小气候进行调控。这种畜禽舍应用最为普遍。②无窗式特点：一般没有窗户或只设少量应急窗，舍内环境条件完全采用人工调控。这种畜禽舍的舍内环境稳定，基本不受外界环境影响，自动化程度高，节省人工，生产率高。但舍内所有调控设施均需依靠电力，一旦电力供应不能保障，极难实现正常生产。无窗式畜禽舍比较适用于电力供应充足，电价便宜，劳动力昂贵的发达国家和地区。

（二）畜禽舍的基本结构

（1）地基。支持整个建筑物的土层。承重能力强，有足够厚度，组成均匀一致，抗冲刷能力强，膨胀性小，地下水位在 2 米以下，无侵蚀风险。

（2）基础。建筑物深入土层的部分。坚固、耐久、抗机械能力和防潮、抗冻、抗震能力强。

（3）墙脚。基础与墙壁的过渡部分。要求高度应不低于 20~30 厘米，材料应防水防潮。

（4）墙壁。要求坚固、耐久、抗震、防火、防冻、防水冲刷，结构要简单，便于清扫和消毒。有良好的隔热能力。有承重墙隔墙和长墙端墙。

（5）窗户。窗户大小、位置、安装形式对舍内光照与温度有很大的影响。设置原则：在满足采光的前提下，尽量少设；总面积相同时，选择大窗户而不是小窗户。

（6）舍门。舍门高宽尺寸适合，不设门槛、台阶，畜舍地面高出舍外 20 厘米，门向外开。

（7）地面。地面要有良好的保温性能，不透水，易于清扫和消毒；易于保持干燥、平整、无裂纹，不硬不滑、有弹性；有抗机械能力、防潮、抵抗各种消毒液的作用；朝排尿沟方向有一定的倾斜度。

（8）屋顶。屋顶是畜禽舍上部的外护围结构。对舍内小气候的影响比其他外护围结构大。要求屋顶光滑、防水、保温、不透气、结构简单、轻便，要有一定坡度，利于雨水、雪水排出和防火安全等。在使用上要求耐久、坚固。单

坡式：跨度小利采光，小规模畜群；双坡式：跨度较大有利于保温，适用于各种规模的畜群；联合式：适用于跨度较小的畜舍。

（9）天棚。要求保温、隔热、不透气、不透水、坚固耐久、防潮、不滑、结构轻便、简单。净高是地面到天棚的高度，无天棚时，指地面至屋架下缘的高度。一般畜禽舍的净高：牛舍2.8米，猪舍和羊舍2.2~2.6米，马舍2.4~3.0米，笼养鸡舍净高应该适当增加，五层笼养鸡舍净高4米。

第四章　绿色生态养殖的饲料种植 与粪便还田

养殖场产生的大量畜禽粪便危害极大，它是环境污染的最主要污染源之一。但畜禽粪便也是一种宝贵的饲料或肥料资源，如采用畜禽粪便无害化处理技术，可将其制成优质饲料或有机复合肥料，实现畜禽粪便的资源化利用，减少环境污染，防止疾病蔓延，促进养殖行业科学、环保、健康发展。

第一节　饲料种植

目前，农村养殖中，饲料主要来自粮食作物及其副产物。改革开放以来，我国粮食生产在总量上有了较大的增长，但由于人增地减的双重压力，我国人均粮食占有水平仍低于联合国制订的粮食安全线。因此，试图通过增加粮食生产来发展耗粮型畜牧业的道路已越走越窄。为解决这一问题，大力发展草食动物，走种草养畜、以草代粮之路，将是未来畜牧业的发展方向。

近年来，种草养畜由于节粮、高效、优质、安全，有利于环保和可持续发展，正在全国各地兴起。

一、人工种草养畜的优点

（一）人工种草养畜具有良好的经济效益

人工种草是指人工种植能作为畜禽饲料的草本植物，俗称饲草。因饲草的新鲜茎叶富含叶绿素，又称青绿饲料。饲草主要包括天然牧草、栽培牧草、刈取利用的饲料作物，以及田间杂草、水生植物、嫩枝嫩叶等。优良的饲草营养价值高，适口性好，适合于多种畜禽特别是草食畜禽饲用，是草食畜禽最主要的经济、安全型饲料。畜禽的配合饲料中，使用部分饲草产品可降低成本，提高畜禽产品的产量和质量。

种草单位面积的生物产量和营养素产量高、成本低，经济效益高于粮食种植。如黑麦草一般每 667 平方米（1 亩）产量 5000 千克，高的可达 8000 千克，

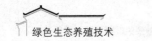
可提供干物质 742.5 千克，粗蛋白 90 千克，产奶净能 5334 兆焦，产值约 600 元。如要种植粮食提供与黑麦草同样数量的蛋白质、能量和产值，则需种植 847～1806 平方米稻谷、767～1746 平方米玉米或 1500～2413 平方米大麦。

（二）人工种草养畜可缓解人畜争粮矛盾

同样数量的土地，通过种植优质饲草比种植粮食作饲料至少可增产饲料 50%以上。饲草利用对象主要是草食家畜，它们是节粮型动物，消耗粮食少，能利用人类不能食用的饲草资源生产动物性产品。如增重 1 千克需消耗的精料量为：猪 4.9 千克，鸡 2.4 千克，兔 2.5～3 千克，鹅 1～1.5 千克。而牛羊等反刍动物对粗饲料利用率高，奶牛达 66%，羊达 80.9%，生产成本低，耗粮少。

（三）人工种草养畜有利于推动农业结构优化

我国种植业结构调整的方向应该是：通过种植饲草养畜，实行粮草轮作、林草间种、果草间作、农林牧结合，逐步把农业生产中的"粮—经"二元结构改变为"粮—经—草"的三元结构，通过重点发展节粮型的牛、羊、兔、鹅生产，以提高食草型畜禽的比重。

（四）人工种草养畜有利于满足市场需求

随着经济的发展和人们生活水平的提高，人们的饮食已经由温饱型向营养健康型转变。动物性食品中蛋白质量多质优，一般比谷类食品高 0.6～2 倍，而且所含氨基酸比较齐全，其中限制性必需氨基酸含量较高，容易被人体消化吸收。随着人们健康意识的提高，对高蛋白质、低脂肪的食品，如牛乳和牛、羊、兔、鹅肉的需求显著增加。因此，大力发展种草养畜，提供更多的高蛋白质、低脂肪食品，有利于满足市场需求，改善人们的膳食结构，提高我国人民的身体素质。

（五）人工种草养畜有利于促进农村经济发展

根据浙江省的试验：利用冬闲田种植黑麦草，一般平均每亩可产 5000 千克，产值为 500～600 元，且种植成本明显低于种粮，经济效益显著；种草养奶牛，每头牛获利均在 2000 元以上；种草养兔，1 只母兔一年可获利 250～450 元。

（六）人工种草养畜有利于农业生态系统良性循环

开展种草养畜，一方面为人类提供畜产品，另一方面每一头家畜都是一个小型的"有机肥料厂"。有机肥具有植物生长所需的各种营养元素，施用有机肥可以提高土壤中有机质的含量，不仅使土壤不致板结，增强土壤的保水、保肥能力，而且不污染环境。种草可以保护土壤，防止水土流失，进一步提高土壤肥力。

二、优质牧草栽培技术

（一）紫花苜蓿

1. 特征特性

紫花苜蓿又名苜蓿、紫苜蓿，适应性较强，生长良好，产量高，质量好，有"牧草之王"的美称。多年生草本，高30~100厘米。根粗壮，深入土层，根茎发达。茎直立、丛生以至平卧，四棱形，无毛或微被柔毛，枝叶茂盛。羽状三出复叶；托叶大，卵状披针形，先端锐尖，基部全缘或具1~2齿裂，脉纹清晰；叶柄比小叶短；小叶长卵形、倒长卵形至线状卵形。紫花苜蓿喜温暖半干旱的气候，生长最适温度为25℃左右，抗寒力较强。

2. 营养与饲用

鲜草产量高，营养价值丰富。据分析，干物质中含粗蛋白21.83%、粗脂肪3.66%、纤维23.94%、无氮浸出物40.17%、粗灰分9.25%、钙1.53%、磷0.52%，还含大量维生素。

鲜草可作为草食家畜的主要饲料，幼嫩紫花苜蓿也是猪、禽和幼畜最好的蛋白质、维生素补充饲料。如放牧，牛羊易发臌胀病。另外，还可晒制成干草，以备冬春季无青料时饲喂。

3. 栽培技术

（1）选地。要深耕，最适宜在土层深厚疏松且富含钙的土壤中生长，苜蓿不宜种植在强酸、强碱土中，喜欢中性或偏碱性的土壤，以pH7~8为宜。

（2）播种。选择新鲜、饱满、发芽率高的纯净种子。播种前晒种1天，浸种24小时，播时用钙镁磷肥拌种，密点播、条播或撒播均可，每亩播种量为1.5千克左右，以9~10月份播种为宜，播种后7天左右即可出苗。

4. 田间管理

苜蓿是需水较多的植物，水是保证高产、稳产的关键因素之一。苜蓿喜水，但不耐涝，特别是生长中最忌积水，连续淹水3~5天以上将引起根部腐烂而导致大量死亡。种植苜蓿的地块一般地下水位不应高于1米，所以种植苜蓿的土地必须排水通畅，土地平坦。当年第一次播种苜蓿一般在出苗后生长5~8片叶时浇水，以后浇水可因情况而定。因苜蓿根部有根瘤，具有固氮能力，除播种当年由于苗期根瘤菌未形成前而需要施少量氮肥（3~5千克/亩），以及在每年返青和刈割后向部分弱苗每亩追施尿素5~6千克外，其余时间可以不施氮肥，但应注意磷、钾肥的施用。苜蓿常见的虫害主要有蚜虫、盲椿象、潜叶蝇等，可用40%乐果乳剂加水配成1000倍液喷雾或采用氰戊菊酯等进行防治。苜蓿常见病害有白粉病、霜霉病、锈病、褐斑病等，可用多菌灵、甲基托布津等防治。

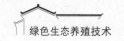

（二）黑麦草

1. 特征特性

黑麦草为多年生草本植物，须根发达，茎秆细，高 80~100 厘米，疏丛型，穗状花序，适合温暖、潮湿的温带气候，适宜在夏季凉爽、冬季严寒、年降雨量为 800~1000 毫米的地区生长，在我国长江流域以南的中南山区及云贵高原等地有大面积栽培。

2. 营养与饲用

多年生黑麦草营养丰富，经济价值高。茎叶繁茂，幼嫩多叶，适口性好，是饲养马、牛、羊、猪、禽、兔和草食性鱼类的优良饲草。多年生黑麦草营养丰富，草丛茂盛，富含粗蛋白质，茎叶干，物质分别含粗蛋白 17%、粗脂肪 3.2%、粗纤维 24.8%，钙、磷含量丰富。适合青饲、晒制成干草、青贮及放牧。青饲在抽穗前或抽穗期青刈，每年可刈取 3 次，留茬为 5~10 厘米，一般亩产鲜草 3000~4000 千克。一般利用年限为 3~4 年。

3. 栽培技术

多年生黑麦草可春播或秋播，最宜在 9~10 月份播种，播前需精细整地，每亩施农家肥 1500 千克、磷肥 20 千克用作底肥，条播行距为 15~30 厘米，播深为 1~2 厘米，每亩播种量为 1~1.5 千克。对草地要加强水肥管理，除施足基肥外，还要注意适当追肥，每次刈取后应及时追施速效氮肥。若用作干草，最适宜刈取期为抽穗成熟期，延迟刈取，养分及适口性将变差。

（三）象　草

1. 特征特性

象草又名紫狼尾草，为多年生丛生大型草本，常具地下茎。秆直立，高 2~4 米，节上光滑或具毛，在花序基部密生柔毛。叶鞘光滑或具疣毛；叶舌短小，具长 1.5~5 毫米纤毛；叶片线形，扁平，质较硬，长 20~50 厘米，宽 1~2 厘米或者更宽，上面疏生刺毛，近基部有小疣毛，下面无毛，边缘粗糙。象草喜温暖湿润气候，不耐低温，在气温 12~14℃时开始生长，25~32℃时生长迅速。

2. 营养与饲用

据分析，其干物质中含粗蛋白 10.58%、粗脂肪 1.97%、粗纤维 33.14%、无氮浸出物 44.70%、粗灰分 9.61%。象草早期青刈细嫩，质量较好，适口性甚佳，为牛羊等草食家畜所喜食，可青饲、青贮或晒制干草。但象草是高秆牧草，茎基部易老化，收割过迟则纤维增多，品质下降，营养价值降低。一般在株高 80 厘米以上刈割利用。不同饲养动物种类刈割的高度有别，用作兔、鹅等动物，或草食性鱼类的饲料，宜在 50~100 厘米时刈割；用作草食大家畜牛、羊等的饲料，可在 100~150 厘米时刈割。利用时宜切成 3~5 厘米长度。再生分蘖从基部萌发，刈割时留茎基部 1~2 个茎节。

3. 栽培技术

象草为多年生牧草，产量增长潜力大，需肥量大。在整地时每亩施入有机肥 1000~2000 千克，也可用复合肥作基肥，每亩施 10~17 千克。栽培时间以春季 3 月上旬至 3 月下旬为宜，暖冬年份可在种茎收获期进行冬植。按行距 50 厘米左右开沟，肥力差的土壤行距稍密些，开沟深度 4~5 厘米，冬植时沟深 8~10 厘米，以保护种茎安全过冬。开沟后将种茎平放于沟内，1 沟摆 2 行（矮象草摆 1 行），并错动节位，每公顷施钙镁磷肥 450~750 千克于行沟内，盖土 5~8 厘米。象草出苗在春季，种植时应注意的是，一是杂草多，要进行 1~2 次中耕锄杂，并每亩施尿素 5~8 千克催苗；二是雨水多，低洼地要开沟排水，防止积水。夏秋高温天气，遇干旱有灌溉条件的要及时灌溉，可显著提高产量。象草宿根越冬一般较安全，冬季前对宿根进行根蔸培土或每亩施 1000~2000 千克牛栏粪盖住根蔸，对保护宿根安全越冬十分有利，也有助于下年度高产稳产。

（四）皇竹草

1. 特征特性

皇竹草，又称粮竹草、王草、篁竹、巨象草、甘蔗草，为多年生禾本科植物，直立丛生，具有较强的分蘖能力，单株每年可分蘖 80~90 株，堪称"草中之皇帝"。因其叶长茎高、秆型如小斑竹，故称皇竹草，它是一种新型高效经济作物。皇竹草属须根系植物，须根由地下茎节长出，扩展范围广，株高 4~5 米，茎粗 4 厘米，节间较短，节数为 20~25 个，节间较脆嫩，节突较小。分蘖多发生于近地表的地下或地上节，刈割后分蘖发生较整齐、粗壮，春栽单株分蘖在 20~25 根。与象草相比，皇竹草的叶片较宽、柔软，叶色较浅，绿叶数为 2~3 片。皇竹草喜暖耐寒，结实率较低，主要依靠营养枝繁殖（即种茎繁殖）。在温度达 10℃时开始生长，20℃以上生长加快，生长最适宜温度为 25~30℃，耐旱性能好，抗逆性强。

2. 营养与饲用

据测试，皇竹草富含多种畜禽必需的养物质，有 17 种氨基酸，干草含粗蛋白 18.5%、粗脂肪 1.7%、粗灰分 9.9%、粗纤维 17.7%。皇竹草适口性好，广泛用于饲喂畜禽，尤其是饲喂牛、羊、兔、鱼等，由于皇竹草叶片宽大、叶多茎少，幼嫩时喂猪、鱼，拔节前喂牛、羊。一般多刈取饲喂，也可制成干草或青贮。

3. 栽培技术

（1）整地。皇竹草好高温，喜水肥，不耐涝。因此，宜选择土层深厚、疏松肥沃、向阳、排水性能良好的土壤。种植前需要深耕，清除杂草、石块等物。

还需将土块细碎疏松，并重施农家肥作基肥，最好实行开畦种植，有利于排水及田间管理。沙质土壤或岗坡地应整地为畦，便于灌溉，陡坡地应沿等高线平行开穴种植，以利于保持水土，平坦黏土地、河滩低洼地应整地为垄，垄间开沟，便于排水。

（2）育苗。一般在 2~5 月份进行育苗较为适宜，但最好在 3 月气温在 15℃以上时下种育苗。种苗处理：对发芽健全的种苗，在切口处粘上草木灰，或用 2% 的石灰水泡 30 分钟，进行防腐杀菌。种节准备：选择 6 月龄以上的成熟植株，选取健康、无病虫害的茎秆为种节，先撕去包裹腋芽的叶片，用刀切成小段，刀口的段面应为斜面，每段保留一个节，每个节上应有一个腋芽，芽眼上部留短，下部留长，为提高成活率，有条件的可用 ABT 生根粉 100ppm 浸条 28小时（1 克生根粉可处理茎节 3000~5000 株），然后在切口处沾上草木灰或用 20% 的石灰水浸泡 30 分钟，进行防腐消毒处理。当天切成的种节就及时下种，以防水分丧失。

（3）移栽。栽培时间：冬天无霜地区，一年四季均可栽培；有霜地区，一般在 3~6 月份为最佳栽培时期，也可随时育苗随时移栽。栽培规格：根据植株栽培的目的、用途不同，栽培的株行距不同。作青饲料用的栽培应密些，每亩 2000~3000 株，株行距为 50 厘米×66 厘米或 33 厘米×66 厘米；作种节繁殖、架材、观赏用的，栽培应稀些，每亩 800~1000 株，株行距为 80 厘米×100 厘米或 70 厘米×90 厘米；作围栏、护堤、护坡用的应更密些，其株距为 33 厘米×40 厘米比较好；对不规则的坡地、山地视具体情况而定，如光照不足，地块宜稀植。施足底肥：在大田移苗栽培前，翻耕前施用浇水时，每亩用 10 千克左右益富源种植菌液、优质农家肥 2000 千克和过磷酸钙 200 千克，在无农家肥的情况下，每穴（窝）必须施用复合肥和过磷酸钙各 100 克，并与底土搅拌均匀，以增加植株分蘖能力。浇足定根水：种苗移栽后同时浇足根水或施少量清粪肥，确保土壤湿润，以定根促苗。若遇天晴干旱天气，需 2 天浇水 1 次，直到种苗转青时才能缓解。

第二节　粪便还田

加快推进畜禽养殖废弃物处理和资源化，是贯彻绿色发展理念的必然要求，是加强生态文明建设的重要举措，它关系着广大农村居民的生产生活环境、关系农村能源革命、关系着我们能不能不断改善土壤地力、治理好农业面源污染，是一件利国利民利长远的大事。然而，长期以来，畜禽粪污已成为农业的主要污染源，大规模的畜禽粪污，虽是巨大的资源库，但处理不好，必然给环境和居民生活带来不利影响，因此，畜禽粪便要"还田"，必须经过"无害化"处理。

一、畜禽粪便的传统处理方法

自然沉淀渗漏。目前农村的小规模养殖中，最常见的方法是把猪粪用水冲到大粪坑中，让它沉淀，一部分粪水渗入地下，粪渣沉淀到坑底，到冬季猪圈停止清理时，把大粪坑中的上部粪水抽走，流到大田或自然流失，再把沉淀挖出来，直接施到大田中。

这种方式的优点是农民可以卫生养猪，对减少猪的病害发生有好处，同时省工省力。其缺点在于：（1）在存贮过程中粪水下渗污染地下水，粪坑暴露在外，滋生蚊蝇，传播病害，污染环境；（2）对粪水、粪渣再利用的过程中，粪渣直接施入大田会产生二次发酵。

二、畜禽粪污资源化处理的三种模式

（一）"三分离一净化"处理模式

"三分离"即"雨污分离、干湿分离、固液分离"，"一净化"即"污水生物净化、达标排放"。这种模式是控制粪污总量，实现粪污"减量化"最有效、最经济的方法，适用于中小规模养殖户。

1. 雨污分离系统

雨污分离将雨水和养殖场所排污水分开收集的措施。雨水可采用沟渠输送，污水采用管道输送，把养殖场的污水收集到厌氧发酵系统的进料池中进行后续的厌氧发酵再处理。

建设方案：建雨污分离设施的内容包括需要建设雨水收集明渠和铺设畜禽粪污水的收集管道，保证雨水与粪污水的完全分离。一方面，在畜禽养殖场厂房的屋檐雨水侧，修建或完善雨水明渠，尺寸据实际情况而定，一般为 0.3 米×0.3 米；另一方面，在厂房的污水直接排放口或收集池排放口，铺设污水输送管道，将污水输送至厌氧发酵系统的调浆池或进料池中。

2. 干湿分离系统

干湿分离即将畜禽粪便先收集到储粪池中，再用水冲洗猪舍，将冲洗水收集到粪水池中，再进行厌氧发酵，使猪粪与污水分开收集。收集起来的畜禽粪便，经过后续的固液分离可再次降低其含水率，便于再利用。

建设方案：建干粪收集池，基本尺寸为 3 米×4 米×1 米，可根据养殖场规模适当调整，购置粪污运输推车；建粪水收集池，基本尺寸为 4 米×10 米×1 米，可根据养殖场规模进行适当调整；完善粪污收集系统与厌氧发酵系统的

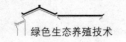

衔接。

3. 固液分离系统

对干清粪过程所收集的畜禽粪便进行再次脱水，获得含水率更低的粪渣（含水率一般在 65% 以下），便于再利用；分离出来的粪水排往沼气池的进料池，进行发酵处理。

建设方案：建固液分离间，基本尺寸为 4 米×8 米×3 米，钢架厂房结构，四周建 1 米高围墙，半开放式，并购置固液分离机一台，用于分离干清粪过程所收集的畜禽粪便，分离机工作能力为 10 立方米/小时左右。

因场地所限，固液分离间建在地埋式沼气池顶部的混凝土地板上，注意做好沼气的防泄漏措施，沼气输出管道不得布置在固液分离间内。

4. 生态净化系统

生态净化系统主要由一个一级生态塘和一个二级生态塘构成。

生态塘建设方案：清除生态塘内的水花生等杂草，保留已经生长的藕、野菱、菖蒲、风车草、芦苇等水生植物；清除一级生态塘四周道路两侧的杂树杂草，保留树冠形态较好的已经成材的树木，如果塘四周没有或少有树木，在靠池塘一侧种植柳树，池塘向内的土坡上种植黑麦草、吉祥草、兰花三七等。

（二）好氧堆肥处理模式

好氧堆肥是指在有氧条件下，利用好氧菌对废弃物进行吸收、氧化、分解。在目前，通过好氧堆肥后还田，是畜禽养殖场固体粪便利用效果较好、投资较少的一种模式。一般畜禽粪便的好氧堆肥主要包括预处理、发酵、后处理等工序。

1. 预处理

主要是调整水分和碳氮比等条件。预处理后应达到下列要求：（1）堆肥粪便的起始含水率应为 40%~60%；（2）碳氮比（C/N）应为 20 :1~30 :1，一般猪粪的碳氮比为 12.6，鸡粪的碳氮比为 10，不易直接发酵，可通过添加植物秸秆、稻壳等物料进行调节，必要时需添加菌剂和酶制剂；（3）堆肥粪便的 pH 值应控制在 6.5~8.5 之间，如果粪便 pH 值偏低，可以向堆料中加入少量的熟石灰或碳酸钙；如果 pH 值过高，则可以加入新鲜绿肥或青草，分解产生有机酸。

2. 发 酵

（1）发酵过程温度宜控制在 55~65℃，且持续时间不得少于 5 天。（2）堆肥时间应根据碳氮比（C/N）、湿度、天气条件、堆肥工艺类型及废物和添加剂种类确定。（3）堆肥物料各测试点的氧气浓度不宜低于 10%。（4）发酵结束后，应符合下列条件：碳氮比（C/N）不大于 20 :1；含水率为 20%~35%；堆肥应符合《粪便无害化卫生要求》（GB 7959—2012）的规定；耗氧速率趋于稳定；腐熟度应大于等于Ⅳ级。

3. 后处理

发酵结束后应对发酵物进行后处理，通常由再干燥、破碎、造粒、过筛、包装至成品等工序组成。

（三）沼气工程处理模式

将污水排入沼气池中，通过厌氧菌发酵，降解粪污中颗粒状的无机物、有机物，产生的沼气可作为能源用于发电、照明和燃料。沼渣和干粪可直接出售或用于生产有机复合肥；出水即可进入自然处理系统（氧化塘或土地处理系统等），也可直接作肥料用于农田施肥。

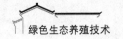
第五章 绿色生态养殖的放养与圈养管理技术

大理州早期形成了以大理、洱源为中心的奶牛优势场区，巍山、南涧、永平、漾濞为重点的肉牛优势产区，宾川、鹤庆、祥云、弥渡、大理为重点的生猪优势产区，巍山、南涧、永平、云龙、漾濞为重点的肉羊优势生产区，大理、祥云为重点的禽蛋优势产区。目前，根据大理州保护洱海的有关政策及政府的宏观调控，大理、洱源奶牛散养已被自然淘汰，而其他地区传统式"放养""散养"已逐渐呈现农场生态放养养殖模式、规模化圈养养殖模式的发展趋势。但不可否认的是，传统的散养、放养模式在乡村家庭中依然存在，且目前仍是养殖户主要的养殖模式之一，禽类、牛、羊的养殖更是如此。

第一节 放养与圈养管理的优势

一、放养的优势

畜禽放养是生态养殖模式之一，是畜禽以自由采食林地、草场、果园、农田、荒山等自然资源中的昆虫、嫩草及腐殖质等天然饲料为主，人工补料为辅的一种饲养方式。目前放养畜禽的肉产品、蛋及其加工副产品因质优味美，深受消费者喜爱。

（一）降低饲料成本

大理州土地面积 29459 平方千米，山地占全州总面积 80% 以上，土地使用的情况为林地约占 60%、牧地占 20%、耕地占 11.2%、其他用地占 8.8%。大理有着丰富的自然资源，而畜禽的合理放养可以充分地利用这些资源，降低成本，生产出绿色食品，增加养殖户的收益。畜禽放养指由畜禽自由采食动物性饲料（蝗虫、蚯蚓等）和植物性饲料（嫩草、叶子、果子等），并在春秋季节饲料相对较少时，适当给予补料即可满足畜禽营养需求，可大幅度降低饲料成本，如鸡放养可节约三分之一的饲料成本。

（二）提高肉、蛋品质

放养大幅增加了畜禽的运动量，延长了生产周期，从而改善了畜禽的生长性能和肉的品质，降低了畜禽胆固醇的含量，降低其皮下脂肪的沉积，从而提高了瘦肉率，增加畜禽肉质的肌苷酸和氨基酸的含量，改善了畜禽肉质的风味。有研究表明笼养鸡肌肉养分含量高于放养鸡，尤其是脂肪含量显著地高，但一些氨基酸，如谷氨酸、天门冬氨酸含量，则散养鸡显著高于笼养鸡；张树敏等研究放牧与舍饲对松辽黑猪肉品质的影响表明，放牧黑猪中的甘氨酸、谷氨酸含量显著高于舍饲组，氨基酸总量也显著高于舍饲组。因此，在畜禽山林中自由采食，叫以增加饲料中的纤维素和其他矿物质等营养成分，从而改善畜禽的生产性能和肉品质，丰富畜禽产品的营养价值。

（三）增强抗应激能力

放养的畜禽在户外采食、嬉戏等日常活动中逐渐适应自然界中的风雨声、雷电、光热等的刺激，对日常声响、光、冷热等刺激能迅速适应，相对圈养的畜禽具有较强的抗应激能力。

（四）减少虫害，改善土壤

罗艺、邵胜萍和 Pertain 等的研究表明，合理放牧的草地，牧草层次分明、生长明显更好，且合理放牧也有利于植被的恢复和土壤微生物的改善。同时林地放养有利于生态平衡。Loum 等研究发现，放养禽类能减少放养场内的害虫数量。

（五）减少疾病的传播及蔓延

畜禽放牧一般在田园、林地和草场等户外场所，饲养密度相对低，又有着大自然天然的屏障，可减少疾病的传播及蔓延。同时，畜禽放牧，空气新鲜、阳光充足、环境优越，运动量大，畜禽免疫力增强，抗应激和疾病的能力增强，病死率降低。

二、圈养的优势

（一）充分利用农副产品

乡村畜禽养殖中牛、羊和猪的圈养能最大限度地利用农作物的秸秆作为饲料，降低自然草场对畜禽养殖的限制。如在牛羊的圈养中，秸秆饲料占青贮饲料的50%以上，若将秸秆粉碎成颗粒饲料，利用率超过85%。

（二）保护生态环境

圈养可以保证森林、树木、草地、农田不被畜禽过度采食、践踏，有效地保护了生态环境。圈养还有利于农家肥集中收集还田，改善田地微生物，有利

于提高农作物的产量。

（三）快速育肥

畜禽圈养，根据畜禽生长发育所需要的氨基酸、微量元素、矿物质等营养物质进行科学配比，定时定量喂养，有利于畜禽育肥。同时，畜禽圈养减少动物运动量，其体能消耗减少，用于维护生命活动的饲料相对减少，饲料利用率提高，有利于畜禽育肥。在牛、羊的饲养方式中，同样的饲料喂养，圈养比放养增重提高了50%~80%。

（四）减少外界环境的干扰

畜禽圈养能根据生长发育的需要，就供水、给料和给光等提供自动化和半自动化的管理，让畜禽在有利环境的保护和管理下，减少一些外界环境不利的干扰，降低伤害，有利于畜禽健康快速生长。同时，根据畜禽不同生长阶段需要的温度、湿度等环境因素，进行科学化的管理，能有效缩短畜禽育肥的时间。

第二节　放养与圈养存在的问题

大理乡村牛、羊、猪和禽类等畜禽养殖，无论是圈养还是放养，大多数是"庭院式"自足自给或小规模养殖，畜牧生产设施设备落后，规模养殖比例小，乡村散养仍占很大的比率，且一般作为副业发展。因此在管理中存在诸多的问题，如养殖户往往凭借经验进行饲养管理，导致畜禽生长周期长，病死比率高、范围广，处理难度偏高，生产水平较低，经济效益明显受到影响。

一、养殖规模小

目前，大理畜禽标准化规模养殖场有27个，其中国家级6个、省级21个，畜禽养殖规模化率仅为50%，而乡村畜禽养殖户大多停留在庭院作坊式小规模养殖，养殖户凭借经验饲养管理，出现资源利用率低、饲料转化率低、畜禽生长周期长，且卫生条件不达标、畜禽病死率增加、资金投入增加等问题。同时，市场风险规避能力弱，养殖户没有进行市场调研，存在盲目跟风投资的现象，易受市场价格波动的影响，经济风险增加。

二、畜舍简陋

大理乡村畜禽养殖户由于重视程度和经济条件等原因，大部分畜舍的建设不符合标准要求。部分畜舍简单地搭建在人居住的房屋附近，甚至出现少数养殖户人畜同屋的现象，且部分畜舍没有通水、通电，无窗户，甚至常年照射不到太阳，从而导致畜禽长期生活在阴暗潮湿的环境中，畜禽不仅生长发育受到影响，还易感染疾病。有些畜舍破烂，甚至少部分放养畜禽连简易的畜舍都尚未搭建，在寒冷的天气中，不具有保暖御寒的条件。同时，畜禽一般体被皮毛或者羽毛不算太厚，甚至部分家畜的汗腺不发达，体温调节功能不完善。一旦外界温度过低或过高，畜体散热将加剧或降低，导致饲料转化率均降低，对畜禽的生长、发育、繁殖、产蛋、产乳等造成严重的影响，从而降低其生产性能。如猪、牛、羊等哺乳动物睾丸温度一般较体温低3~5℃，这有利于精子的形成，但当睾丸的温度升高到36℃以上时，会降低性欲，影响精液的品质，从而影响到母畜的受孕和妊娠。

三、幼畜质量差

目前，乡村养殖户的幼畜大部分是在集市上购买的，少部分是自繁自养。养殖户凭借经验进行选购，对幼畜的品种和疫苗的接种情况不够重视，这常常增加了幼畜的患病率，提高了养殖成本，降低了生产效率。同时，自繁自养的养殖户，特别是放养猪的小型养殖户尤为突出，为了节约成本，这些养殖户多年使用1~2头公畜，而母猪也是从自繁母畜中留种，造成近亲繁殖，品种退化，繁殖力低，幼畜生存率下降，群体质量整体下降，经济效益低。另外，部分养殖户购买引用公畜精液人工交配或直接交配，但对公畜的品种、质量不了解，导致幼畜的质量参差不齐，影响了经济效益。

四、畜禽管理粗放

乡村畜禽养殖无论是圈养还是放养的管理都比较粗放，致使幼畜身体机能未能发育健全，病死率较高。养殖人员普遍在幼畜阶段相对比较重视，会根据畜禽的生理需要提供适宜的环境和做好日常管理，降低病死率。但是幼年后期及以后的阶段管理粗放，管理技术不到位。在日常管理中，未能做到定时定量的喂养或补料，常常根据养殖人员的时间喂养，尤其是对圈养的畜禽造成不定时喂养或"饥一顿，饱一顿"，打乱畜禽的生活规律，容易引起畜禽消化系统紊乱、消化不良，患肠胃疾病，长时间如此，畜禽将会消瘦，生长发育会迟缓。

五、畜禽营养需求与饲料的配比不相符

乡村畜禽养殖户为了节约成本，一般采用自产的玉米、大豆、秸秆、米糠等作为原材料制成自配饲料进行喂养。但是，畜禽对营养的需求是多元化的，自配饲料缺乏科学性，适口性差，长期使用自配饲料易导致畜禽营养缺失或者营养过剩，不利于畜禽的生长发育，甚至诱发疾病。如家禽喂养过多的富含核蛋白和嘌呤碱的蛋白质饲料，将会引起机体外源性尿酸增多，从而引发家禽患痛风病。

部分养殖户虽了解并认可市场销售的畜禽精饲料，但是对精饲料的营养配方和使用方法的认识和实践仍存不足。畜禽不同生长阶段需要不同的饲料营养配方，但在生产实践中，养殖户常常从幼畜、育肥到出栏仅喂养同一种饲料，或者为了加快畜禽生长，自配饲料喂养畜禽。如喂养牛羊等反刍动物，增加谷类、淀粉质块茎等能量饲料、豆类的蛋白饲料，降低粗饲料的含量，易导致动物消化障碍、神经兴奋增高、视觉障碍、酸中毒和脱水等饲料中毒性疾病。另外，还频繁出现同一种饲料喂养多种畜禽的现象，最常见的是有养殖户用猪饲料直接饲养禽类、牛等家畜动物，不仅造成饲料的浪费、成本的增加，还严重影响畜禽的生长发育。

同时，养殖户的饲料采购渠道没有做到规范统一，甚至有些饲料是半成品饲料，饲料的标准和质量得不到很好的检查，增加了病毒或病菌传播的概率和畜禽发生疾病的风险。

六、畜禽防疫管理较为薄弱

规模化标准畜禽养殖场要严格按办公区和居住区、生产区、隔离区三个功能区布局，各功能区界线分明，且器具、设备完善，工作人员按流程规范操作，防疫到位。但是，乡村畜禽养殖畜舍一般体现了"就近原则"，基本选择在人居住的房子旁边搭建舍栏，或人畜同屋，没有专门的养殖场地和养殖辅助设备，条件比较简陋，消毒一般都是被忽略的，或者只是简单地撒施石灰粉进行消毒，消毒效果甚微。同时，畜禽舍"就近"的搭建，使畜禽易受人员活动的惊扰，发生惊恐应激反应，还增加了人畜共患病交叉感染的概率。

乡村畜禽养殖户的畜禽防疫知识匮乏，一般接受春秋季防疫人员集中对重点疾病进行的防疫，对除此以外的畜禽疾病了解甚少，造成防疫脱节。尤其是一些症状不明显的慢性疾病或寄生虫疾病常常被忽略，养殖户的警觉性也不高直至畜禽突发死亡。如鸡球虫病是禽类最常见的寄生虫病，感染率和死亡率高，需要及时进行药物性预防，甚至需要长期用药，但养殖户常常忽略，导致病原体蔓延，造成禽类大面积的感染。

七、病死畜禽处理不当

乡村畜禽养殖户对患病的畜禽及死亡的畜禽处理能力薄弱，基本采取传统的填埋或者直接将病死畜随意抛入垃圾堆、田野山地中或江河湖泊中，甚至少部分养殖户直接低价卖给商贩，被不法商贩"改头换面"之后送上消费者餐桌，这不但会发生动物疫病，加剧病原体的扩散和疾病的蔓延，增加了人畜共患病的风险，给畜牧业生产安全和公共卫生安全带来影响；同时，也会威胁

"舌尖上的安全"，影响人民群众的食品安全和身体健康；还会造成环境污染，甚至造成严重的社会影响。

乡村畜禽养殖户对患病的畜禽处理不及时，对患病动物未能及时治疗，尤其是对患有传染能力较强疾病的畜禽未能及时与健康畜禽进行隔离或隔离滞后，引发疾病的扩散，使大量畜禽感染疾病。

第三节　畜禽管理技术要点

大理州依托云南省"名猪""名羊""名牛""名鸡"等优势资源和品牌特色，通过政策扶持、科技支撑、龙头引领、规模养殖、环境保护等方面加快畜禽养殖的发展，降低成本，提高经济效益。

一、畜禽饲养管理的要点

大理州抢抓机遇、创新发展，转变畜禽养殖发展方式，大力发展标准化规模养殖，推广自动喂料、自动饮水、环境控制设备等现代化养殖装备，加强规模养殖场精细化管理，推行标准化、规范化饲养，推广散装饲料和精准配方，提高饲料转化效率，提高综合生产能力。

（一）温热环境因素的管理

太阳辐射、温度、湿度、气流等温热环境因素相互作用影响着畜禽的实感温度。在自然条件下，它们可通过不同途径对畜禽发生作用，最核心的是直接影响畜禽的体热调节，从而影响畜禽的健康和生产力。此外，这些环境因素还可通过饲料植物的生长、化学元素的组成和季节性供应，以及寄生虫和其他疾病的发生和传播，间接地影响着动物的健康和生产力。

1. 太阳辐射

太阳辐射对畜禽可产生光和热两个方面的作用，而光是畜禽生长发育必不可少的外界条件。光一般包括自然光照和人工光照，不仅给畜禽活动、采食提供了方便，还对畜禽生产性能有着极其重要的作用。光对畜禽生产性能的影响主要表现在光波、光周期及光照强度三方面，不同畜禽的生理机能和生产性能对光照的需求是不同的，长光照具有促进畜禽产乳、产蛋、产毛性能的作用，短光照或弱光照有利于其脂肪的沉积。因此，无论是圈养还是放养均可根据畜禽对光周期、光波和光强度的需求，采用人工光照或人工光照与自然光照相结合的方法合理控制光，提高畜禽的生产效益。

在生产中，开放式和半开放式及有窗式畜禽舍主要采用自然光照，它直接影响着畜禽的采光，防暑降温、防寒保暖。畜禽舍的建筑设计需要充分考虑畜

禽舍的方位、舍外的状况、窗户的面积及清洁度、入射角、透光角和舍内的反光面。

2. 温 度

常规饲养的畜禽大多是恒温动物，其体温必须保持在适度的范围内，才能维持正常的生理活动。由于外界环境不断发生变化，会直接影响畜禽的代谢、产热和散热，从而影响畜禽的体热平衡及健康，因此畜禽需要不断通过产热和散热来调节维持畜体的温度，以适应环境的变化。

在生产中，养殖者常常从屋顶、天棚、墙壁和通风口等进行外围结构设计，进行防暑降温或防寒保暖。若通过外围设计仍不能保障畜禽所需的适宜温度，必须采取相关措施进行保暖和降温。

高温下，圈养的畜禽除了采用喷雾、喷淋、湿帘降温、冷风设备和地面洒水等措施进行降温，还可以适当降低饲养密度。放养的畜禽，一般采用遮阳降温、水池降温等措施。

低温下，畜禽除了采用增加饲养密度、除湿防潮、使用垫草垫料和加强畜禽舍的维修保养之外，还需要通过红外线灯、电热板、电热地毯、热风炉、暖风机、锅炉等设备供暖，有效地保证畜禽所需的温度。

3. 湿 度

湿度对畜禽的影响总是与环境的温度紧密联系在一起，在适宜的温度下，湿度对畜禽的繁殖力、生长发育、育肥、产奶等生产力的影响较小或无明显的影响。但在高温或低温的情况下，湿度影响畜禽的散热，会加剧高温或低温对畜禽的危害，影响了畜禽的健康和生产力。

生产中，畜禽舍湿度高时，养殖者要检查饮水系统滴漏并调试饮水器，减少用水，及时清除粪尿污水和更换垫料，加强通风，必要时可以采用加温除湿、冷凝除湿等。放养的畜禽应选择到干燥、不泥泞的牧区进行放牧。

生产中，畜禽舍湿度低时，可以在畜禽舍内洒水、喷雾，放置湿麻袋片。

4. 气 流

气流主要通过通风和换气来影响畜禽的生长发育，气流在高温或低温环境下对畜禽的热调节的影响是不同的。在高温环境中，加强通风有利于畜禽的蒸发散热，对畜禽的体热调节有很好的作用，有利于畜禽的健康和生产力。在低温环境中，换气有利于排除有害气体，保持舍内空气新鲜。但是气流速度超过0.1m/s时，对畜禽舍的保温不利，加剧了畜禽的散热，使畜禽产热量增加，饲料转化率随之下降，从而降低生产性能。

在生产中，一般采用自然通风和机械通风，且根据畜禽舍环境的温度及空气中有害气体的浓度选择通风换气量。夏季，开放式或半开放式畜禽舍内的气流速度与舍外环境几乎取决于外界环境的风速，受畜禽舍内的环境因素影响小。研究表明，即便在露天或敞篷下，给予机械通风对畜禽体热调节也有良好效果。冬季，需要谨防"贼风"，"不怕狂风一片，就怕贼风一线"充分地描述了贼风对畜禽危害。因此，冬季应该做好畜禽舍的维修工作。

（二）选种育种

"母畜好，好一窝；公畜好，好一坡"形象地描述了选种育种在畜牧业中的突出作用，根据国际权威机构的科学评估，家畜遗传育种在提高畜牧业生产效率中的贡献率最高，达40%。大理州依托邓川牛、大理马、乌骨山羊、红骨绵羊、诺邓黑猪、无量山乌骨鸡、云龙矮脚鸡、大理白羽乌鸡、青花鸡等地方优势资源先后建成宏茂牧业、祥云温氏、大理鸡鸣江等一批种畜禽场和南涧无量山乌骨鸡、云龙矮脚鸡等保种选育场。

自繁自养的养殖场，种畜质量对经济效益的增长起着决定性的作用。引种应选择有明显良好特征的品种，一般公畜应选择生长快、饲料报酬高、胴体品质好、性欲强、精液品质好，并对当地环境适应性强的品种；母畜应选择种群数量多、适应性强、繁殖力强、泌乳能力强和乳汁品质好、母性好的品种。

针对选购畜禽的养殖户，畜禽的品种和质量决定了畜禽的生产能力。虽然截至2016年，大理州奶牛、生猪、羊的良种覆盖率分别达100%、90%、70%，但畜禽的质量在选购中显得更为重要。邱保相和张新恩通俗易懂地总结归纳了畜禽选购的要点："小猪膘肥体壮外貌匀，架子高大有精神，腰背平直腹中大，四肢粗壮嘴唇短；耳尖皮嫩毛稀亮，尾巴粗短如扇形，后肢直挺开裆好，饱吃贪睡堪称心。雏鸡大小和颜色要均匀，且要清洁、干燥、绒毛松而长，带有光泽；眼睛圆而明亮，行动机警，健康活泼；脐部愈合良好，无感染，肛门周围绒毛粘贴成糊状，脚的皮肤光亮如蜡，不呈干燥脆皮，定是好鸡。牛，远看一张皮，近看四只蹄，上看一张嘴，下看四条腿；前看鬐甲高，后看屁股齐，蹄大足底空，耕地不费力；嘴圆似荷包，会吃又长膘，前肢直如箭，善走不用鞭，后肢弯似弓，运步快如风；前身高一掌，只好鞭子响，摸索不抬头，必定是好牛；鼻子不冒汗，必定有病患，牛耳不太摇，可能是病兆。"

（三）其他日常管理

畜禽饲养管理中，除了太阳辐射、温度、湿度、气流等温热环境的影响，还应该加强日常管理。

1. 水

水不仅是畜禽有机体的重要组成部分，还是其机体体温调节、营养输送、废物排泄等各项生理活动和维持生命活动必不可少的物质之一。一旦水受到污染或水质不好，畜禽的健康、发育和生产性能都将受到影响，严重时还会引发

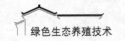

疾病，甚至威胁到畜禽的生命。

大理的畜禽养殖户多在城郊乡村，甚至山区，这些地区不能保障全面覆盖自来水，畜禽饮用水很多只能来自河流、湖泊、池塘及地下水，水中矿物质及氟的含量超标，且含有致病微生物和寄生虫，达不到畜禽饮用水的标准。为了保障畜禽饮用水的安全，必须对水源进行净化与消毒处理。

放养的畜禽，虽然采食了大量的青绿饲料，但是水的供应也是必不可少的，尤其是风吹日晒严重、植被稀少的牧区更应该重视水的供应。同时，放牧时需要注意不能让畜禽饮用到冰雪水、池塘和水沟的死水、工业用水、废水等。就固定的放牧区而言，可以根据畜禽需求设立饮水池，并对其水进行简易净化和消毒处理。

2. 饲料与科学饲喂

（1）饲料。不同畜禽所需要的营养成分不同，同种畜禽不同的生长发育阶段所需要的营养成分也有差异。因此，饲料选购不仅需要根据畜禽的品种、生长发育阶段和生产性能等选购相应的饲料产品，还需要注重产品的质量，购买符合卫生标准、可靠的饲料。同时，开展优质饲草料种植，鼓力乡村偏远地区将粮食作物改种为青贮玉米、苜蓿、黑麦草等优质饲草料，并作为畜禽饲料，积极发展种养结合循环模式，降低饲料成本。

（2）饲喂。畜禽的饲喂一般有自由采食、限量饲喂两种方式。一般来讲，畜禽自由采食，能充分发挥生长潜力，迅速提高日增重，但是该方式使得畜禽胴体脂肪沉积多，造成饲料浪费。而限量饲喂减少了饲料浪费，降低胴体脂肪沉积，有效地弥补自由采食中存在的缺陷，但是该方式延长了畜禽的生长期，同时，群体较大时，还会发生以强欺弱，导致畜禽群整体发育参差不齐。在限量饲喂时还要求满足畜禽生长发育的需求，定时、定量进行喂养。在生产中，养殖户常常根据畜禽的种类、发育阶段的不同多采用自由采食和限量饲喂相结合的方式。

放养的畜禽，坚持"宜农则农、宜林则林、宜牧则牧、宜渔则渔"的原则，挖掘饲草料资源，发展种养加、林养加新型畜牧养殖，并遵循以草定畜、轮牧、休牧的原则，达到草畜平衡。同时，放牧的畜禽需要根据牧草及生长发育的需要进行补料及添加所需微量元素、矿物质等。

3. 巡　视

巡视是畜禽管理中既普通又极其重要的工作，管理者通过每天巡视了解畜禽群的采食情况是否正常、粪便形态是否正常、精神状态是否饱满、呼吸情况是否正常、行为状态是否正常等，初步判断畜禽是否健康，若发现可能有疾病发生的畜禽，应该引起高度重视，及时挑选并给以治疗，怀疑是传染性疾病者应立即隔离观察、治疗，若有重大疫情应及时向有关部门报备。同时，巡视时还需要检查畜禽温湿度是否合理、饮水器是否通畅、料槽覆盖面是否全面等，若发现有不妥之处应及时做出相应的调整。

对放养畜禽的巡视时还需要加强放牧地周边环境及生物物种的巡视,避免环境中不稳定的因素对畜禽造成影响。如放牧区是否有蚂蟥、毒蛇等寄生或有毒动物存在,应避免其对畜禽造成伤害。

4. 合理分群

圈养畜禽饲养中,若养殖规模小、饲养密度小、可食饲料充盈,则对弱强的畜禽无明显影响。但是如果养殖规模大,按标准密度饲养,饲喂时,弱、小、病的畜禽抢食时易被强者挤出,最终导致强者更强、弱者更弱,所以在饲养中养殖户应及时对强弱病小的畜禽及时进行分群饲养。放养畜禽规模大时,也需要将畜禽根据品种、雌雄、大小、体重、植被情况、季节等因素综合考虑进行分群放养,避免采食不均影响畜禽生长发育。

5. 适当运动

圈养的畜禽,为了增强体质、增加采食量和积极性,在饲养管理中要安排其适当的运动,一般选择在运动场或过道内进行自由活动,有条件也可以选择放牧。放养的畜禽,需要控制放牧时间,避免过量运动,影响畜禽生长性能。

6. 调 教

围绕采食、饮水、排泄和卧睡四个方面对畜禽群进行调教,让其形成良好的习惯和生活规律,在固定的地点采食、休息、排泄,这能有效保持良好的畜禽生活环境卫生,便于管理。尤其是留用种畜的畜禽,为了采精、配种、繁殖和哺乳等管理工作上的方便,需要在后备母畜和公畜培育时就进行调教。放养的畜禽,一般采用口哨、敲打金属物等特殊的声音作为信号,引导畜禽饮水、采食、禽归巢、畜入圈,这样便于日常的管理。

8. 记 录

通过对日常管理中畜禽的品种、数量、繁殖体重、饲料、饲料添加剂、兽药使用情况、消毒、免疫、诊疗、防疫监测、病死畜禽无害化处理等相关信息及时地记录,这样可以有效地反映畜禽的实际生产动态和日常活动的各种情况,能让养殖者及时了解状况,指导生产,提高经济效益。

二、防疫管理的要点

(一)免疫防疫

制定科学、合理的免疫程序,有计划、有目的地进行免疫接种,是预防畜禽传染病发生的最有效的措施之一。大理州动物防疫工作一般在春秋两季对强制性免疫病种和重点病种进行疫苗免疫或督查免疫。畜牧兽医局全面推行"整村推进、集中免疫"模式,集中免疫,有计划地开展牲畜口蹄疫、高致病性禽流感、小反刍兽疫、狂犬病、山羊痘、牛出败、气肿疽、禽霍乱、仔猪副伤寒、猪肺疫等多种常发病、地方流行性疫病的免疫活动。另外,养殖户可根据不同季节、不同地区、不同畜禽易发生的疾病进行有选择性地免疫,如猪瘟、高致病性猪蓝耳病等疾病,树立起"养重于防,防重于治,养防结合"的防疫理念。同时,畜禽在免疫预防接种后,要加强饲养管理,减少应激因素对畜禽的影响。

（二）驱　虫

俗话说"寄生虫是小偷,传染病是强盗"。在生产中,养殖户常常重视传染病的危害并对其进行疫苗免疫防疫,却忽略了寄生虫对畜禽健康的危害。畜禽感染寄生虫病时,症状虽不明显,也未引发疾病,但寄生虫会在畜禽体内移行、生长发育和繁殖,从而夺取畜禽机体的营养物质、造成机体机械性损伤,产生毒素,造成免疫损失,引发继发性感染疾病等不同程度、不同形式的危害,严重影响了畜禽的生长发育和生产性能,造成畜禽营养不良、贫血、生长缓慢、抵抗力降低,严重时引发畜禽死亡,造成巨大的经济损失。

寄生虫病一般采取预防性驱虫和治疗性驱虫综合性防治,控制畜禽寄生虫病的感染。治疗性驱虫用于畜禽已经感染寄生虫时,及时采取药物驱除或杀灭畜禽体内外的寄生虫,使患病畜禽恢复健康;预防性驱虫常根据各种寄生虫病流行规律有计划、有目的地进行定期性驱虫或长期性驱虫,预防畜禽感染寄生虫。如放养的畜禽一般在放牧前和转入畜禽舍后进行定期性驱虫;鸡球虫病一般除休眠期外,需要长期用药进行驱虫。

畜禽寄生虫驱虫,体内寄生虫可在饲料和水中加药进行驱虫,体表寄生虫可在发现寄生虫时进行体表涂药驱虫。但驱虫药物的选择需要根据畜禽种类、寄生虫的种类、感染部位、感染程度等综合情况选择广谱、高效、低毒、价廉、使用方便、适口性好的驱虫药。同时,为了避免抗药性的产生,驱虫药的选择应有计划地进行更换。

（三）防鼠防蚊蝇

在畜禽场内,鼠类不仅偷食饲料、破坏场内设施,还传播多种疾病。资料显示,鼠能够携带200多种病原体,且大部分病原体能传播给畜禽,严重危害畜禽的健康。在生产中,可以采取建筑、器械进行灭鼠,也可采用灭鼠剂、熏蒸剂、绝育剂等化学药品在鼠类活动的区域进行投药。同时,加强饲料和环境卫生的管理,饲料储存好,并对饲料储存点打扫消毒,避免饲料洒落在地上,有利于鼠传疾病的预防和消除。

"蚊蝇不除、疾病不断"。资料显示,蚊蝇能携带并传播的细菌有100多种、病毒约20种、原虫约30余种,而来自污染处的蚊蝇全身可黏附1700~50000万的细菌、病毒,这些蚊蝇在饲料或畜禽周围活动,污染饲料、畜禽,引发畜禽间接感染，或通过叮咬畜禽造成畜禽直接感染，传播疾病。在生产中，保持环境清洁和干燥是蚊蝇防治最基本的措施，再联合使用物理、化学和生物等方式对蚊蝇实施"外消毒，内捕杀"等措施，可有效地消除蚊蝇，避免疾病的感染和爆发。

（四）疾病防治

畜禽养殖中，环境、营养、饲养管理、遗传育种等凡是与畜禽生产环节有关的因素均可导致畜禽群疾病的发生，造成"同样的养殖，不一样的回报"的局面。因此，在畜禽疾病的预防中，不仅要完善基础设施的建设，加大防疫监管，提高专业技能外，还要加强饲养管理。在日常管理中，认真巡视，仔细观察，发现疑似病畜要及时分栏加强管理，并进行药物治疗。同时，针对不同畜禽和不同时期流行的疾病可在饲料和饮水中投放药物进行预防。

三、环境卫生及粪便处理的要点

（一）消 毒

畜禽场消毒是预防传染性疾病发生最重要和最有效的措施之一。一般采用物理、化学和生物的方法消灭场内环境、水、设备器械中的病原微生物以及畜禽体表的病原体，切断传播途径，防止疾病的发生或蔓延。

根据疫情一般将消毒分为预防性消毒、紧急消毒和终末消毒三种。预防性消毒：在未发生传染病时，结合日常的饲养管理，对人、畜舍、场地、用具和饮水等，进行常规的经常性或定期消毒，尤其是畜禽舍空转时，必须进行全面的清洗和消毒，彻底消灭病原微生物，防止疾病的垂直传播；紧急消毒：在传染病疫情发生期间，对病畜所接触过的圈舍、场地、排泄物、分泌物及污染的场所、用具、物品，包括尸体等及时进行消毒，每天一次或隔 2~3 天一次，直到该病原体被消灭为止；终末消毒：在传染病疫区解除封锁之前，为了消灭疫源地的病原微生物所进行全面彻底的消毒。

畜禽场消毒所选择的药物和采用的方法一般根据消毒的对象、病原体的类型等具体情况进行选择。如空鸡舍的消毒过程包括清扫、洗刷、干燥、喷洒消毒剂、干燥和熏蒸消毒（火焰消毒）。同时，需要加强对生产区大门、出入口、道路、污排粪坑、下水道等厂区环境的消毒。

（二）粪便和垫草的处理

畜禽粪便和垫草应因地制宜，多元利用。根据不同区域、不同畜种、不同规模，以肥料化利用为基础，采取经济高效适用的处理模式，宜肥则肥，宜气则气，宜电则电，实现粪污就地就近利用。

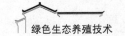

1. 肥　料

畜禽的粪便作为肥料处理是最基本、最经济的处理方式。一般将粪便、垫草经过堆肥、干燥和药物三种方式进行无害化处理，用作肥料还田利用。规模化养殖场需要建立专门的生物热发酵池，侧壁和地面由水泥构成。堆积粪便要适当添加一些垫草，每层的薄厚要均匀，堆积起来保证湿度，含水量保持在50%~70%，保证生物热发酵的时间，夏季1个月左右，冬季时间要长些，确保杀灭不再形成芽孢的病原生物和虫卵。

2. 饲　料

畜禽粪便中的含氮化合物是最有价值的营养物质，养殖常常采用直接喂养、干燥处理、发酵处理、膨化制粒和青贮等方式将粪便转化为饲料被使用。联合国粮农组织认为青贮是将安全、方便、成熟的鸡粪饲料化为牛饲料的一种有效的方法，青贮不仅能防止粗蛋白和非蛋白氮的流失，还能有效地消灭粪便中的病原体，防止疾病的传播。同时，部分大型养殖场将猪粪进行发酵后用于猪的饲料进行循环利用。

3. 沼　气

将畜禽的粪便、垃圾、杂草等有机物放置于沼气池中，在厌氧菌的作用下，将有机物最终分解为甲烷、二氧化碳、菌体蛋白，释放少量的热量。沼气用于照明、取暖、做饭、烧水等，沼液可用来喂猪，沼渣用作肥料。

4. 天然气

在畜禽养殖密集的地区，引导畜禽养殖粪污集中综合利用。如在大理州的支持下，建成年产25万吨肥料的云南顺丰生物科技肥业，在洱海流域累计收集处理畜禽粪便42.5万吨；实施建设了总投资3亿元的大型生物天然气工程。

（三）畜禽尸体的处理

畜禽养殖场中不可避免地会出现畜禽不明原因死亡或病死，畜禽尸体易腐烂，且降解慢，释放出恶臭气味，携带有大量病原微生物，如若得不到及时处理，有可能传播某些传染病，污染环境，并影响生产生活。

根据国务院办公厅《关于建立病死畜禽无害化处理机制的意见》相关政策要求，"及时处理、清洁环保、合理利用"是对病死畜禽无害化处理的必然要求。一般采用焚烧法、深埋法和堆肥法处理畜禽的尸体。

1. 焚烧法

针对不能利用的病死畜禽采用此法。先挖长约2.6米、宽0.6米、深0.5米的十字沟，在沟底部放引火柴，十字沟交叉处铺上横木或木炭，将畜禽尸体置于横木或木炭上，浇上油类或其他易燃物，点燃畜禽尸体进行焚烧直至变成黑炭为止。此法投资大，需要大量的能量和设备，对环境造成污染，针对一般的养殖户不建议推广。

2. 深埋法

对畜禽尸体无害化处理的一种最简单、最常用的方法。一般包括直接掩埋法和化尸窖法。

（1）直接掩埋法。

在高岗地带，远离居民区、公共场所、河流等的地方进行深埋。深埋前应对病死畜禽尸体及其产品进行一定消毒，根据尸体的大小、数量挖坑，坑底要铺2厘米~5厘米厚以上的生石灰或漂白粉等消毒药，将尸体放入坑中后，还需再撒上生石灰或洒上消毒剂，掩埋后需将土夯实，最上层距离地表1.5米以上。掩埋后的地表环境应再次使用有效消毒药喷洒消毒，并设栅栏做好标记。

（2）化尸窖法。

化尸窖选址要求应结合畜禽养殖场地形特点，宜建在下风向。应远离畜禽饲养厂（饲养小区）、屠宰加工场所、隔离场所、诊疗场所、产品集贸市场、泄洪区、生活饮用水源地；应远离居民区、公共场所，以及主要河流、公路、铁路等主要交通干线。

化尸窖应为砖和混凝土，或者钢筋和混凝土的密封结构，应防渗防漏。在顶部设置投置口，并加盖密封加双锁；设置异味吸附、过滤等除味装置。

投放前，应在化尸窖底部铺洒一定量的生石灰或消毒液。投放后，投置口密封加盖加锁，并对投置口、化尸窖及周边环境进行消毒。当化尸窖内尸体达到容积的四分之三时，应停止使用并密封。

3. 堆肥法

对非病死畜禽，将尸体置于堆肥内部，通过微生物的代谢过程降解动物尸体，并利用降解过程中产生的高温杀灭病原微生物，最终达到无害化处理。

4. 化制法

化制法可视情况对畜禽尸体及相关畜禽产品进行破碎预处理。

（1）干化法。

将畜禽尸体及相关畜禽产品或破碎产物输送入高温高压容器。处理物中心温度≥135℃，压力≥0.25MPa（绝对压力），处理时间≥30分钟。加热烘干产生的热蒸汽经废气处理系统后排出。加热烘干产生的畜禽尸体残渣传输至压榨系统处理。

（2）湿化法。

将畜禽尸体及相关产品或破碎产物送入高温高压容器。处理物中心温度≥160℃，压力≥0.6MPa（绝对压力），处理时间≥4小时。高温高压结束后，对处理物进行初次固液分离。固体物经破碎处理后，送入烘干系统；液体部分送入油水分离系统处理。

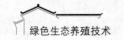
第六章　奶牛的绿色生态养殖技术

第一节　大理州奶牛业的发展状况

一、大理州是云南省奶牛的主要养殖区

云南省的奶牛养殖从唐朝时就有记录，邓川黄牛就是云南省最原始的土著奶用牛。邓川黄牛奶由于乳脂率、乳蛋白含量高，带动了大理地区乳扇的加工生产，形成了大理最初的乳制品加工业；但是邓川黄牛产奶量低，晚熟，牛群差异很大，无法满足市场对牛奶量的需求。云南省荷斯坦牛饲养始于 20 世纪初，由国外少量引入。20 世纪 50 年代，云南省开始利用引入荷兰荷斯坦奶牛作为杂交父本，邓川黄牛作为杂交母本开展级进杂交，经多代级进杂交之后，形成了现有的邓川黑白花奶牛群体。到 20 世纪 70 年代，邓川黑白花奶牛饲养仅局限于洱源、大理部分地区和昆明市郊区，经历了半个多世纪的发展，到 2015 年荷斯坦奶牛主要分布在大理、昆明和红河三个州市，占全省 95.4%；洱源、大理、弥度、昆明市各县、剑川县等地区奶牛存栏数占总存栏数的 91.3%。而许多非常适宜发展荷斯坦奶牛的地区，如保山、楚雄、曲靖、玉溪等州市没有得到很好发展。2008 年，大理州奶牛存栏达 12.9 万头，占全省奶牛存栏数的 64.9%，牛奶产量 33.9 万吨，占全省牛奶总产量的 75.4%，奶牛养殖业产值 5.3 亿元，其中奶农交奶收入 3.8 亿元，农民出售奶牛收入 1.5 亿元，大理州已经成为云南省主要的奶牛养殖地区，带动了十余家乳制品加工如欧亚、来思尔、蝶泉等企业的发展；到 2008 年，日处理鲜奶 1560 吨，占全省的 60% 以上，生产各类乳制品 14 万吨，乳品工业产值 12 亿元，上缴税金 3508 万元，乳制品远销东南亚和全国各地，大理成了乳制品出口最大的地州，出口创汇 1604 万美元。

全省奶牛如果按每年 10% 的增速计算，到 2012、2015 和 2020 年云南奶牛存栏分别达到 26 万、34 万和 55 万头，能繁母牛的数量分别达到 18 万、24 万和 39 万头，那时候存栏奶牛全国平均产量将达到 3.8 吨、4.5 吨和 6.0 吨，而云南分别达到 3.5 吨、4.6 吨和 7.1 吨；为达到这个目标，前期通过充分挖掘改进饲养营养、疾病防控、管理等潜力，稳步推进群体遗传改良，优化牛群组成是完全可以实现的。

2007—2012 年，牛奶产量年均增速需要达 19%，主要靠饲料营养的改进实现；2012—2015、2015—2020 年牛奶产量年均增速需分别达到 14% 和 12%，主要依靠以群体遗传改进为主的综合技术实现。

随着环保，特别是对水源保护区环保力度的加强，大量农户散养的、环保无法达到环保标准的小规模奶牛场逐步被淘汰，到 2018 年，大理州洱源县的奶牛由 8 万头骤减至 3 万头，奶牛生产面临了彻底的换代式变革，由原来的农户散养为主向农民合作社和大型企业现代化养牛转变，由原来的饲养邓川黑白花奶牛为主向纯进口优质奶牛饲养为主转变，由洱源县为主产地向无水源保护区的县市转移转变，由低产牛群生产为主向高产稳产的现代化养殖转变。

二、大理州奶牛业存在的问题

(一) 生鲜乳定价机制不合理

生鲜乳价格就是由乳制品企业说了算。生鲜乳定价机制不健全，乳牛养殖与加工环节缺乏稳定的利益联结机制，养殖场户与乳品企业分配不均衡，生鲜乳收购价格形成机制不合理，乳牛养殖者还未建立起协调一致、利益共享、荣辱与共的行业协会，乳牛养殖者的谈判能力差，没有话语权，在生鲜乳价格偏低时无法干涉。

(二) 饲养成本不断增加

乳牛养殖者盲目追求且热衷于建大型化的乳牛养殖场，却忽略了乳牛场合理运行的一个度，养殖场的数量超出了牛场的承载能力。上述问题虽短时间内不显现但却留有发展隐患。随着大型乳牛场不断投入生产，乳牛规模化饲养带来的粪便处理问题开始逐步涌现，各地牛粪污染事件屡有发生，养殖场与周边农民的矛盾加深，环境保护成本增加。

饲料价格上涨过快，人工成本上升，乳牛养殖利润降低甚至养殖者的饲养管理不到位也是没有利润的，乳业缺乏发展动力和后劲，乳源生产在萎缩。由于生鲜乳价格偏低导致养殖户没有经营的热情，不愿增加投入，加之饲料价格的不断上涨，不少乳农选择退出，乳源可能会受到一定的影响。

(三) 乳牛品种单一，单泌乳量仍较低

我国乳牛品种比较单一，主要是以泌乳量较高的中国荷斯坦乳牛（黑白花

乳牛）为主。从品种上说，缺乏乳肉兼用型的乳牛品种，如西门塔尔牛。也缺乏高品质、口感风味好的乳牛品种，如娟珊牛。到目前为止，云南省陆续从澳大利亚、新西兰等国引入了纯种荷斯坦奶牛开展高效养殖，引入牛群将逐步取代邓川黑白花奶牛。从整体上讲，饲养管理水平偏低，导致我国乳牛单泌乳量仍较低。

（四）饲养模式有待改进，生鲜乳品质有待提高

我国乳业与国外相比在规模和发展水平上还存在较大的差距。特别是"三聚氰胺事件"以来，乳牛养殖经营模式不断面临改变。由于管理差、理念落后，导致生鲜乳品质差。SCC（体细胞数）高（>60万），细菌数高（>50万），乳脂率、乳蛋白率较低，乳价低，利差或亏本，散户难以为继，很多养殖者采取"全窝挑"方式退出了乳牛养殖。随着乳牛规模化养殖的不断发展，特别是2014年以来，乳牛养殖小区模式也受到了极大的挑战，已逐渐不再适应食品安全与乳制品企业发展的要求，此经营模式面临改变，逐渐改为全部托管模式、牧场模式或者逐步退出乳牛养殖。

（五）养殖专业人员缺乏，饲养理念有待更新

近年来，我国乳牛养殖从散养过渡到规模化养殖的过程中，乳业科技创新和应用取得了长足发展和进步，但养殖水平不高，养殖水平与现代乳业建设的需求还不匹配。乳业科技贡献率只有50%，低于欧美等国70%~80%的水平。我国乳牛养殖正朝着机械化、信息化、规模化、标准化的方向发展，然而由于专业养殖技术人才的匮乏、管理理念的相对落后，人们对于通过提高饲养管理水平而获取更高经济效益的观念还缺乏客观的理解和认识，现代化乳牛养殖技术无法迅速得到推广应用。因此就造成牛是国外的高产牛，设备也是先进的，但是养殖效果却不是太理想的现象。这不仅与饲养环境有关，还与养牛人现代化技术水平有关。在美国，牧场规模化有一个相对集中的过程，牧场管理人员通过几代人的积累，具备丰富经验和优良技术。

现代化牧场技术与管理人才的匮乏造成我国乳牛养殖较低的生产效率。中小型牧场缺少专业管理人才，不少牧场主既是投资者，又是管理者。作为投资者的牧场主大多数都不懂专业技术，尤其是专业管理，所以造成乳牛泌乳量低、投入不合理等问题。除了缺乏牧场专业管理人才外，还存在信息管理体系不健全的问题，大部分中小型牧场没有详细的原始生产信息数据，更没有数据之间的对比和分析，造成了乳牛缺乏科学的饲养管理、单产也降低的现象。

乳牛养殖业缺少行业规范和自律。如何引导和保护乳牛养殖规范化、标准化和维护乳业利益的问题，有待于相关部门和整个乳业产业链各环节集中面对和妥善解决。

（六）缺乏完善的选种机制

最近几年，随着人工授精技术的广泛使用以及乳牛育种企业不断地从国外引进活体验证公牛，我国在乳牛种质资源方面，正与发达国家缩小差距。但是长期以来，我国花费大量资金从国外引进种公牛的主要原因是我们没有完善的乳牛生产性能测定和良种登记工作，没有形成科学的育种机制，公牛存栏少、选择性小，所用冷冻精液大多没有后裔检测成绩；而且乳牛场目前普遍对长期的品种改良不够重视，而过分重视某一品种对牧场产生的短期效益。即使一直购买国外活体乳牛，很多本地乳牛仍然难以发挥其种质优势，高泌乳量优势只是昙花一现，随后就出现明显的下降。由于牛源不足，我国大量引进澳大利亚、新西兰乳牛和胚胎，但在进口胚胎中，有相当一部分血统不清的体外受精胚胎，还有数量相当可观的一些血统不清的劣质乳牛和改良牛流入，虽然扩充了乳牛数量，但也造成和加剧了乳牛血统、系谱的混乱程度。

（七）对国际市场竞争认识不到位

随着我国与其他国家之间自贸区建设的不断增多，我国乳业的发展也越来越受到国际乳粉价格的影响。特别是在将来与新西兰、澳大利亚建立自贸区后，我国乳业将受到极大的冲击，如果不能采取切实有力的应对措施，将阻碍我国乳业的平稳、健康发展，甚至对我国乳业造成毁灭性的破坏。就如2013年出现牛乳暂时短缺，生鲜乳价格快速上涨，母乳牛包括母犊牛的价格也超出了常态价格，饲养者不管牛的品种好坏，只要是母牛就留下来饲养等现象。然而，也就一年左右的时间，如同过山车一般，2014年2月生鲜乳价格出现下滑迹象，特别是在2014年12月至2015年1月期间，不断出现乳牛养殖场户倒卖乳牛的现象。那些经营多年，与乳企所签售合同到期的生鲜乳收购站因售不出生鲜乳而拒收乳户的生鲜乳。乳牛养殖场和生鲜乳收购站被迫关闭，一部分乳牛转到别的养殖场继续饲养，其他不能被别的牛场接收的乳牛只能当肉牛卖掉。

第二节 奶牛的饲料

一、乳牛常用饲料加工调制的无公害管理

饲料是乳牛生产的物质基础。饲料原料是指除饲料添加剂以外的用于生产配合饲料和浓缩饲料的单一饲料，包括饲用谷物、粮食加工副产品、油脂工业副产品、发酵工业副产品、动物蛋白质性饲料、饲用油脂等。乳牛饲养者必须了解乳牛常用饲料原料的种类，各种饲料的特点、所含营养物质，饲料的一般性检验，饲料营养物质测定、有害物质的控制、加工调制方法以及饲料无公害

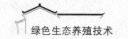

管理要求和保存方法等。以便充分发挥各种饲料的作用，生产出无公害牛乳，增加乳牛场的经济效益。

对乳牛常用饲料的加工调制进行无公害管理要严格执行国家《饲料和饲料添加剂管理条例》《饲料卫生标准》等法规要求，使用的原料应来自无污染、无有害物质残留的良好生态地区，禁止使用工业合成的油脂及畜禽粪便、泔水、病死畜禽做无害化处理时产生的油脂和肉粉等作为饲料。饲料和饲料添加剂不得有发霉变质、结块和散发异味等情况，有毒有害物质及微生物允许量应符合《饲料卫生标准》的要求。饲料添加剂应是《允许使用的饲料添加剂品种目录》规定的品种，其产品应是取得生产许可证的生产企业生产的具有产品批文的，应遵照产品标签所规定的用法、用量正确使用。

二、饲料绿色无公害管理应遵循的原则

（1）饲料的绿色无公害管理必须从源头抓起。生产无公害生鲜乳的乳牛场应有自己的无公害饲料原料生产基地或从无公害饲料生产基地采购饲料原料，确保所生产的饲料中有毒有害物质残留及有害微生物含量符合《饲料卫生标准》的要求。

（2）所使用的工业副产品饲料应来自生产绿色食品和无公害食品的副产品。

（3）对饲料原料中所含的饲料添加剂应做相应的说明，不应使用未取得产品进口登记证的境外饲料和饲料添加剂，不应在饲料中使用违禁的药物或饲料添加剂。禁止使用动物源性饲料，如骨肉粉、骨粉、血浆粉、动物脂肪、干血浆及其他血液制品、脱水蛋白、羽毛粉、鱼粉和骨胶等。

（4）应禁止使用不符合国家规定的转基因饲料原料，如转基因玉米、转基因大豆等。

（5）加强饲料生产过程的质量控制与管理。饲料应按照乳牛营养标准和相关说明的规定进行使用，定期对计量器、计量设备进行检验和正常维护，以确保其精确性和稳定性，其误差不应大于规定范围。微量和极微量组分应进行预稀释，并且应在专门的配料室内进行。

（6）在饲料标签、包装、贮存和运输等环节上确保产品符合无公害要求。

三、建设无公害饲料原料的生产基地

生产无公害生鲜乳必须使用无公害的饲料饲喂乳牛。因此，乳牛场应尽可能建立自己的无公害饲料原料生产基地。一般来讲，饲料的污染主要来自工业的废水、废气、粉尘、废渣、城市的垃圾、地膜及氮素化肥、农药以及在运输、

销售过程中的饲料污染或有毒有害物质的污染。这些有毒和有害物质对饲料的污染主要有两条途径，即直接污染（如农药污染、大气中的有毒有害气体及粉尘的污染等）与间接污染。间接污染的途径有的是通过污染水源后经灌溉进入饲料地而污染种植的饲料，有的是污染饲料地的土壤后再污染饲料。在实际生产中，多数是通过对饲料生态环境中的土、水、气进行污染后再污染饲料原料。因此，选择无公害饲料原料生产基地时应对种植的生态环境进行考察与检测，必须选择大气污染、水质污染、土壤污染等较低的地区，远离城市、郊区及工业区，特别是重工业及化工工业区。

水质污染对饲料作物的危害表现在两个方面：一是直接危害，即污水中的酸、碱物质或油、沥青以及其他悬浮物及高温水等，均可使饲料作物植株的组织造成灼伤或腐蚀，引起生长不良、产量下降或饲料产品本身带毒，不能饲喂乳牛；二是间接危害，即污水中很多能溶于水的有毒有害物质被饲料作物根系吸收进入植物体内，严重影响其正常的生理代谢和生长发育导致减产或者是饲料产品内毒物大量积累，通过食物链转移到乳牛体和人体内造成危害。因此，进行无公害饲料原料的生产时应加大对基地附近水源的检测力度，不使用污染的水灌溉，减少污染水对饲料作物的影响。

无公害饲料原料生产过程中应严格控制农药的污染。农药在防治饲料作物的病虫害、提高产量和品质等方面具有重要的作用。但是，如果农药使用的品种不当或剂量过大，或者有的农药虽然使用剂量和使用方法都符合规定，但是，在多次使用后会在土壤中累积，这些都易导致饲料原料中农药残留超标，从而对乳牛和牛乳消费者的健康产生很大威胁。农药的污染主要是有机氯、有机磷及其他污染，为了保护人、畜的健康，防止农药残留的危害，饲料基地必须从源头抓起，有效地控制农药的使用，及时监测饲料原料的农药污染程度，依法实施无公害饲料原料的生产。

无公害饲料原料生产基地应无重金属污染，在重金属生产矿区、厂区附近以及已被重金属污染的地区都不能作为无公害饲料原料生产基地。

四、乳牛无公害饲料添加剂使用的注意事项

（1）乳牛场要严格执行《饲料和饲料添加剂管理条例》，所购买的饲料添加剂和原料必须是具有产品质量标准、产品质量合格证、生产许可证和产品批准文号的，必要时应对饲料添加剂进行质量鉴定和检测。

（2）对于胡萝卜、甜菜等块根茎饲料要妥善贮藏，防霉防冻，喂前洗净切成小块。糟渣类饲料要鲜喂，严禁饲喂霉烂变质饲料、冰冻饲料、农药残留饲料、重金属污染饲料、被黄曲霉菌污染的饲料和未经处理的发芽马铃薯等有毒

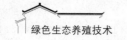

饲料，严格清除饲料中的金属等异物。

（3）库存精饲料的含水量不得超过14%，谷实类饲料喂前先粉碎成1~2毫米的小颗粒。一次加工不应过多，夏季以10天内喂完为宜。

（4）应保证矿物质饲料，即应有食盐和一定比例的常量和微量矿物盐，如骨粉、碳酸钙、磷酸二钙、脱氟磷酸盐类等。定期检查饲喂效果，且矿物质饲料应未受重金属污染。

（5）应用化学、生物活性菌等添加剂时，必须了解其作用与安全性。

（6）配合饲料应根据每年一次的常规营养成分测定结果，结合高产乳牛的营养需要，选用饲料进行加工配制。应用商品配（混）合饲料时，必须了解其营养价值。

五、奶牛的饲料

（1）甜高粱秆。甜高粱秆出汁率在65%~70%，糖分含量在18%~20%，蛋白质、脂肪分别比玉米高8.7%和17.6%，无氮浸出物比玉米高64%。据试验，给奶牛喂甜高粱秆，每头牛每日比喂玉米增加产奶量0.5千克~1千克。

（2）含钾丰富的饲料。奶牛产奶要消耗大量的钾元素。据测定，奶牛每天体内有20%~40%的钾进入奶中。因此，多喂含钾丰富的饲料，如苜蓿等豆科植物和禾谷类精料，能增加产奶量。

（3）发酵橘叶。日本研制出一种柑橘叶发酵催奶饲料，用该料喂牛，产奶量可提高30%左右。方法：初春对柑橘树剪枝时，将枝叶收集起来，洗净后切成碎片，再拌以少量啤酒作为发酵剂，放入储器内，发酵10天即可。

（4）松香草饲料。松香草用作奶牛饲料的配料，不但能使饲料保持良好的口感，还比喂玉米每天多产1千克牛奶。

（5）秕壳葵花子。用秕壳葵花子喂奶牛，奶牛的产奶量明显提高。在饲料中加入10%~20%的秕壳葵花子，可提高产奶量。

（6）粥料。有资料表明，给奶牛喂粥料比喂干湿料可提高产奶量13%。加工方法：先把粉状精料加少许食盐，用少量水冲稀搅匀，待锅内水沸腾时倒入，搅拌5~10分钟即成。

（7）小苏打。在奶牛日粮中添加小苏打，能增强奶牛的食欲，有利于粗纤维的消化，提高产奶量，特别是对终年喂青贮料和精料偏高的牛，效果更佳。喂法：奶牛产犊后开始补喂，到产奶期结束为止，每10千克饲料中拌入150克~200克小苏打。

（8）添加胡萝卜素。在奶牛开始产奶后30天和92天的日粮中添加7克胡萝卜素制剂，每个产奶期能净增牛奶200千克。

（9）加喂磷石膏。国外将磷石膏用作奶牛饲料添加剂，在每头奶牛的基础日粮中添加 71.5 克磷石膏，可使产奶量增加，同时可以降低每千克牛奶的配合饲料消耗量。

（10）加喂脂肪。油脂产热性能高，能改善饲料的适口性，在饲料中添加 3%~5% 的动物油脂，可提高奶牛对饲料的消化率。

（11）增喂氮硫。将尿素、芒硝同水配成 1:2 的溶液，按每吨青贮饲料加 5 千克尿素和 0.5 千克芒硝的比例，均匀地喷洒在待储的大麦、豌豆、青玉米等饲料上，可使饲料中的粗蛋白质提高 4.9%，胡萝卜素增加 37%。增加氮硫含量后，口粮中的精料可减少 40%，能增加奶中产奶量。

六、牛羊养殖场种植牧草的原因

说起养牛羊，就不得不提粗饲料，那么什么叫作粗饲料？粗饲料就是牧草、稻草、玉米秸秆之类的粗纤维含量比较高的饲料，它有个特点，就是比较笨重，运输的价格很高，所以说粗饲料必须是养殖场附近周围就有的，要不然养牛的成本就太高。

我们这里有个人种皇竹草，可以做成青储饲料，要卖 460 元一吨，还是出厂价，不包括运费，去买别人的草，养殖成本就提高了。如果养殖场远了，这种草拉来喂牛是非常不划算的。粗饲料来源完全靠购买是不可取的，兵马未动粮草先行。有的养殖户刚入行，什么都不懂，去买别人的草，或者去田间地头要别人的秸秆，自己完全没有种植粗饲料的计划，这是不行的，所以建议养殖场或养殖户有计划地种植一些牧草。

七、一头牛每天消耗多少鲜草料

以下是一些计算方式供参考：

其实简单的计算就是每头牛约 5% 的体重 = 每天饲喂草料的重量。

如果默认一个月是 30 天的话，10 头牛一个月的吃草量：$10 \times 10 \times 30 = 3000$（千克），那么 10 头牛一个月能吃 3000 千克草。

一头肉牛一天能吃多少青储料？

幼牛期每天每头牛需要青储玉米秆 2.5~4 千克，可以少量用一些酒糟或其他杂草。需精细料 1.5~2.5 千克斤，包括玉米面 60%、麦麸 30%、豆饼或棉籽饼、菜籽饼任选一样 10%。

育肥期：每天每头牛需草 4~6 千克，精细料 2.5~4 千克，后期追肥每天需草 6~7.5 千克，精细料 4~5 千克，青草加量 30%。

一头牛每天吃多少干草？

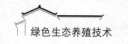

牛吃多少草,要根据体重而定。200 千克牛和 400 千克牛是截然不同的。正常牛的干草采食量占牛体重的 2.5%。

200~700 千克的牛,每头牛每天需要 11.25 千克干草。如果喂青贮玉米秸秆和酒糟,每头牛每天需要平均 20 多千克干草。

八、牛羊牧草品种的选择

选择牛羊适合的牧草品种非常关键。

在南方,推荐选择多年生禾本科牧草,比较典型的牧草品种有新型皇竹草、台湾甜象草、桂牧一号、蜜蔗 1 号牧草、糖蔗 2 号牧草等,这些牧草喜欢高肥水,亚热带四季可以产出,有霜冻的地区冬春季节在温室大棚内也可以产出。一般亩产 20~25 吨牧草,最高产出可以超过 32 吨。

九、牛羊牧草的饲喂方式

(1)鲜喂:采用铡草机加工后饲喂,建议鲜牧草占饲料比例的 30%~50%,混合其他的进行干草、青贮饲料、精饲料饲喂。

(2)青贮饲料:采用专业青贮饲料发酵剂进行发酵后饲喂,在牧草旺季进行加工储存,可以保持数月,且提高营养价值。

(3)干草饲喂:在牧草产量旺季进行加工、晒干然后储存,并在冬春季节加大干草饲喂比例,与青贮等饲料配套饲喂。

十、怎样制作青(黄)贮饲料

制作玉米秸青贮饲料,首先要建造青贮窖,青贮窖的形状一般为正方形或长方形,大小视饲养的牛群规模而定,通常每立方米窖可贮存压实的青贮玉米秸 500~600 千克。青贮窖最好用石头、砖、水泥建成,避免漏气漏水。为获得理想的青贮玉米秸饲料,在制作过程中应注意做到以下几点:

1. 适时收割。一般青刈玉米在腊熟期收割。此时的玉米秸营养成分高,产量高,水分适当,是制作青贮饲料的好时机。

2. 及时运输。将收割的玉米秸及时运到青贮窖地点,以防止秆秆固水分蒸发,叶片失落,造成养分损失。

3. 快装、快封。青贮饲料质量的好坏,与制作青贮能否做到快打、快装、快封有很大的关系。要将整株玉米秸用铡草机切成 3~5 厘米后装窖,要求边装边踩,压得越实越好,当青贮玉米秸原料装到高出窖面 1 米左右时,在上面盖上塑料薄膜密封,然后用泥土封盖压实,防止透水漏气。

4. 开窖、使用。青贮玉米秸装窖 40~60 天后,即可开窖取出喂牛。优质的青贮玉米秸饲料呈黄绿色，具有酸味和酒香味，pH 值为 4~4.8。

青贮玉米秸饲料的优点是：①营养损失少；②适口性好；③保持青鲜状态；④保存期长。在冬季青贮玉米秸是泌乳牛、怀孕牛和犊牛的优质饲料。

玉米秸青贮方法：秋天玉米穗收获后，将干玉米秸秆铡碎，每 100 千克加 50 千克水，加 2 千克优质尿素（尿素加在水中更好）。参照青贮程序操作，在青贮窖中贮至 40 天后，可取出喂牛。

十一、种植一亩地牧草可以养多少头牛

紫花苜蓿属多年生草本植物，是世界上栽培最早、面积最大的牧草，被公认为是"牧草之王"。紫花苜蓿在我国也是栽培历史最悠久、分布面积最广的一种优良牧草。很多养殖户还没有认识到苜蓿对养牛的意义，因此，在苜蓿引种选育上还存在一点问题。近几年来，云南省引进了适应本省不同海拔、不同气候条件的苜蓿品种，从而改写了云南省苜蓿种植的历史。

紫花苜蓿富含蛋白质、维生素和矿物质，并且其蛋白质的氨基酸组成比较齐全。紫花苜蓿在国外及我国西北地区主要被制成干草，其产品有干苜蓿草、苜蓿颗粒、苜蓿草粉、苜蓿草块。这些草产品的粗蛋白质含量在 18%~24%，各种家畜都喜欢吃。在云南省，一般提倡用鲜苜蓿直接饲喂各种家畜，也可以收割制作干草。在水肥比较好的条件下，紫花苜蓿一般一年可以割 3~5 茬，一般亩产鲜苜蓿 5000~6000 千克。

菊苣为菊科多年生草本植物，播种一次可利用 10~25 年。其特点一是适应性强，适合云南省各地种植；二是利用周期长，在云南省每年的 4~11 月都可刈割；三是病虫害较少，在云南省种植以来，只在低洼易涝地区易发生烂根，还未发生其他病虫害；四是用途广，不仅可作饲料还可加工成蔬菜等。菊苣干物质含粗蛋白质 17%~23%，动物必需的氨基酸含量高而且齐全，牛、羊、猪、兔、鸡、鹅都喜欢吃。菊苣最适合青饲。在云南省每年可刈割 4~6 茬，年亩产鲜草 8000~10000 千克。

十二、牧草种植技术

（一）品种利用

在冬春季节以套种多花黑麦草、冬牧 70 黑麦草、紫花苜蓿、菊苣等。多花黑麦草与冬牧 70 黑麦草冬前可收割 1~2 次，亩产鲜草 1000~2000 千克，第二年 6 月上旬前可刈割 2~3 次，亩产鲜草 4000~5000 千克。紫花苜蓿开花期收割为最佳。菊苣株高 40 厘米时，即可刈割，抽薹前是猪、兔的好青饲料，抽薹后是牛、羊的好青饲料。农户可根据饲养的畜禽品种和饲养量来确定牧草品种和

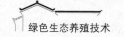

种植面积。

（二）栽培技术

在水稻成熟期（9月底至10月初）进行稻田套播，套播后保持田间湿润，以利于出苗。种子亩播种量：多花黑麦草1.5~2.0千克/亩，冬牧70黑麦草4~5千克/亩，紫花苜蓿1.5~2千克/亩，菊苣0.5~0.75千克/亩。水稻收获后立即清除水稻秸秆，以防压苗。然后追施肥料，每亩撒施45%的三元复合肥30千克左右，并开好沟，做到内外沟系配套，以防积水。每次刈割后追施氮肥和钾肥，冬春季节要及时防涝排渍，防止茎叶发黄和烂根。

（三）经济效益

牧草是通过草食畜禽转化为肉、奶等畜产品的基础物质。据有关资料介绍，种植1.5亩牧草，并适当补饲精料，加喂青贮秸秆可以饲养1头奶牛。

种植牧草后能有效提高土壤肥力，改善土壤团粒结构，从而促进后作水稻的增产。同时，饲养的畜禽粪便返回农田作有机肥，既能降低粮食的生产成本，又能防止过多使用化肥造成环境污染。

十三、奶牛对苜蓿草的需要量

奶牛对苜蓿草的需要量因牛龄而定。

（1）2周龄~3月龄犊牛。犊牛通常从2周龄开始消耗少量的苜蓿，8周龄以后苜蓿的采食量将大幅度增加。建议喂食含粗蛋白高于18%及中性洗涤纤维低于42%的苜蓿草日粮。

（2）3~12月龄育成牛。用含粗纤维较多的、蛋白质含量偏低的苜蓿草，可喂含粗蛋白16%~18%及中性洗涤纤维14%~46%（酸性洗涤纤维33%~38%）的苜蓿草，添加少量的浓缩饲料即可满足最佳的生长发育之需要。

（3）12~18月龄育成牛。育成牛体重在227~454千克之间，可以从含粗蛋白质14%~16%、中性洗涤纤维45%~48%的优质苜蓿草日粮中，获取营养成分并满足生长发育的需要。

（4）18~24月龄育成牛。可以利用比其他牛龄要求质量略差的苜蓿草日粮。对成年母牛妊娠后期应适量地饲喂一些高质量的苜蓿草，可预防奶牛分娩时出现的产乳热。

（5）泌乳早期奶牛。产后100天的泌乳牛应饲喂含精蛋白质19%~24%、中性洗涤剂纤维38%~42%的苜蓿草日粮。若使用含较低粗蛋白质及较高中性洗涤纤维含量的苜蓿草时，日粮中要增加一定数量的浓缩饲料。

（6）泌乳中后期奶牛。泌乳中后期（泌乳期的后200天）奶牛的产奶量逐渐下降，可利用质量偏低的混生苜蓿草日粮来满足其营养需要。

十四、正确种植黑麦草

多年生黑麦草是世界温带地区最重要的牧草之一。黑麦草产量高、品质好、营养丰富并且牲畜喜食，在良好的栽培条件下，一次种植可连续利用4~5年，每年可刈割多次，能为奶牛提供丰富的饲草饲料。

多年生黑麦草喜温暖湿润气候，最适宜在肥沃、湿润、排水良好的土壤或粘壤土中生长，适宜土壤 pH 酸碱度为 6~7，再生能力强，刈割或放牧后能迅速恢复生长。

多年生黑麦草要求有良好的整地质量和充足的肥料，宜秋天播种种植，每次刈割或放牧后应追施氮素肥料，以保证良好的生长态势。

第三节　奶牛的选择与繁育

一、如何选购荷斯坦奶牛

选购奶牛具有一定的技术性。有的饲养户不懂得挑选奶牛的诀窍，往往容易上当受骗。有的购买的奶牛品种不纯，产奶量很低；有的购买了病牛、淘汰牛，给自己造成了经济损失。要想买到好奶牛，应注意以下几个方面的选择：

（1）看品种特征、体型外貌。选购奶牛首先看品种纯不纯，看奶牛的外表体态符不符合荷斯坦奶牛的标准。优质奶牛的基本特征是：全身为黑白花，花片界限明显；皮薄骨细、血管显露，肌肉不发达，皮下脂肪沉积少；头长清秀，颈长胸窄，胸腹宽深，后躯和乳房十分发达；头颈、后大腿等部位棱角轮廓明显；从侧望、前望、上望均呈楔形。

①侧望。将背线向前延长，再将乳房与腹线连接起来，延长到牛前方，与背线的延长线相交，构成一个楔形。这样可以看出奶牛的体躯是前躯浅、后躯深，说明其消化系统、生殖器官和泌乳系统发育良好，产奶量高。

②前望。由头顶点，分别向左右两肩下方作直线延长，与胸下的直线相交，又构成一个楔形。这楔形表示该牛肩胛部肌肉不多，胸部宽阔，肺活量大。

③上望。由头部分别向左右腰角引两条直线，与两腰角的连线相交，也构成一个楔形。这个楔形表示该牛后躯宽大，发育良好。

（2）要看尻部和乳房。乳房发达，呈盆形或碗形，底面平整，乳头大，四个乳头长短、距离适中，乳静脉粗、弯曲多，乳井深，乳镜宽大，乳房毛稀少，皮肤弹性好，产奶最高。奶牛的尻部要宽，长而平，即腰角间及坐骨端间距离要宽，而且要在一个水平线上。髋、腰角与坐骨间的距离，看起来好像一个等

腰三角形。

（3）看是否有疾病。挑选奶牛时要特别注意是否有疾病。观察奶牛全身的各部位，看粪便、采食情况等，一定不能到有疫情的地方购买奶牛。

（4）要看口齿。年龄这方面，技术人员往往看口齿、角来确定奶牛的年龄，一般购买不超过三岁左右奶牛，对于老龄牛就算产奶量再高也不能选购。

（5）要看乳头和骨盆。选购小母牛时，除了观察体况外貌，还要仔细查看小牛的乳房、乳头、生殖器等。

（6）要看是否有窝。选购怀胎奶牛，要检查准确其是否怀胎，询问产奶量。怀孕奶牛，说明其繁殖能力正常，一来购入后短期可产生后代犊牛，提高购入效益；二来可避免买入空怀和生殖系统疾病的母牛，造成更大的损失。

具体来说可概括为：牛尾要细，没有脖袋，要有头峰，脖要细，头要小；从后看牛垂直一条线，后腿高，前腿斜；乳房四平头，乳腺要丰满，必须有奶井；四块结构没有发达的肌肉，脂肪小；毛色要鲜明，黑白花片明显；肉皮要松弛（紧了不是奶牛），肋骨间缝隙要宽阔，要能塞进两个手指，龙门犄角。

二、选择饲养什么奶牛品种最好

目前的奶牛品种主要是黑白花奶牛（学名称中国荷斯坦牛），在我国已有100年历史，其体貌特征主要是毛色为黑白花，年平均单产水平为4000～6000千克。近年来从澳大利亚、新西兰等国家引进的优良奶牛品种年平均单产可达10000千克；澳大利亚荷斯坦奶牛是在放牧条件下培育而成的，对饲养管理要求较低，牛群产奶性能远远高于中国荷斯坦奶牛，平均产奶量达到7000～10000千克。因此农户可以选择饲养纯种澳大利亚荷斯坦奶牛，也可选择饲养品质良好的中国荷斯坦奶牛和品质优良的邓川黑白花牛。

三、奶牛怎样选种选配

奶牛一般在12月龄左右进入初情期，但最佳配种时间多为18月龄，体重在355～400千克之间。配种方法多采用人工授精技术。畜牧技术人员购入良种冷冻精液细管或颗粒，解冻后给发情母牛进行人工授精。输精时要选择、了解公牛品种，记住公牛牛号，严禁出现近亲交配，特别是父女交配。作为改良站，在公牛选择上要高度重视公牛品质，一般要经后裔鉴定为优秀公牛，方可参与奶牛改良，公牛要分年份、地区轮换，品种应该以日系、美系和澳大利亚冻精为主。

奶牛生产，有条件的应该使用性控冻精，使用 X 精子输精，后代母犊率达95%，大大提高奶牛场生产效益；也可以通过胚胎移植，购买优质胚胎给低产牛移植，让低产牛生产优质后代牛。

四、奶牛今后的改良培育方向

邓川荷斯坦牛培育首先应该加强对现有牛群的普查，制定选育和选择标准，利用选择标准加强对牛群的选择和淘汰；其次在培育核心牛群后，可以考虑采用导入杂交的方法导入少量邓川黄牛血缘，培育具有90%引入品种血缘，又保留10%邓川黄牛血缘比例的新牛群；最后在导入杂交完成后，应该进行横交固定，品系繁育，逐渐提高牛群质量。邓川牛应该加强品系培育力度，既要培育高产奶量品系，同时还需要培育乳脂率高品系，逐步改变乳脂率直线下降的致命缺陷。

国外引入高产优质品种牛应该加强适应性锻炼，加强饲养管理，加强本品种选育，使用性控冻精改良，逐渐扩大引入品种牛规模，增加引入牛所占牛群比例。

邓川黄牛采用在山区建立保种基地，保存邓川黄牛的有利基因库不致丢失。

云南水牛可以与摩拉水牛进行级进杂交，逐渐培育役乳兼用型或者奶用型水牛群，提高水牛利用率，同时为市场提供大量的优质水牛奶。但是水牛的级进杂交要吸取邓川黑白花奶牛级进杂交的教训，适当时候需要进行横交固定和品系培育。

中甸牦牛以本品种选育为主，适当引入其他地方的优质牦牛进行杂交，实现血缘更新，同时加强选种选配，避免近亲交配。同时应该加强对牦牛饲养管理的研究和牦牛黄牛杂交实验，不断提高牦牛的饲养效果。

第四节　奶牛的饲养与管理

一、怎样培育母犊牛

犊牛出生后要立即与母牛分开，进行人工喂乳。人工喂乳的步骤：先把手洗净擦干，用食指和中指伸入牛犊嘴里，然后把手和牛犊的嘴放在桶或盆的混合乳中，让牛犊从手指中间吸食牛乳，经几次练习，牛犊就可以自己喝了。

哺喂初乳。因为初乳与常乳不同，它的颜色较黄，乳汁很稠，蛋白质含量特别高，矿物质和维生素 A、D 含量比常乳高 2~5 倍，并含有抗体和酵素，有润肠去胎粪的作用，所以在犊牛生产后 40~90 分钟要喂初乳，初乳一般要喂 5~7 天。初生后牛犊每天喂 5 次，每次喂量不超过 2 千克。牛奶必须新鲜，乳桶要刷洗干净，注意消毒，乳温在 30℃左右为宜，要定时定量。早期还要饮温开

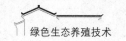
水，从犊牛生后 5 ~ 6 天开始，每天 4 次，温开水温度最好与乳温相同，生后 1 ~ 2 个月，就可让犊牛自由饮用清洁常水。犊牛生后两周要尽早开食植物性饲料，刺激其消化系统的生长发育。

二、初生牛犊饲养管理的注意事项

犊牛出生后，由于各种原因，往往会出现窒息、假死、便秘、下痢以及脐炎等各种病状，直接威胁犊牛的存活和健壮。因此，在犊牛出生后，千万不可掉以轻心，必须细心观察，发现病状要进行及时、正确地处理。

(1) 窒息：出现在难产时，犊牛在母体中因黏液和羊水的长时间堵塞而出现窒息病状。窒息程度轻时，呼吸微弱而急促，时间稍长，可发现黏膜发绀，舌垂口外，口、鼻内充满羊水和黏液，心跳和脉搏快而弱，仅角膜存在反射；严重窒息时，犊牛呼吸停止，黏膜苍白，全身松软，反射消失，摸不到脉搏，只能听到心跳，呈假死状。犊牛发生窒息时，可以进行人工呼吸，将犊牛头部放低，后躯抬高，由一人握住两前肢，前后来回拉动，交替扩展和压迫胸腔，另一人用纱布或毛巾擦净鼻孔及口腔中的黏液和羊水。在做人工呼吸时，必须耐心，直至出现正常呼吸才能停止。进行人工呼吸的同时，还可使用刺激呼吸中枢的药物，如山梗茶碱 5 ~ 10 毫克，25%尼可刹米油溶液 1.5 毫升等。

(2) 便秘：此症通常指犊牛出生后 24 小时内不排粪，且表现出不安、拱背、翘尾作排粪状等。严重时腹痛，食欲不振，脉搏快而弱，有时出汗。直肠检查，可以摸到干硬的粪块。犊牛发生便秘后，要及时用肥皂水灌肠，使粪便软化，以便排出。直肠灌注植物油或液状石蜡 300 毫升，也可热敷及按摩腹部，或用大毛巾等包扎犊牛腹部，使腹部保暖减轻腹痛。

(3) 下痢：犊牛下痢是造成小牛死亡的常见病之一，是一种临床综合征，而不是一种独立的疾病，其病因很复杂，由于不同病因，在临床上分为中毒性下痢和单纯性下痢。中毒性下痢是由细菌、病毒和寄生虫感染而引起的，特别是大肠杆菌和沙门氏菌危害最大，近几年也有由于轮状病毒和冠状病毒感染而群发下痢的报告。单纯性下痢大部分是由于母牛营养不良，犊牛饲养管理不当，犊牛组织器官发育不健全而引起的。发病以 1 月龄以内的为最多，致命的腹泻多发生在出生后的头两个星期。初乳喂量不足、饲养员不固定、饲养环境突变、牛舍阴暗潮湿、阳光不足、通风不良、外界环境的改变（如气温骤变、寒冷、阴雨潮湿、运动场泥泞等），都可使犊牛抵抗力降低，成为发病诱因。生产实践中由于饲养管理不当而使犊牛更易患中毒性下痢。

(4) 脐炎：脐炎是犊牛出生后脐带断端感染细菌而发生的一种炎症。触诊其脐部时犊牛表现疼痛，在脐带中央及其根部皮下，可以摸到如铅笔杆粗的索状物，流出带有臭味的浓稠脓汁。重症时，病牛脐部肿胀常波及周围腹部，犊牛出现精神沉郁、食欲减退、体温升高、呼吸与脉搏加快、脐带局部增温等全身症状。防治方法是：在脐孔周围组织发炎时，脐部先剪毛消毒，再用青霉素普鲁卡因注射液在脐孔周围皮下分点注射，并于局部涂以松馏油与5%碘酒等量合剂。如有脓肿和坏死，应排出脓汁和消除坏死组织，用消毒液清洗后，撒上碘仿磺胺粉或呋喃西林粉以及其他抗菌消炎药物，并用绷带将局部包扎好。

三、怎样培育育成奶牛

给犊牛断奶要逐渐过渡，犊牛从7个月到产前这一阶段为育成牛，这个阶段要给予犊牛充足的优质干草和混合精料。一般饲养不满1周岁的育成牛，混合精饲料的配合比例是：谷物类、糠麸类各占30%，饼类、糟渣类各占20%，矿物质占混合精饲料总量的1%，食盐占2%。对1~2岁育成牛，如冬季有优质干草或夏季有较好的放牧条件时，可喂给精饲料1.5千克；如草质不好，应给混合精饲料2~3千克。当育成母牛处于产前3~4个月时，要增加精饲料喂量，转群到成牛舍，按妊娠干乳母牛标准饲料进行饲养。对育成牛应尽量放牧饲养，加强运动量，以舍饲为主的，要采取驱赶运动的办法，每天2次，每次1小时，其余时间自由运动。在运动场内要增设饮水槽，让其自由饮水。

四、泌乳奶牛的饲养技术要点

奶牛产犊后120天，所产奶量占全泌乳期总奶量的60%~65%。在实际生产中，由于每阶段奶牛的产奶水平和营养需要有明显差别，因而对不同泌乳阶段的牛不能饲喂同一种日粮。目前国内外提倡采用分泌乳初期、泌乳中期和泌乳后期三个阶段的饲养法。

1. 泌乳初期

奶牛从产犊开始直到产后70天，干物质进食食欲未完全恢复而比泌乳后期还低15%左右。在此期间，一般母牛体重会减少35~50千克，平均每日减0.5~0.7千克，个别情况下，平均每日减少2~2.5千克。泌乳初期，精饲料与粗饲料的比例，按干物质计算，为55%~60%:45%~40%，其饲养方法有如下两种：

（1）传统饲养法。母牛产犊后，让其自由采食优质干草，尽量避免喂过多的玉米青贮。喂精料后观察当日进食情况，若不剩精料，且吃大量干草，精神、排粪、反刍等正常，奶量也在增加，则可每天增喂0.5~1千克精料，否则不能加料。每日精饲料分3次喂给，一般每次喂料量不超过3千克，并应与粗料拌好后再喂。

（2）全价日粮饲养法。先按泌乳初期的产奶量、乳脂率、体重和减重程度等因素计算奶牛所需营养成分，再计算相应的日粮营养水平和调制总量，确定饲料配方，然后把铡得较短的粗饲料、精料、糟粕类饲料、缓冲剂、矿物质元素、维生素等添加剂用专用搅拌机（或人工）混合均匀，供牛自由采食。这样饲养的牛不会发生消化机能失调、瘤胃酸中毒、过食等问题，且进食量大，营养平衡，奶量上升快。

2. 泌乳中期

母牛产后 71~140 天，泌乳高峰期刚过去，但干物质进食量进入高峰期，体重开始恢复。在此阶段，母牛所获养分除满足维持自身生长和产奶需要外，还需用于恢复产后失去的体重。若母牛所得多余营养很平衡，子宫恢复正常，则可正常发情，于产后 40~80 天内配种受孕。

泌乳中期喂食全价饲料十分重要，饲养技术要点有：

（1）可按维持加产奶的需要进行全价日粮饲养，而不考虑体重变化问题。

（2）对于日产奶量高于 35 千克的高产奶牛，不论是平日还是夏季，均应添加缓冲剂。夏季应加氯化钾或脂肪粉，以利于高产奶牛的抗热应激。

（3）夏季为降低炎热对母牛食欲的影响，可在凌晨 3~5 时日出前、气温最低时饲喂一次，以提高母牛进食量，防止与减少泌乳旺盛的母牛在此季节发生用体脂产奶的现象。

3. 泌乳后期。产犊后 141~305 天是泌乳后期，母牛已进入妊娠中后期，对营养的需要包括维持、泌乳、修补体组织、脂肪生长和妊娠沉积养分等 5 个方面，故母牛对养分的需求量增加。此期的饲养技术要点有：

（1）日粮供给要根据母牛的产奶水平和实际膘情决定，只要母牛为中等膘（肋骨外露明显），则按不同产奶水平供给不同营养水平的日粮，特别应注意防止母牛过肥。

（2）在预计停奶前进行一次直肠检查，确定是否妊娠，以便及时停奶。有个别牛可能怀双胎，该牛干奶期要合理地提高饲养水平。

（3）禁止喂冰冻或发霉变质的饲料，注意母牛保胎，防止机械性流产。

五、高产奶牛的干奶技术

1. 确定干奶时间

干奶时间依据母牛的预产期和干奶期长短而定。奶牛干奶期一般为 50~75 天。早期配种的母牛、体质瘦弱的母牛、老龄母牛、高产母牛、以往难以停奶的母牛及饲养条件不太好的母牛，干奶期可以适当延长 60~75 天；而膘情较好、产奶量较低的牛，干奶期可缩短为 45~50 天。但母牛干奶期最短不能少于

42 天，否则将影响下胎产奶量和奶牛健康。

2. 提前调整饲养方案

在距离停奶一周时，开始调整母牛饲喂方案，主要喂食一些干草、精料和部分青贮料，同时改自由饮水为定时定量饮水。在距离停奶 3 天时，根据奶牛产奶量再次调整饲喂方案。此时如果母牛产奶量仍很高，要减去全部精料；如果产奶量已不是很高，但日产奶量仍在 10 千克以上，可适当减去部分精料，当日产奶量低于 10 千克时，可不再调整精料喂量，但对母牛要适当限制饮水量。

3. 调整管理措施

在停喂多汁料的同时，挤奶次数可由原来的日挤 3 次改为日挤 2 次，以后根据母牛产奶量的下降情况继续调整。当日产奶量降至 10 千克以下时，可改为日挤奶 1 次。同时每天可适当增加母牛运动时间，以增加消耗和锻炼体质。另外还可配合改变挤奶时间、挤奶地点、饲喂次数以及减少乳房按摩等措施，对母牛进行不良刺激，破坏其在正常挤奶过程中形成的泌乳反射。

4. 挤净最后一次奶

在到达干奶之日时，将母牛乳房擦洗干净，认真按摩，彻底挤净乳房中的奶，然后用 1%的碘附浸泡乳头，再往每个乳头内分别注入干奶剂或其他干奶针。注完药后再用 1%碘附浸泡乳头。

5. 注意观察乳房变化

当以上操作结束后，要认真观察母牛乳房变化，正常情况下，前 2~3 天乳房明显充胀，3~5 天后积奶渐渐被吸收，7~10 天乳房体积明显变小，乳房内部组织变松软。这时母牛已停止泌乳，停奶成功。

6. 注意事项

注意保持乳房清洁卫生。干奶过程中，奶牛乳房充胀，甚至出现轻微发炎和肿胀，此时极容易感染疾病，应特别注意保持乳房清洁卫生。保持牛舍清洁干燥，勤换垫草，防止母牛躺卧在泥污和粪尿上。

注意观察母牛反应。干奶过程中，大多数母牛都无不良反应，但也有少数母牛出现发烧、烦躁不安、食欲下降等应激反应，要注意观察，及时发现、处理，防止继发其他疫病。对反应剧烈的母牛可采用肌注镇静剂配合广谱抗生素对症治疗。

防止胀坏乳房。在干奶过程中，一旦出现乳房严重肿胀、乳房表面发红发亮、奶牛发烧、乳房发热等症状，如果再坚持不挤奶，就会将乳房胀坏。出现这种情况，要暂停干奶程序，将乳房中的乳汁挤出来，对乳房进行消炎治疗和按摩，等炎症消失后，再行干奶。

加强管理。干奶牛要与大群产奶牛分养，禁止按摩、碰撞、触摸奶牛的乳

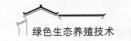

房，保持良好的饲养环境，保持牛舍空气新鲜，夏季防暑，冬季防寒，禁喂霜冻霉变饲料，冬季饮水不低于10~12℃，防止母牛出现疾病，造成干奶失败或母牛流产。

六、干奶期饲养管理要点

母奶牛在产前2个月农户需停止挤奶，目的是将主要营养供给胎儿，恢复由于长期产奶所损伤的乳腺组织，这段时间叫干奶期。饲养管理干奶期牛应抓好以下四点：

（1）防治乳腺炎。干奶后的15天，由于乳腺组织尚未停止活动，极易发生乳腺炎。因此，每天要检查乳房的变化。如果发现乳房肿胀，并有发红、发热、疼痛等炎症，应立即将牛奶挤净，进行治疗。其治疗方法：一是用10%酒精鱼石脂或鱼石脂软膏涂抹患部；二是用青霉素200万~250万国际单位，每天肌肉注射2次，或用四环素200万国际单位静脉注射，每天1次。

（2）防止精料过多。干奶后7天内，不喂高蛋白、高脂肪的精料，以粗料为主，不喂多汁饲料。

（3）注意膘情。彻底干奶后，根据牛的膘情进行饲养管理。对营养不良的干奶期牛，除供给优质粗料外，还应搭配精料。

（4）加强运动。干奶期牛每天要适当运动，以防难产。防止牛相互挤撞，要经常观察牛的行为、食欲、运动、反刍、休息等情况。

七、产后母牛的饲养管理技术要点

奶牛产后首先应喂给温热的麸皮、盐、钙稀粥、碳酸钙（麸皮1~2千克、食盐100~150克、钙稀粥15千克左右、碳酸钙50克），同时喂给优质、软嫩干草1~2千克，以暖腹、充饥增加腹压，以利于胎衣排出和体力恢复。其次产后要尽早驱使母牛站起，以减少出血，便于生殖器复位。为防止子宫脱出，可牵引母牛缓行15分钟左右，以后逐渐增加运动量。其三母牛产后超过24小时胎衣不脱落，应按胎衣滞留处理。若胎衣脱落后，几天内仅见稠密透明分泌物而不见暗红色液态恶露排出，应及时处理，防止产后败血症或子宫炎等疾病发生。其四高产牛产后最初几天，乳房内血液循环及乳腺泡活动的控制与调节均未达到正常状态，乳房肿胀，内压也很高，此时应坚持的原则是：产后第一天只挤2千克奶左右，够犊牛哺乳即可，如果全部挤净，会引起乳房微血管渗漏现象加剧，血钙、血糖大量流失，进一步加剧乳房水肿，引起高产奶牛产后瘫痪；产后第二天每次挤泌乳量的1/3，第三天每次挤泌乳量的1/2，第四天后可挤净。对低产奶牛和产后乳房无水肿的母牛无须如此，产犊后第一天即可挤净。

其五对产后乳房水肿严重的母牛，每次挤奶后应充分按摩乳房，并热敷 5~10 分钟（用温热硫酸镁或硫酸钠饱和溶液最好），促进乳房水肿早日消失。其六产后同时喂饮温热益母草红糖水（益母草 500 克，加水 10 千克煎成水剂后加红糖 500 克），每日 1~2 次，连服 2~3 日以促进恶露排净和产后子宫复原。

八、怎样给奶牛挤奶

只有掌握正确的挤奶方式，符合泌乳的生理，才能取得最佳的泌乳效果。牛的乳房由 4 个彼此独立的乳区组成，前后乳区被一层较薄的膜分开，左右乳区被一层较厚的膜分开，每个乳区都由许多分泌腺泡叶组成。仅从乳房外观是看不出产奶量的高低的，但如果挤完奶后乳房收缩得很瘪而且很松软，就表明产奶量较高。为保持牛乳质量，挤奶人员要在挤奶前穿胶靴，剪短指甲，用水洗手，衣服要干净，保持卫生。挤奶前应清除粪尿，涮净牛后躯，固定牛尾，一般应在喂料前将奶挤完，挤奶时要特别注意保证奶汁清洁。挤奶时要固定人员、固定顺序、固定时间，不得任意改变，并一日三次，分娩后奶牛乳房膨大可平均增加 1~2 次。挤奶方法：先以 40~50℃ 温水的洗乳房，先从后上往下洗，后洗乳房周围和乳头，擦干后准备挤奶。每洗 1~2 头就要换一桶洗奶水，个别乳房毛过长的应进行修剪，以防污染牛奶。开始挤奶时，第一把奶废弃不要，挤奶时要掌握快速挤奶法，每分钟 80~100 次为宜，奶将挤完时，要进行一次按摩（稍用力），奶要挤净，不留一点奶。挤奶时，禁止用油类或用奶汁抹奶牛，对个别奶头易于干裂的，在挤完后抹些消炎油膏。挤奶过程中，不得中断挤奶和做其他事情，如牛大小便时，应立即站立，提起奶桶背后避开。每头牛所挤的奶要单独过称记录，以便正确考核牛只产量。发生乳腺炎或传染病牛的奶，应放在最后挤，挤出的奶应废弃掉，用具用完后要彻底消毒，以免因挤奶用具而导致疾病的传播。

挤奶次数要适宜。每天挤奶次数的多少，应根据奶牛的生理条件、乳房容积的大小、产乳量的多少来衡量。对初产奶牛或处于泌乳高峰期的奶牛每天可挤 3~4 次奶；对处于泌乳中期的奶牛每天可挤 3 次奶；对处于泌乳后期的奶牛每天可挤 2 次奶。

挤奶员身体要健康。要求挤奶员必须是无肝炎、结核病史的健康者。挤奶前挤奶员必须修剪指甲、洗净双手（洗手水中应加入 0.1% 的漂白粉），并穿好工作服。

保持牛舍、用具及牛体的清洁卫生。在挤奶前 1 个小时应将牛舍打扫干净并洒上清水，以免草屑灰尘落入乳桶中。在挤奶前半个小时应将奶牛全身认真梳刷一遍，并将牛体后躯、腹部及牛尾清洗干净，以免挤奶时毛、皮肤垢屑掉

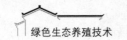

入乳桶中。同时要对挤奶梭、盛奶桶、滤奶布进行清洗和消毒。

擦洗、按摩乳房。擦洗乳房既可起到清洁的作用，又可使奶牛乳房膨胀，有利于挤奶。应先用带水较多的湿毛巾依次擦洗乳头、乳房底部中沟、乳房左右区与乳镜，然后用干毛巾擦干乳房。挤奶前应对乳房进行按摩，待乳房膨胀、乳静脉鼓起、出现排乳反射时即可开始挤奶。挤奶后还应再次按摩乳房。

及时快速挤奶。当乳房出现排乳反射时，应立即挤奶，如果延迟不挤，则排乳速度会变得缓慢，产乳量也会降低。挤奶时严禁用牛奶或凡士林擦抹乳头。挤奶是一项紧张的工作，挤奶员动作要快，每分钟挤压乳头 80~100 次，双手用力要均匀。遇到踢人的奶牛，挤奶员左膝应紧靠牛右后腿的前弯处，左前臂同时横起接近牛后腿。注意挤奶时不要吸烟、不要吵闹、不要咳嗽。机器挤奶时真空压力应控制在 340~380 毫米汞柱，搏动器搏动次数每分钟应控制在 60~70 次。挤奶结束后，挤奶机应全部拆洗消毒，然后放干燥柜内备用。对患乳腺炎的牛或正在使用抗生素的病牛应改用手挤，待病愈后再恢复机器挤奶。

不要使牛奶受到污染。挤出的第 1 把奶因含细菌较多，应弃去。刚挤出的牛奶应立即通过过滤器或多层纱布进行过滤，过滤后的牛奶冷却到 4~8℃ 即可入库保存。过滤用的纱布每次用后应进行洗涤和消毒，并定期更换。要将变质牛奶或病牛产的奶与正常牛奶分开，装入别的乳桶另行处理。

九、冬季孕牛饲养管理技术要点

牧草枯萎的严冬季节，怀孕的母牛既要忍受寒冷的袭击，又要供给胎儿生长发育所需的一切营养。在恶劣的气候条件下，孕牛若饲养不当，特别是遇到气温突变，在饥寒交迫之中极易导致怀孕母牛体质下降，甚至导致母仔双亡。为此，对孕牛应采取以下措施。

（1）整修栏舍，防寒保暖。怀孕牛应有单独的栏舍，以免拥挤、踢打造成流产。栏舍要堵塞漏洞，向阳避风，不漏雨，不潮湿。要经常更换垫草，在晴朗的中午，要放牛到舍外活动和晒太阳。

（2）加强营养，精心饲养。母牛怀孕后，除了维持自身所需要的营养外，还需要供给胎儿生长发育的营养需要，同时还要积贮一定的养分保证生产泌乳。因此，每日要补喂 1~2 千克精料。有条件的可喂给混合精料，其配合比例为玉米 30%、豆饼 20%、稻谷 15%、棉籽饼 15%、菜籽饼 5%、米糠 15%，还要适当添加一些骨粉和食盐，做到定时、定量、少给勤添，不要喂发霉的饲料。牛的饮水要清洁，注意不要让牛空肚饮水和饮冰碴水，最好喂温热水。无雨天，应坚持赶牛上山放牧，放牧既能让牛吃上青饲料，又可增加运动量，有利于牛的健康。放牛要选择在背风向阳的灌木丛中，不要让孕牛采食霜草。饲料要多样化，适口性强，易消化。由于冬季舍饲一般以干草、稻草等粗料为主，因此要注意饲料的调制，最好能制作氨化饲料喂牛，这样既可提高适口性，又能增加营养。若补饲时蛋白质饲料缺乏，则可采用尿素饲料饲喂，它可以补充蛋白的不足，尿素每日用量可按牛体重每100千克补充40克为宜。

（3）预防流产，确保母仔健康。冬季怀孕母牛饲养管理不当易发生流产，其征兆为怀孕前期阴道流出黏液，不断回头看腹部，起卧不安；怀孕后期表现为乳腺肿大，拱腰，屡作排尿姿势，腹痛明显，胎动停止。治疗时可用黄体酮肌肉注射0.5~1克，每日1次，连用4~6日，可收到良好的效果。

（4）适当运动，合理使役。怀孕母牛到怀孕中期，应逐渐减轻使役强度，在使役中严禁抽冷鞭、赶急活、转急弯，要缓缓使役，临产前1个月停止使役，以免造成流产。对完全舍饲不使役的怀孕母牛在天晴有太阳时，应牵到外面适当运动，以增强体质，防止难产。轻度难产可用脑垂体后叶激素进行催产，一次皮下注射60~100单位，也可选用己烯雌酚皮下注射10~20毫克，可获得良好效果。

十、夏季奶牛饲养管理技术要点

1. 奶牛的饲养

（1）夏季由于干旱，牧草长势不好，奶牛在饲草上正常摄取的营养需求得不到满足。因此要在饲喂时打破常规投料量，适当增加精饲料的给量，增长幅度在10%左右，以满足奶牛正常的生长、生产需要。

（2）适当减少能量饲料的给量（减少幅度8%），增加蛋白质饲料的给量（增长幅度5%）。由于天气炎热奶牛适口性不佳，剩料较多，故宜将部分精料改在夜间气温较低时增喂一次。

（3）在奶牛日粮中适当添加碳酸氢钠（小苏打）50~80克/日，以调节瘤胃内的pH酸碱度。

（4）饲喂时注意钙、磷的补充。正常给量：每日在50~100克之间。饲喂浓缩饲料者可适当减少给量。

（5）夏季奶牛皮肤中的水蒸发量加大，钠的丧失较大，饲喂时应注意食盐的给量，正常情况下在100克/日左右。

（6）夏季奶牛精饲料的调制，应在饲喂前半小时进行，以防精饲料酸败，适口性降低。

（7）采取自由饮水，饮水要清洁。

（8）牧区奶牛归牧后，应注意粗饲料的补充，添加没有霉败变质的青干草、玉米秸、青贮等。为增加奶牛的适口性，青干草最好是喷撒盐水，玉米秸

最好是揉碎、铡短、拌上精料。

（9）高产牛精料补充时，最困难的是能量饲料的添加，过高易引起腹泻，偏低会使奶牛逐渐消瘦，最好是日添加 50～100 克红糖，特别是夏季能起到防暑的作用。

2. 奶牛的管理

（1）牧区奶牛放牧。上午：早出牧、早归牧；下午：晚出牧、晚归牧。无论大小牛中午必须归牧。鉴于干旱，牧草长势不佳，为满足奶牛正常的采食量，建议组建小群进行放牧。

（2）刷洗牛体。牛体应经常刷洗，刷洗牛体时室外气温应在 20℃ 以上，水温在 15℃ 左右，洗刷顺序：由前至后，由上至下。

（3）运动场内应搭建凉棚，要求地势较高，通风良好，减少阳光直射，从而减轻奶牛的高温负担。

（4）注意消灭蚊蝇，保证奶牛的正常休息，灭蚊蝇药最好使用高效、低毒药。切勿使用生烟熏。

（5）气温高时，用冷水冲刷牛床，起到降温和增加牛舍湿度的作用。

（6）正常天气奶牛最好在舍外，遇异常天气时，奶牛必须进舍。"淋牛晒马"的说法没有科学道理。

（7）搞好奶牛驱虫工作：奶牛最好是每年驱虫三次，目前最佳驱虫药是虫克星。

（8）注意观察奶牛的精神、食欲、消化、泌乳等情况，发现病情及早诊治。

十一、奶牛五"不喂"

（1）不喂鱼粉。因为鱼粉有鱼腥味，这种鱼腥味会进入牛奶中，影响牛奶食用口味。

（2）不喂蚕蛹。蚕蛹含脂率高，有异味，不易保存，容易酸败，常喂对牛的肉和奶均有不良影响，特别与奶畜饲料不宜搭配。

（3）不喂鸡粪。鸡粪是一种再生的蛋白质饲料，可用来喂牛羊，但不宜喂奶牛，因为硫化氢易使牛奶产生鸡粪味，影响奶味和奶质。

（4）不喂鱼油。奶牛不宜加喂鱼油，因为它含有多个双键的不饱和脂肪酸，其氧化产物有异味，而且能把这种不良气味转移到牛奶中。

（5）不喂箭舌豌豆。豌豆含蛋白质，营养价值高，是喂禽畜的好饲料。但不要用带花色的箭舌豌豆喂奶牛，也不要喂羽扇豆，因为其中含有的生物碱可使奶味变苦。

十二、给牛喂尿素

尿素可经牛瘤胃中微生物的消化合成菌体蛋白，代替部分蛋白质饲料，所以尿素是牛的优质蛋白补充饲料。但尿素毕竟不是蛋白质，其利用效率受到很多条件的影响。一般来讲，给牛投喂尿素要根据饲草的情况而定，以麦秸、干玉米秸、干草等粗劣饲料为主的冬春季节可以添加尿素，以青绿饲料为主的夏秋季节则不宜投喂。

试验证明，饲料中粗蛋白含量在11%以下时，尿素在瘤胃中的利用率为70%左右，牛增重效果明显，随着饲料中粗蛋白含量的提高，加喂尿素的牛增重效果欠佳。当饲料中粗蛋白含量超过12%时，加喂尿素不但起不到增重的作用，反而会影响增重或使其明显减重。

夏秋季节，各种野菜、野草、牧草繁多，牛常以青绿饲料为主，青绿饲料所含营养物质全面，尤其是粗蛋白含量较高，一般在12%~20%，粗蛋白消化利用率也很高，一般在70%以上，同时粗蛋白品质优良，所含的必需氨基酸全面，营养价值高。所以，在喂野菜、野草、牧草等青绿饲料为主的时候就没有必要给牛加喂尿素了。

奶牛喂食尿素，会影响到乳品检疫，产奶牛应该禁食。

十三、养好奶牛应避免的误区

当前，一些养殖户由于缺乏养殖技术或片面追求产奶量，在奶牛的饲养管理上，存在许多错误做法，长此以往必然会影响综合养殖效益。以下做法希望引起注意并尽量避免。

早配种早得益，犊牛不进行选择淘汰。许多农户在奶牛不到16月龄，体重还不到300千克就配种。造成的后果往往是初胎易难产，胎儿生长发育不充分，母牛本身的组织器官生长发育也受阻，以致牛的终生体重不足、产奶量不高。奶牛初配时间应以配种时的体重达到成年体重的70%为主要依据，初配体重以350~400千克为宜。在犊牛培育期要进行选择，淘汰来源品质不良母牛、生长发育受阻、带有明显缺陷的犊牛。

犊牛生后头半月不用奶壶。犊牛生后，养殖户大多用小桶或盆为犊牛哺乳，结果犊牛出现消化不良和下痢现象。因为用小桶或盆喂奶，犊牛的某些消化器官得不到锻炼，瘤胃微生物区系难以建立，因而易导致犊牛消化道疾病发生。

犊牛吃草认料顺其自然。啥时采食啥时算，这样会使犊牛消化器官得不到锻炼而降低犊牛的培育质量，待成年后其消化器官容积小、采食量少、消化能力差，产奶量必然低。正确的做法是：犊牛生后10天就开始提供草料，先用易

于消化的固体饲料诱导其尽早开食，任其自由采食青干草，然后训练其采食符合营养标准的犊牛料，当采食量每天超过 0.5 千克时便可断奶；断奶后牛的精料采食量会迅速提高，待其达到 2 千克时，不再增加犊牛料，只增加青粗饲料。

不对育成牛的乳房进行按摩，但初孕后应坚持每天按摩乳房，促进其生长发育，提高分娩后产奶量。而且按摩乳房也保证初胎牛能顺利接受挤奶，避免抗拒挤奶现象发生。

精料、补充料配制不合理。蛋白饲料一般只用一种，如豆饼（粕）或棉籽饼（粕），很少将豆饼（粕）、棉籽饼（粕）、花生饼（粕）搭配使用，几乎不用微量元素添加剂，也不注重维生素 A、D、E 的供给。正确的做法是选用正规饲料厂出售的奶牛专用预混料或浓缩料，并按其推荐的配方自行配制。

青粗饲料有啥喂啥。喂秸秆的正确做法是：保证一年四季青中有干、干中有青、青干结合。为此要制作青贮饲料并晒部分青干草，还要提供一定量的块根、块茎及糟渣类如胡萝卜、酒糟、啤酒糟等。

奶牛不能走动，一动就会掉奶。家庭饲养奶牛多数无运动场，即使有，面积也很小，奶牛终日拴系，缺乏运动，这就影响了奶牛的体质健康，降低了牛奶的产量和质量。为保证奶牛运动量，在有条件的情况下最好每天坚持 2~3 小时的驱赶或放牧运动。

不刷拭牛体、不修蹄。为促进奶牛皮肤的新陈代谢，提高产奶性能，对产奶母牛每天必须坚持刷拭 2~3 次，最好在每次挤奶前完成。由于受营养及环境因素的影响，不少奶牛会出现畸形蹄、蹄部腐烂等病，影响奶牛正常运动和产奶性能的提高，因此每年春秋两季要对奶牛进行检蹄、修蹄。

挤奶时擦洗不充分、不按摩乳房、不药浴乳头。按正确的操作规程，挤奶前用 40~50℃温水洗净乳房，然后用两手自上而下对揉整个乳房，待乳房膨胀，出现排乳反射时立即挤奶，挤奶时不要拉长奶头捋奶。挤奶后用药液浸浴乳头，常用药物有 3%~5% 次氯酸钠、0.1% 新洁尔灭等。

不驱虫。体表寄生虫使牛周身不适，烦躁不安，蹭墙、磨桩，增加营养消耗。因此，要做到每年春秋两季定期驱虫（包括体内外），充分发挥饲料潜能，保证牛体健康，提高产奶量。

第五节　奶牛养殖效益

一、饲养奶牛失败的四大原因

（1）仓促上马。一些奶牛饲养户发家心切，看别人饲养奶牛赚钱，心里着急，于是就仓促上马，由于没有充分的准备，缺少场地、饲草，特别是缺少饲养管理经验，导致饲养失败。

（2）盲目引种。由于很多农民朋友急于参与奶牛饲养项目，对引种地区的奶牛缺乏必要的了解，或者饥不择食，见奶牛就引，致使所引进的奶牛品质低劣、产奶量低、体况瘦弱，甚至引进病牛。

（3）近亲繁殖。奶牛近亲繁殖的后果就是下一代奶牛生长发育缓慢，产奶量低，抗病能力弱，饲养的经济效益降低。

（4）规模太小。要想靠饲养奶牛发家，必须具有一定的饲养规模，只有具备了饲养规模，才能吸引奶站上门收奶，解决销路问题。零散饲养时，牛奶销路无法保证，卖不出去的现象经常出现，即使卖出也常常被压价。

二、提高奶牛养殖效益的关键

当前，奶牛养殖的效益如何，取得好效益的关键是什么？让我们以一头产奶牛为例，算个效益账来看一看。

（1）收入部分。一是牛奶收入：1头优质奶牛日产25千克鲜奶，按市场价格每千克1.9元计算，每天收入47.5元。1头奶牛每年产奶期按300天计算，收入就是47.5×300＝14250元。二是犊牛收入：按每两年产牛1公1母计算，公犊牛每头300元，母犊牛4000元，平均每年收入为2150元。两项合计，总收入为：14250元＋2150元＝16400元。

（2）支出部分。一是饲料支出：每头奶牛每天消耗优质青贮饲料20千克，每千克0.24元（全株玉米），计4.8元；精饲料8千克，单价每千克1.7元，计13.6元；1天饲料费用为4.8＋13.6＝18.4元。1年的饲料费用是18.4×365天＝6716元。二是其他支出：每头奶牛每年人工管理费365元；奶牛每年折旧1500元；干奶期两个月费用500元；防疫、配种费用100元，小计为2465元。两项合计，总支出为：6716元＋2465元＝9181元。

这样饲养一头奶牛的年效益就是：16400－9181＝7219元。

即使再扣除贷款利息等费用（按2000元计算），一头产奶牛的年效益也应在5000元左右，相当可观。

当然，以上效益必须建立在以下三点的基础之上：一是养好牛，优质奶牛才能产奶量高，这是取得好效益的基础；二是饲料营养全，饲料营养全面、科学、合理才能满足奶牛各种营养需要，才能提高牛奶质量，提高牛奶售价，这是取得奶牛效益的关键；三是管理好，管理好牛，保证牛体健康，优质奶牛的各种潜能才能得到充分发挥，这是取得奶牛效益的保障。

相反，如果养的奶牛质量不好、管理跟不上、营养不科学，那么养奶牛肯

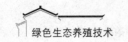

定是赚不到钱的，弄不好还会出现亏损。因此，广大养殖户应当看到：奶牛养殖的经济效益高、市场前景广，但要真正把钱挣到手，还必须做到"养好牛、营养全和管理好"。

三、牛奶加工

从生产角度而言，牛奶加工是奶业的下游工程，对上承接奶牛养殖企业的产品——原奶，是奶业发展的归宿；但从市场营销的角度看，牛奶加工又是奶业发展的龙头，它为消费者生产适销对路、花色多的乳制品，反过来又促进奶牛养殖的健康快速发展；从奶品加工本身而言，它又脱离传统农业的羁绊，作为食品工业的有机组成部分，已经发展成为一门独立的现代产业和技术。

国外奶品消费的方向主要是深加工的奶产品，如干酪、黄油、酸奶、奶粉等乳制品是加工的主流产品；而在云南省，尤其是各大中城市，牛奶消费主要是以液态奶为主，各色超高温消毒纯牛奶、酸奶、乳饮料是主打产品。随着学生奶工程的全面启动，以及国民生活水平的不断提高，牛奶制品日益受到欢迎。但与此同时，市场对奶制品的质量和产品安全提出了新的要求，无公害奶品行动计划的实施，以及中国加入世贸组织，都将促使原奶及奶制品生产技术的不断改进和产品的不断升级换代。相信这也会引起我国奶品市场新一轮的竞争热潮。

理论上讲，优良的奶品加工工艺可以最大限度保证奶牛所产的优质牛奶的营养和卫生质量，增强奶品的消化性和可食性。但是，奶品加工并不能将质量低劣的原奶，如乳腺炎乳、有害物残留的乳、掺假的乳等改变为优质的奶制品。所以奶品企业在验收奶品的时候，一定要按照企业或国家标准严格把关；同时，奶品企业在关注企业自身发展的同时，一定要关注为自己生产牛奶的奶牛养殖企业，积极建立或扶持奶源基地的建设，制定合理的收奶价格，与奶源基地企业并肩发展，方可步入健康、持续、良性循环的发展轨道。

1. 奶酪加工

将鲜奶在火上加热 10 分钟后，按鲜乳 12% 的比例加入白糖，然后冷却至 13℃，在不断搅拌下加入凝乳剂——江米酒，加酒量约为牛乳的 7%。加酒后迅速将其分装于小碗内，再分层把小碗装入大木桶，为了提高木桶内温度，可在其中间放一只装木炭的火盆，约 40 分钟后将火熄灭，奶酪即可制成。奶酪为白色凝固体，组织细腻，无乳清析出。碗倒扣时以不掉下为好。奶酪入口即溶化，有凉、甜、香、嫩四大特点，是宴会上的名贵点心。

2. 江米酒的制备

取江米 5 千克，用水洗净浸泡，用笼屉蒸熟，放凉以后加酒药 4 小块，搅匀，放置于小缸中，用白纸密封缸口，置于温暖处发酵，夏季要 4~5 天，冬季约 10 天，成熟后加凉开水 25 千克，再用白纸封闭缸口，进行发酵，发酵时间与第一次相同，这种江米酒的酒精含量高，醇味较重，用时随用随滤，酒渣可用作饲料。

3. 乳扇制作

乳扇美味可口，是大理白族的食品。其制作方法是：先在锅内加入半勺酸水，加热至 70℃左右；再用碗盛牛乳倒入锅内，牛乳在酸和热的作用下迅速凝固，此时迅速加以搅拌，使乳变为丝状凝块，然后把凝块夹出并用手揉成饼状，再将两翼卷入筷子，并将筷子的一端内外撑大，使凝块变为扇状，最后把它挂在固定的架子上晾干，即成乳扇。

按照此法制作乳扇，每制一张乳扇必须将锅内剩余的酸水倒出，重新放入新的酸水，用过的酸水也可再用。一般锅内酸水与鲜乳的比例约为 1:2，每 10 千克鲜乳可制 1 丁克乳扇。乳扇的组成为：水分 5.5%，脂肪 49.3%，蛋白质 35.0%，乳糖 6.8%，灰分 2.5%，其他 0.9%。酸水制备：用鲜木瓜和干木瓜加水煮沸后，经一定时间后取其酸液即为酸水。

四、奶牛良种补贴资金将覆盖全国

农业部畜牧业司于 2008 年表示，奶牛良种补贴资金将覆盖全国。农业部重点采取以下措施：

（1）加强奶牛良种繁育。2008 年起，奶牛良种补贴资金将基本覆盖全国的荷斯坦奶牛。

（2）促进奶牛养殖方式的转变。协调有关部门尽快启动支持标准化养殖小区建设项目，引导和扶持奶牛养殖户向小区集中，推动规模化、标准化生产。农业部制定了《奶牛标准化规模养殖生产技术规范》，加大对奶牛养殖示范县的建设力度，通过培训等形式，提高奶牛饲养管理水平。把挤奶机械和储奶设备纳入农机具补贴的范围，提高原料奶质量。

（3）规范原料奶市场秩序。推进奶源基地建设，保证原料奶收购的公平公正，同时规范一些奶站的管理。

（4）深入贯彻《中华人民共和国农民专业合作社法》，加强对奶业合作社的资金支持，维护奶农的利益。

第六节 奶牛养殖废弃物处理与资源化利用

一、粪污处理

(一) 粪污处理方式

1. 干湿分离

改造建设雨污分流、暗沟布设的污水收集输送系统，实现雨污分离；改变水冲粪、水泡粪等湿法清粪工艺，推行干法清粪工艺，实现干湿分离。

2. 堆肥发酵

厌氧堆肥发酵是传统的堆肥方法，在无氧条件下，借助厌氧微生物将有机质进行分解。牛粪可堆放于太阳能照射到的地方，含水量在50%以上，用黄泥或塑料薄膜密封，利用高温发酵，春秋季约需一个月的时间，夏季需半个月。发酵好之后，要先将其稍晾后再施用为宜。

3. 沼 气

牛场粪尿及冲洗污水进入密封沼气池，经厌氧发酵产生沼气、沼渣和沼液。沼气可资源化利用，沼渣和沼液用作肥料还田。

(二) 资源化利用

1. 有机肥利用

有机肥利用主要是采用好氧堆肥发酵。好氧堆肥发酵是在有氧条件下，依靠好氧微生物的作用使粪便中有机物质稳定化的过程。好氧堆肥有条垛、静态通气、槽式、容器等四种堆肥形式。堆肥过程中可通过调节碳氮比、控制堆温、通风、添加沸石和采用生物过滤床等技术进行除臭。

2. 能源利用

一般1吨鲜牛粪产生沼气50立方米左右，1立方米沼气相当于0.7千克标准煤，能够发电约2千瓦·时。主要适用于大型畜禽养殖场、区域性专业化集中处理中心。

(三) 种养结合

种养结合即"以地定养、以养肥地、种养对接"。根据牛场养殖规模配套相应粪污消纳土地，或根据种植需要发展相应养殖场户。种植养殖通过流转土地一体运作、建立合作社联动运作、签订粪污产用合同订单运作等方式，针对种植需要对牛场粪便和污水采取不同方式处理后，直接用于农作物、蔬菜、果品生产，形成农牧良性循环的模式，维护畜禽健康养殖，生产高端农产品，提高土壤肥力，实现生态、经济效益双丰收。

二、病死牛无害化处理

（一）焚烧法

焚烧法包括直接焚烧法和炭化焚烧法。可视情况对牛尸体及相关牛产品进行破碎预处理。

（1）直接焚烧法。将牛尸体及相关牛产品或破碎产物，投至焚烧炉本体燃烧室，经充分氧化、热解，产生的高温烟气进入二燃室继续燃烧，产生的炉渣经出渣机排出。燃烧室温度应≥850℃。二燃室出口烟气经余热利用系统、烟气净化系统处理后达标排放。

（2）炭化焚烧法。将牛尸体及相关牛产品投至热解炭化室，在无氧情况下经充分热解，产生的热解烟气进入燃烧（二燃）室继续燃烧，产生的固体炭化物残渣经热解炭化室排出。热解炭化室温度应≥600℃，燃烧（二燃）室温度≥1100℃，焚烧后烟气在1100℃以上停留时间≥2秒。

（二）深埋法

（1）直接掩埋法。应选择地势高，处于下风向的地点。应远离牛饲养厂（饲养小区）、牛屠宰加工场所、牛隔离场所、牛诊疗场所、牛和牛产品集贸市场、生活饮用水源地；应远离城镇居民区、文化教育科研等人口集中区域，以及主要河流、公路、铁路等主要交通干线。

掩埋坑体容积以实际处理牛尸体及相关牛产品数量确定。掩埋坑底应高出地下水位1.5米以上，要防渗、防漏。坑底洒一层厚度为2~5厘米的生石灰或漂白粉等消毒药。将牛尸体及相关牛产品投入坑内，最上层距离地表1.5米以上。覆盖厚度不少于1~1.2米的覆土。

（2）化尸窖。化尸窖选址要求应结合畜禽养殖场地形特点，宜建在下风向。应远离牛饲养厂（饲养小区）、牛屠宰加工场所、牛隔离场所、牛诊疗场所、牛和牛产品集贸市场、泄洪区、生活饮用水源地；应远离居民区、公共场所，以及主要河流、公路、铁路等主要交通干线。

化尸窖应为砖和混凝土，或者钢筋和混凝土密封结构，要防渗、防漏。在顶部设置投置口，并加盖密封加双锁；设置异味吸附、过滤等除味装置。

投放前，应在化尸窖底部铺洒一定量的生石灰或消毒液；投放后，投置口密封加盖加锁，并对投置口、化尸窖及周边环境进行消毒。当化尸窖内牛尸体达到容积的四分之三时，应停止使用并密封。

（三）化制法

化制法可视情况对牛尸体及相关牛产品进行破碎预处理。

（1）干化法。牛尸体及相关牛产品或破碎产物输送入高温高压容器。处理物中心温度≥135℃，压力≥0.25MPa（绝对压力），处理时间≥30分钟。加热烘干产生的热蒸气经废气处理系统后排出。加热烘干产生的牛尸体残渣传输至压榨系统处理。

（2）湿化法。将牛尸体及相关牛产品或破碎产物送入高温高压容器。处理物中心温度≥160℃，压力≥0.6MPa（绝对压力），处理时间≥4小时。高温高压结束后，对处理物进行初次固液分离。固体物经破碎处理后，送入烘干系统；液体部分送入油水分离系统处理。

三、牛粪水的两种低成本处理方法

（一）快速将牛粪水发酵成液态有机肥的处理方法

购买专业的处理产品"畜禽流体粪污快速发酵剂"（1千克/包，市场价格100~120元，发酵50~100立方米牛粪水，时间越长的牛粪，水需求量越多），将每包产品与1千克红糖、20千克温水混合激活24小时，洒入300立方米牛粪水中，连续泼洒3~6天。

一般3~7天后，牛粪水变成暗红色，淤泥上翻，臭味下降。颜色变成暗色且基本无臭味时就变成了液态有机肥（一般需要10~20天），可以直接抽取进行作物浇灌，不会烧苗烧根。

以后只要长期在粪污池入口滴入激活的"畜禽流体粪污快速发酵剂"即可自动发酵，抽取最后一个池浇灌农作物即可。

（二）将牛粪水处理成农灌水标准的处理方法

购买专业的处理产品"养殖场污水生物处理剂"（1千克/包，市场价格约40元，处理牛粪水在30~50立方米），将每包产品与1千克红糖、20千克温水混合激活24小时备用；处理池至少要达到3级沉淀池；残留陈年牛粪水建议按照方法1进行快速处理，对新的牛粪水再按照此方法处理。

将激活的菌液长期滴入牛粪水第一级储粪池入口，并在现有储粪池中洒入500立方牛粪水，连续泼洒7天，7天后每3天泼洒1次。一般3~7天牛粪水变成暗红色，淤泥上翻，臭味下降，15天左右第二级池和第三级池一般可以种植水生植物形成植物过量，25天左右达到农灌水标准。

今后只要保持在第一个储粪池入口长期加入菌种即可。

中小牛场污水低成本处理达标农灌水方案，温度越低处理时间越长。

（1）处理后流到鱼塘（鱼塘之前的废水全部处理完毕），鱼塘排出口的水质能够达到排放标准（COD 400以下、氨氮80以下、总磷8以下，其实会更低，能够达到养殖四大家鱼的水质）。处理1立方污水成本1~3元。

（2）所有沉淀处理池最好是在像透明封闭的温室一样的大棚内，防雨还能够四季处理不受影响（因为温度越低处理时间越长）。池的深度为 2 米左右，错位对着池顶部下面 15 厘米处开口流到下一个池，3~6 级池排出方向可以种植一半面积的水生植物，进行植物过滤。

（3）沙滤过滤池就是在一个池内 Z 字形或 S 形水池放置细石渣与沙子，从一侧中下部缓慢流入，对着 30 厘米滤出，原则上面积越大，过滤长度越长，效果越好。即使当前达标也不能排放，只能排到自己的田地与鱼塘中。

通过上述处理技术，养牛场的环保问题与粪污资源化问题就能在不增加设施投入的情况下就轻易解决了，且允许成本低廉。

当然，当前最简单有效解决环保问题的养牛技术是采用薄垫料发酵床技术，这种模式不需要投资环保设施，便能轻松解决环保问题。现代生态养牛技术，千头牛场可以连沼气池、污水处理系统都不需要，就可以节省约八成用水，节约一半以上的人工成本。

加强型堆肥快速腐熟剂，粪污资源化即将牛羊兔等粪便发酵，将有机垃圾发酵成高级微生物丰富的有机肥。

畜禽流体粪污快速发酵剂，一体化将养殖场粪污资源化为低成本、简单、快速的解决方案产品，液体肥料生产剂，将稀烂粪污和重度污水直接发酵成有机肥，一次性解决养殖场环保与粪污资源化问题。

养殖场污水生物处理剂，替代生化泥且效果更好，能快速降低重度废水（污水）臭味、COD、氨氮、总磷等专业生物菌种，使污水处理达标变得简单、高效、成本低廉。

四、发酵床养牛效果好

使用薄垫料发酵床技术，可以在栏舍上建设干净健康的牛场。不用拴牛，不需要每天清扫牛粪，节约一半以上人工成本，不需要投资环保设施（仅需堆粪棚即可），牛健康病少，几乎无臭味，极少吸引苍蝇。

几乎不需要改变设施，仅需在地面铺设 20 厘米厚的锯末用于接种菌种即可。

拥有发酵床养牛这一现代生态技术，千头牛场可以连沼气池、污水处理系统都不需要，还可节省约八成用水。

传统养牛模式与发酵床养牛模式对比：

中小养牛场（存栏 3000 头以内均可）实施本技术，甚至可以连沼气池、污水处理系统都不需要，就可以解决牛场污染等诸多问题，且牛体上干干净净的，发病率和淘汰率都大大降低，牛肉的质量也明显提高，还能够节约三分之二的

水（不需要冲水洗栏）以及减少至少一半的人工费用，并能达到现代生态养殖的标准。

发酵床养牛不仅可以解决牛场带来的污染问题，而且还能使牛体和牛舍保持干净卫生，从而显著降低牛的发病率。在发酵床上的牛连口蹄疫类的疾病都极少发生。

传统养牛每头牛一天的排便量是 50~60 千克，约等于 20 头猪的粪便量，所以发酵床养牛要有一定的饲养密度。根据牛的体重来定，一般一头 100 千克左右的牛占地 2 平方米，一头成年小牛的占地 6~8 平方米，一头成年大牛占地 10~15 平方米。合理的饲养密度是发酵床养牛成功的原因之一。

薄垫料发酵床生态养牛运行中，牛粪是需要人工每天铲出的，另外集中使用微生物发酵（或者将集中的牛粪铲起分散到干燥区），但部分牛粪与牛尿被微生物分解转化为可被牛食用的无机物和菌蛋白质，而且垫料中的木质纤维和半纤维也可被降解转化成易发酵的糖类，给牛提供了一定的蛋白质等营养。虽然牛的排粪量大，但是牛粪容易分解，含氮量少，因此微生物降解氮的速度很快。

另外，尽管发酵床生态养牛每天还是需要人工清粪，打扫圈舍，但不需要冲洗和考虑养牛带来的污染问题了，因为牛尿都被垫料全部吸附并蒸发了，因此这种养殖方式一方面可减少饲养人员，节省人工支出，另一方面又节省了水费。

发酵床生态养牛不同于一般的发酵床制作，因为牛的体重比其他畜禽要重几倍，所以常规的发酵床垫料不能承受牛的体重。然而发酵床养牛经过不断地实践探索总结出一套适合养牛的发酵床技术，即垫料不论采用何种方法，只要能达到充分搅拌，让它充分发酵就可以。

1. 确定垫料厚度

有两种模式：一种是分两个区域，在温度较低的北部，距离饲槽 2~3 米可以使用 10~30 厘米垫料（高温季节的垫料厚度为 10~20 厘米，低温季节为 30 厘米），其他区域的垫料厚度为 60 厘米左右，使用锯末作为原料，一般可以使用 2~3 年；另外一种为广西现在普遍使用的模式（无霜冻的地区采用），只需要全部区域垫 10~30 厘米的材料（材料可以是各种切碎的杂草、玉米秸秆、甘蔗渣、锯末等），使用半年左右清理更换一次（注意：如果需要大量的牛粪作为有机肥销售，可以 20~30 天更换一次，牛的养殖密度增加，垫料可以使用当地大量廉价的各种农作物秸秆、蔗渣、菌糠、稻草、树叶等）。

2. 计算材料用量

根据季节的不同、牛舍面积的大小，以及与所需垫料的厚度计算出所需要的锯末、秸秆、稻草以及益生菌种的使用数量。

3. 垫料准备

直接将全部锯末（不是刨花）作为垫料，接种菌种。如果是杉木、松树的锯末，每20平方米使用1包"加强型活力发酵床复合菌"，并与5千克玉米粉混合使用；如果是速生桉的锯末，需要按前面的比例将菌种与玉米粉混合，使含水量为55%左右，然后压实薄膜覆盖进行发酵，发酵一周后进行使用。

将发酵好的垫料摊开铺平，覆盖面整平，然后等待24小时后方可让牛进舍。当牛在圈中跑动时，如果表层垫料太干，就会出现灰尘，这说明垫料干燥，水分不够，应根据情况喷洒些水分，便于牛正常生长。因为整个发酵床中的垫料中存在大量的微生物菌群，通过微生物菌群的分解发酵，可以使发酵床面一年四季始终保持在25℃左右的温度，这样能够为牛的健康生长提供了一个优良环境。

4. 发酵床养牛不适合拴养

由于发酵床需要牛粪尿分散才能让其更好地分解，也需要牛在发酵床中运动促进粪尿的分解，因此发酵床养牛必须要把牛全部放开，不适合拴养。开始放开时，部分公牛可能会打架，这是一个过程，很快就不会有这个问题，对于个别打架严重的公牛，可以将其关在独立的发酵床栏舍中。

作为养殖户，要大胆地将牛栓解开。众多养殖场采用发酵床的养殖方式证明，将牛栓解，开放开在发酵床上是没有问题的，能达到更好的效果。如果牛栓不解开，牛将在固定的地方排泄，就会造成发酵床局部板结、死床，失去了发酵床养殖的意义。

五、发酵床生态养牛的日常操作

（1）铲出或分散集中的牛粪。这是非常关键的技术，虽然发酵床可以分解牛粪，但容易形成板结并缩短使用寿命，每天铲出的牛粪都为干粪，使用微生物进行发酵（如"堆肥快速腐熟剂"，1包可以发酵3吨牛粪，在每天温度超过70℃的条件下，10天左右就能发酵完成），或者将集中的牛粪铲起分散。这个工作量不大，只占过去全部铲出牛粪工作量的五分之一到十分之一。但铲出或分散集中的牛粪具有非常重要的作用，能够提高发酵床的质量和使用寿命，且铲出的牛粪由于比较干爽，因此更容易发酵（使用"加强型堆肥快速腐熟剂"进行发酵）。

（2）对牛尿集中的地方，垫料需进行分散和翻耙。广西助农公司推广的这种发酵床垫料技术几乎不需要翻耙，只需要对牛粪集中与垫料明显过湿的地方进行简单翻耙即可，并将过湿的垫料分散到干垫料区域中。

（3）如果发现垫料过干而造成扬尘，要适当补水。可以使用"高效持久生物除臭消毒剂"，不仅补水而且还进行了消毒，1包"高效持久生物除臭消毒剂"市场价格20多元，可以消毒700平方米左右的区域。广西现代生态养殖技术规范与发酵床养牛栏舍内是不允许使用化学消毒剂的，而使用生物消毒剂不仅可以除臭和消毒，而且喷洒到牛体上也是没关系的。

（4）菌种一般每3个月补充1次，每40~60平方米补充1包"加强型活力发酵床复合菌"即可。

（5）遵循每天将新鲜牛粪铲出或分散另外集中发酵的原则，使用锯末垫料一般可以使用2~3年，使用秸秆等材料一般可以使用6个月到1年，到使用期限时重新更换即可。发酵床菌种1包60元，一般可以运用在20平方米的发酵床生态养牛上，成本低廉。

（6）长期在饲料中添加微生物产品（益生菌，如"牛羊养殖专用复合益生菌"），或使用发酵饲料、青贮饲料等，达到微生物饲料化的目的，不仅能够降低料耗，还能够明显提高牛的抗病能力和改善肉质等。

（7）发酵床垫料养牛会热吗？牛在垫料上夏天时不会感觉到炎热，因为垫料只有15~30厘米厚，且含水量在45%，湿润让发酵床表面还有点微微的凉爽；垫料下部的温度一般维持在35℃左右，在低温季节就会感觉是一个温床，不需要电热加温牛就会感觉到很舒适。

（8）成本计算。菌种成本每平方米大约3元，每3个月补充0.5~1元；垫料成本根据不同材料与区域而定。

综合上述操作，牛场几乎无液体污染需要处理（垫料吸附了），并且牛粪得到了及时的集中发酵，因此整个牛场几乎无明显臭味，苍蝇极少，甚至不需要任何的污水处理系统。使用三个月以上时，在有的牛场甚至连一盒兽药都没有见到。

第七章　生猪的绿色生态养殖技术

第一节　无公害生猪饲养生产技术要点

猪肉是我国人民群众最主要的肉食品。当前，影响猪肉安全的主要因素，一是疫病，二是有害物质残留严重。很多生猪疫病会传染给人，引起人发病，甚至引起人死亡；猪肉中大量药物、重金属等有害物质的残留，也严重危害着人类的身体健康。因此，确保猪肉质量安全非常重要。在我国现阶段，人们食用猪肉还是以采购生猪肉自己加工熟制为主，所以确保人民群众食用猪肉安全的关键，除了在生猪屠宰环节要防制污染外，重点是要采用无公害的生产饲养技术，确保出栏屠宰的生猪达到无公害标准。根据现代养猪业的发展，无公害生猪饲养生产技术的主要内容有以下几个方面。

一、选择饲养场场址要科学

新建的养猪场，应选择在周围没有污染的地方，并远离交通要道、居民区、市场等。同时，养猪场应建在地势高燥、背风向阳的地方，要有利于排污排水、保暖降暑、搞好环境卫生，最好养猪场地还要有清洁无污染的生产用水和饮用水水源。

二、采用合理的饲养生产方式

关键的几点：一是饲料营养要全面，质量要好，应根据生猪不同阶段的营养需要，采用不同的配合饲料，切不可饲喂霉变的饲料；二是饲养程序要合理，最好是采用母猪乳猪、保育猪、育成猪等分段分区饲养；三是饲养密度要合理，切不可密度过高，以免降低生猪抵抗力；四是根据营养状况、饲养技术水平，确定仔猪断奶的日龄，并使用科学的断奶技术，防止仔猪腹泻等病的发生或生长不良。此外，猪舍必须注意环境清洁卫生，防暑降温，防寒保暖，保持栏舍干燥和生猪安静等。

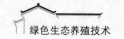

三、采取综合防疫技术

由于动物及其产品的大流通，世界各地动物疫病互相传播，动物疫病种类不断增加，发生的原因越来越复杂，动物的防疫工作难度越来越大，只依靠某一种防疫技术难以防制动物疫病的发生。应该采取免疫、消毒、隔离、疫情监测等为主要内容的综合防疫技术。以合理的免疫程序，提高生猪的抗病能力；用有效的消毒措施，消灭环境中的病原微生物；采取严格的隔离办法，将病原微生物拒之于门外；通过定期的疫情监测，及时清除疫源，把疫病扑灭在萌芽状态；引进和出售生猪时，必须经过动物防疫监督机构检疫人员的严格检疫把关。通过综合防疫技术，努力建立起饲养场的生物安全体系，这不仅能确保生猪安全，而且减少了药物的使用，降低了药物在生猪体内的残留。

四、严格按照国家规定，使用兽药、饲料和饲料添加剂

给生猪用药是防治疫病、确保生猪健康生长的重要手段。但是兽药和饲料添加剂使用不当，会产生严重的后果，或引起生猪中毒，或用药无效，或造成药物残留。因此用药必须做到以下几点：

（一）禁止使用国家规定的禁用药物

为了保护人类，世界许多国家规定了很多药物禁用于食品动物。我国也以法律的形式做同出了类似的规定，如农业部等先后以第 176 号公告、第 193 号公告等法律文件，公布了在食品动物中禁止使用的药物种类，最高人民法院最高人民检察院的司法解释还规定了如果使用这些禁用药物将承担的法律责任。因此，生产无公害生猪，首先是了解并不得使用国家规定的禁用药物。

（二）使用批准合格的兽药、饲料和饲料添加剂

由于目前兽药、饲料和饲料添加剂市场还不够规范，因此市场上还存在一些非法生产的兽药、饲料和饲料添加剂。这些非法兽药、饲料和饲料添加剂往往质量低劣、效果差，有的还含有有毒有害的物质。所以在选购时，应到国家批准的生产企业或经营部门采购。购买药品时还要仔细察标签和说明书内容是否符合农业部第 22 号令和第 242 号公告的规定，检查药品的外观性状与标签上标明的是否一致。不符合规定的，不予采购。决不贪便宜购买非法生产经营的产品。对购买的饲料和饲料添加剂，除仔细察标签外，必须了解产品中所添加的药物是否符合国家规定、是否符合本饲养场的需要。如果使用含有不明确药物的饲料和饲料添加剂，当生猪发病后易造成重复使用药物，延误病猪治疗时间，造成更大的损失。

为保证兽药、饲料和饲料添加剂的质量，应对供应商进行实地考察，确定

能保证质量安全的供应商；有条件的，应对采购的产品定期进行质量和卫生安全指标监测，防止使用含有禁用药物或重金属等有害物质的产品。

（三）合理使用兽药，严格执行停药期

由于兽药种类繁多，不同种类的兽药有不同的功效和适应证，因此防治不同的病，应使用不同的药，即做到对症下药。而盲目用药，不仅造成药物浪费，增加生猪体内药物残留，还会引起饲养场内耐药菌株大量产生，影响药物防病治病的效果。药物本身具有一定的毒性（有的毒性还相当的大），大量使用后对生猪本身造成伤害，轻者影响其生长发育，重者会引起生猪发病死亡。所以在用药物防病前，首先要查清养殖场的主要病原菌及其对药物的敏感性；在用药治病前，首先对病做出诊断，有条件的对病原菌进行药敏试验，以选用对病原菌敏感的药物，取得事半功倍的效果，这样就可以避免盲目用药，减少药物的使用。切不可滥用、乱用药物。

五、建立质量安全追溯制度

一是建立各种记录档案，包括完整的饲料、饲料添加剂、兽药采购、使用记录、生猪健康档案、免疫和消毒记录、生猪转栏出栏记录等；二是建立生猪疫情监测档案，定期或不定期对猪群进行主要疫病的监测并记录；三是建立饲料、饲料添加剂和兽药等投入品和生猪质量安全监测档案，定期或不定期地对投入品的质量安全状况和育成阶段生猪体内有害物质残留状况进行监测并记录。

总之，养猪场只要严格执行国家的有关法律，做好生猪疫病的防治工作，不使用禁用药品，不使用含有有毒有害物质的饲料和饲料添加剂及水，坚持执行兽药使用停药期，饲养的生猪就能达到无公害的标准。

第二节　现代化养猪及其配套技术

一、现代化养猪及其特点

1. 集约化养猪的含义

集约化养猪是指以"集中、密集、约制、节约"为前提，按照养猪生产的客观规律，根据各地区的自然、经济条件而采取的对猪群、劳动力、设备的合理配置和适度组合的经营形式。集中是指大量的猪集中在一起饲养，即猪场的规模大，猪的群体大；母猪的发情较集中；猪群内不同类型的猪分区集中。

密集是指饲养密度大，各类单位猪的占地面积小，同样面积猪栏饲养猪的数量比传统养猪的头数多。

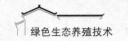

约制是指对猪群进行控制，主要表现在母猪发情控制、同步发情、妊娠母猪的限位栏饲养、控制膘情及高床限位栏产仔，控制母猪活动进行哺乳。

节约是指生产周期短，节约时间；设备水平高，劳动生产率高，节约劳动力；种猪限量饲喂及育肥猪饲喂全价料，生长速度快，节约饲料。

2. 工厂化养猪的含义

工厂化养猪就是指以工业生产的方式，采用现代化的技术和设备，进行高效率的养猪生产，使猪群的生长速度、饲料利用率以及猪场的劳动生产率都达到高效率。工厂化养猪是现代化养猪的重要组成部分，也是以工业生产方式安排生产，做到品种杂优化、设备机械化、饲料功能化、环境标准化、生产工艺化、作业流水化、免疫程序化、产品规格化批量化的一种养猪生产形式。

3. 与传统养猪的主要区别

（1）区别。目的、投入与产出、经营方式、规模、品种与饲料、饲喂方法与操作定额、环境、效果等不同。

（2）养猪技术的发展。①品种与杂交。引进品种占主导地位。②繁殖技术。实行早期断奶技术，人工授精或人工授精与本交相结合。③饲料与饲养。饲料功能化，实行标准化饲养。④猪舍建筑。布局合理，自繁自养的综合性猪场，要注意防止污染和保护生态平衡。⑤机电设备。自动化程度较高，多采用半机械化或机械化。⑥疫病防治。建立现代化严格的卫生防疫体系。⑦企业经营管理。采用现代企业经营管理体制，管理手段智能化。

4. 特点与优越性

（1）特点。连续性、均衡性和节奏性是集约化、工厂化养猪生产的特点。具体地讲，集约化养猪的特点是：具有先进的科学技术、设备条件、生产工艺，而且要求劳动者有较高的文化和业务素质的专项劳动素质。集约化养猪表现出猪的生长速度快、饲料利用率高、劳动生产率高、规模效益大的优势。

（2）优越性。集约化、工厂化养猪的优越性主要表现在繁殖效果、饲养效果和提高劳动生产率三个方面：①繁殖效果，主要表现在产仔数、断奶成活率和断奶窝重三个方面；②饲养效果，主要以增重速度、单位增重的饲料消耗及胴体性状来反映；③劳动生产率，一个万头猪场，集约化、工厂化比传统式要节约人工100名以上。

但在同等生产规模的前提下，集约化、工厂化与传统式养猪在占地、投资、耗能、节水等方面却各有所长。

二、现代化养猪的配套技术

（一）生产工艺化

采用流水式的生产工艺流程，使整体形成依照固定的周期进行节奏稳定、联结紧密、均衡有序的规格化生产工艺，是集约化、工厂化养猪生产的核心和纲领。

1. 流水式的生产工艺流程的含义和特点

（1）含义。流水式的生产工艺流程是指按照养猪生产的 6 个环节（配种、怀孕、分娩哺乳、保育、生长、肥育）分阶段饲养，并按照一定的方式和要求进行流动，组成一条生产线来进行生产，又叫作分阶段作业流水线生产工艺或分阶段饲养技术，是现代化猪场采用的一种生产流程。

（2）特点。连续流水式生产，早期断奶，全进全出（解释具体操作方法），集约化饲养。其特点概括为八个字：集中、密集、约制、节约。

2. 转群工艺流程

目前的转群工艺流程主要有三种，不同工艺流程取决于设备条件及划分阶段等情况，要根据具体情况灵活掌握和应用。

（1）一次转群工艺流程。见图 7-1。

图 7-1　一次转群工艺统程图

（2）二次转群工艺流程。见图 7-2。

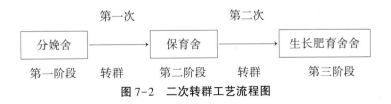

图 7-2　二次转群工艺流程图

（3）三次转群工艺流程。见图 7-3。

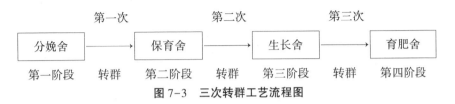

图 7-3　三次转群工艺流程图

如果加上母猪的转群，则上述三种工艺流程相应增加一个饲养阶段，分别叫作三、四、五阶段饲养工艺。

3. 生产工艺流程

为了充分合理地利用猪舍、猪栏以及公猪，全年生产分批节律性进行。批量大小及节律与猪场的规模有关，生产节律有 1、3、4、6、8、12、18、56 日制。猪场规模越大，节律越快。

引进至美国三德畜牧设备公司的养猪生产线，一套生产线包括猪舍 6 幢。其中配种妊娠舍、分娩舍、保育舍、生长舍各一幢，育肥舍 2 幢。母猪 500 头，年产 2.2 胎，每窝育成 9 头，年断奶仔猪 9900 头。这套生产线的节律是 7 日制。每周有 25 头母猪配种，20 头母猪分娩产仔（怀胎率 75%~85%），每周产仔 190 头，断奶 180 头（哺育率 94.7%），每周出栏肥猪 170~176 头。母猪在第一周配种，第 15 周进入分娩舍，第 16 周产仔，第 20 周断奶，第 42 周出售肥猪。这样一条生产线占地 1.2 公顷。各类猪舍的建筑面积，及饲养头数见表 7-1。

表 7-1　猪舍建筑面积及饲养头数

舍　别	建筑面积（平方米）	饲养头数（头）
种猪舍	992.3	母猪 400，公猪 25，哺乳母猪 80，哺乳猪 680，哺乳母猪 20，仔猪 900~1200，生长猪 720~960，育肥猪 600~800
分娩舍	545	
分娩和保育舍	421.4	
生长舍	604	
育肥舍	700.6	
办公室及更衣室	65.4	
走廊（连通 6 个猪舍）	170.7	
合计	4200	4005~4965

4. 生产技术要点

流水式的生产工艺流程的正常运转，要掌握一定的技术要点。

（1）猪群整齐。猪群来源一致，配种时的体重、日龄尽量一致或接近（进种猪时须考虑）。

（2）合理分群。以产床和公猪的利用及生产节律为依据，进行合理分群，即产床年可利用 6~7 次，在产房的母猪占母猪总数的 2/7~1/3。公猪的配种强度较大，如果采用 1 日制生产节律，则每批母猪与配种公猪的比例为 1∶1.2~1∶1.3；如果采用 7 日制生产节律，则母猪与公猪的比例为 5∶1。节律越快，母猪批量越小，公猪的利用率越高，公猪量越少，配种成本越低。

（3）控制发情。流水式作业生产，要求每批母猪同步发情，须采用性激素控制母猪发情。控制发情应从后备母猪配种前 40 天开始，同一批在同一时间注射孕激素（抑制）或雌激素（催情），实现同期发情的第 2~3 个发情周期再进行配种，这样才能保证正常的繁殖性能。

（4）更新种猪。对于不能正常发情、屡配不孕、习惯性流产、死胎较多、哺育效果差（奶水不足或母性差）的母猪要及时淘汰。种猪的使用年限取决于使用强度，根据使用年限计算种猪的淘汰率，根据淘汰率及时淘汰和补充种猪，以保证生产的正常运转。

（5）保证饲料。使用高性能的功能性饲料，使生产达到最大效益。

（6）母猪限饲。优点是：根据母猪体况、体重、生理阶段定量饲喂；避免争食咬斗；便于观察母猪发情和进行配种（人工授精）；可以防止母猪压死仔猪；节省饲料。缺点是：母猪利用年限缩短，淘汰率上升；母猪发情不正常和难产比例上升。

（二）管理程序化

为了保证流水式的生产，必须实行规范化、程序化的管理。管理程序主要包括生产程序、工作程序、防疫程序及粪尿处理程序四个方面。

1. 生产程序

规范化的生产程序是按配种→妊娠→分娩→保育→生长→育肥六个步骤进行的，不同步骤的技术要求不同。生产程序是一切工作的核心和总纲（制定生产成绩水平，如妊娠率、分娩率、胎产活仔数、平均初生体重、离乳育成率、平均离乳体重、平均日增重、饲料利用率等）。

2. 工作程序

工作程序是集约化、工厂化养猪的主体内容。主要指配种、分娩、保育环节的工作程序和常规饲养管理工作程序。

（1）常规饲养管理程序。常规饲养管理工作，从两个角度制订程序：一是按周（以周为节律）执行的工作程序；二是按猪的类型执行的工作程序。

（2）按生产环节规定的饲养管理工作程序一般以周进行安排。

3. 防疫程序

主要是指小猪、母猪、公猪的防疫程序与日常的卫生、消毒工作。

4. 粪尿处理程序

目前大致分为四种处理方式：非水冲式粪尿处理程序、水冲分离法粪尿处理程序、水冲稀释法粪尿处理、水冲沉淀法粪尿处理程序。

（三）环境标准化

标准化的环境是集约化、工厂化养猪的特色之一。在集约化、工厂化养猪的方式下，猪群都处在强制状态，环境因素对猪的生产效果的影响非常突出。建立标准化的环境是保证养猪生产顺利进行和提高生产力的重要途径。环境标准化主要包括生态环境标准化、气候环境标准化和卫生环境标准化。

1. 生态环境标准化

生态环境包括猪场与其他畜牧场的距离、猪的群居环境及圈养密度三个方面。

（1）猪场与其他畜牧场的距离。

（2）猪的群居环境。猪的单饲、群饲及群饲群体的大小都对生产存在着影响。

①单饲与群饲的比较。饲养对育肥猪增重的影响见表7-2。

表7-2　饲养对育肥猪增重的影响

组　别	头平均活重（千克）		平均日增重（克）	平均增重耗料（千克）
	初重	末重		
A（11头，个体栏）	27.1	96.2	590	1
B（22头，群养单饲）	27.5	84.6	488	2.51
C（22头，群养群饲）	27.5	80.9	463	4.79

②群饲不同头数的饲养效果比较。表7-3为每日12小时内猪的行为情况（平均小时数）。

表7-3　每日12小时内猪的行为情况（平均小时数）

组　别	睡卧休息	站立与活动	采　食	饮　水	排粪尿
A	9.23	0.50	1.76	0.84	0.02
B	6.35	3.26	1.94	0.34	0.09
C	6.69	3.19	1.74	0.31	0.07

（3）圈养密度。在群养的情况下，每头猪的平均占地面积反映圈养密度。研究表明，若群养头数的增加或密度的增大超过合理密度，则猪的平均日增重和饲料利用率均有下降趋势（如表7-4、表7-5所示）。

表7-4　每栏猪头数与猪的生产力

组　别	每栏头数（头）	试验期总增重（千克）	平均头日采食量（千克）	平均增重耗料（千克）
1	3	42.8	2.56	4.15
2	6	42.5	2.32	3.79
3	12	42.2	2.26	3.71

表7-5　圈养密度对肉猪生产力的影响

指　标	密	标　准	一　般
每群养猪数	10	10	10
30~50千克猪每头占床面积（平方米）	0.3~0.37	0.45	0.6
75~100千克猪每头占床面积（平方米）	0.55	0.68	1.10
每头猪每天消耗饲料（千克）	2.31	2.48	2.59
平均每头日增重（克）	531	622	613
平均增重耗料（千克）	4.33	4.00	4.25

在集约化、工厂化条件下，各类猪的合理饲养密度见表7-6、表7-7。

表7-6　各类猪群圈养密度技术参数

技术参数	猪群类别	每栏猪头数（头）		每头占床面积（平方米）	
		商品场	育种场	商品场	育种场
群养栏	后备公猪	10	10	2	2
	空怀与妊娠前期母猪	25	20	1.5	1.8
	妊娠后期母猪	2	2	2.5	2.5
	育成猪	30	30	0.25	0.3
	后备母猪	30	30	0.5	0.7
	肥育猪	50	—	0.5	—
	淘汰成年育肥猪	70	—	0.7	—
	种公猪	10	—	2.5	—
个体栏	种公猪	1	1	7	7
	妊娠后期与泌乳母猪	1	1	5	6
分隔栏	母猪	1	1	1.3	1.3

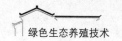

表7-7　各类猪占地面积及每栏猪头数推荐值

猪　别	体重（千克）	地面类型和每头猪最小占地面积（平方米）			每栏头数
		实体面积	部分漏缝地板	全漏缝地板	
带仔母猪	—	3.25	3.25	3.25	—
断奶仔猪	4~11	0.37	0.26	0.26	20~30
架子猪	11~18	0.56	0.28	0.28	20~30
育肥猪	18~45	1.12	0.74	0.74	10~15
配种母猪初产	45~68	1.40	1.12	1.12	10~15
配种母猪经产	68~95	1.67	1.40	1.40	10~15
妊娠母猪初产	113~136	1.58	1.30	1.30	12~15
妊娠母猪经产	136~227	1.67	1.40	1.40	12~15

2. 气候环境标准化

舍内小气候环境对猪生产性能的影响较大，主要包括温度、湿度、光照、气流及噪声等，其中最重要的因素是温度。从气候环境出发，新建集约化、工厂化猪舍时，气候环境设计主要参数见表7-8、表7-9。

试验证明，在人工气候条件下，对体重45~158千克的肥育猪，依体重增加将舍温由22.8℃逐步下降到10.3℃，可获得最高日增重。

表7-8　各类猪舍建筑中的主要技术参数

猪舍种类	舍温（℃）	光照（lx）	采光占地面积（平方米）	相对湿度（%）	噪声（dB）	调温风速（m/s）
种猪舍	16~18	110	1/10	75	50~70	0.3
分娩猪舍	22~23	110	1/10	75	50~70	0.3
分娩舍中的仔猪	28~30	110	1/10	75	50~70	0.25
育成猪舍	16~18	80	1/10~1/12	75	50~70	0.3
肥育猪舍	16~18	20	1/20~1/25	75	50~70	0.3

表 7-9 仔猪舍气候环境设计参数

指标项目	仔猪舍		
	冬 季	春 季	夏 季
进气量（千立方米/小时）	9	18	36
每头供气量（立方米/小时）	15	30	60
猪舍排气量（千立方米/小时）	9	18	36
气流速度（米/秒）	0.2	0.2	0.5
舍内温度（℃）	22	22	23
相对湿度（%）	30~75	30~75	30~75
氨气浓度（毫升/升）	0.02	0.02	0.02

3. 卫生环境标准化

猪舍的卫生环境包括舍内有害气体、尘埃微粒、病原微生物、寄生虫以及饮水的质量等几个方面。

影响卫生环境的主要因素包括粪便、湿度、气流、饲料微粒和灰尘微粒等。不良的卫生环境直接影响猪的健康和生产性能。猪舍内二氧化碳、氨气和其他有害成分的增加，甚至非有害成分的增加，都会降低猪的抵抗力，降低其健康水平，引发猪相应的疾患并易感传染病，从而降低其生产力。比如：空气中直径 1~3 微米的尘埃达到 300 毫克/立方米时，影响猪的生长；87%患肺炎的猪发生于尘埃最多的猪舍；换气不良的猪舍，由于舍温升高，粪便发酵，二氧化碳和氨气含量增加，超过规定量（0.18%）的 1 倍，因此猪患呼吸道疾病感染率提高。卫生环境对仔猪的影响更大，主要表现在仔猪生长缓慢、精神不振、食欲减退、血红素降低、碱储量降低、白细胞增加、咳嗽等病态反应。

导致不良卫生环境的主要原因是粪尿处理不及时、通风不良。搞好猪粪尿的处理和加强通风换气可有效地改善猪舍的卫生环境。

第三节 生猪标准化规模养殖综合技术

一、选址与设计

（一）选址与布局

（1）规模化猪场建设用地应符合相关法律法规与区域内土地使用规划，场址选择不得位于《中华人民共和国畜牧法》禁止的生活饮用水的水源保护区、

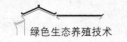

风景名胜区，以及自然保护区的核心区和缓冲区；城镇居民区、文化教育科学研究区等人口集中区域；法律、法规规定的其他禁养区域。

（2）应选择地形整齐、开阔，地势高燥、平坦、向阳，土质坚实、未被污染，水质良好、水源充足，供电和交通方便的地块建设猪场。应距铁路、公路、城镇、居民区或其他公共场所 1000 米以上，并应位于居民区的下风向或侧风向。距屠宰厂、畜产品加工厂、垃圾及污水处理场、旅游区 2000 米以上。

（3）占地面积应符合生猪养殖需要，每头出栏猪占地面积为 3~4 平方米。

（4）场区总体布局做到生产区与管理区分开，生产区内母猪区、保育与生长区分开，并应设有粪污处理区与病死猪无害化处理区。

（5）应根据生产工艺流程确定猪舍的种类和布局，按配种舍、妊娠舍、分娩哺育舍、保育仔猪舍、生长猪舍、肥育猪舍和装猪台进行排列。

（6）应根据当地的主风向和地理位置确定猪舍朝向，猪舍的理想朝向是坐北朝南偏东 15~20 度。

（7）每相邻两栋猪舍的间距不应小于一栋猪舍的宽度，一般应为 12~15 米。

（8）场区内分设净道和污道。净道一般位于场区中部靠近每栋猪舍管理间一端，用于饲养人员出入和饲料的运送，进口与场区大门相通；污道一般位于猪舍的另一端，用于运送粪污，出口与堆粪场相通。

（9）场区周围应建设围墙或防疫沟，并建绿化带。同时应保证围墙、绿化带不影响猪场的通风。

（10）养猪场应设明显的防疫标志，场区入口应设有车辆、人员消毒池，生产区入口有更衣消毒室，对外销售的出猪台与生产区保持严格隔离状态。

（二）猪舍及其附属设施

（1）应综合生产工艺流程和技术水平等多种因素进行猪舍的设计与建造，要求设计科学、技术先进、经济适用。

（2）猪舍建筑宜采用单层矩形平面，不宜采用 T 形、H 形平面。猪舍长度和跨度可根据生产工艺和场区规划要求设置，一般长度以 45~75 米为宜，跨度以 9~12 米为宜，舍内净高以 2.4~2.6 米为宜。

（3）猪舍可用混凝土、条石、砖混墙做基础，埋置深度因猪舍自重大小、地下水位高低、地质状况不同而异。为防止水通过毛细管向上渗透，基础顶部应铺设防潮层。

（4）猪舍墙体要坚固耐久、保温隔热、防潮、防火，可选择内夹保温板的复合墙体。内墙面要平整光滑，距地面 1 米高要做水泥砂浆墙裙。

（5）猪舍屋顶可根据跨度大小采用单坡、双坡等形式，要求屋面轻便、防水、耐火。屋内要设置天棚，要求天棚保温隔热、不透水、不透气、防潮、耐火、表面光滑平整。

（6）窗应自地面 1.0~1.1 米起，窗顶距屋檐 40~50 厘米，两窗间距为窗宽度的 2 倍，多设南窗，少设北窗，以能保证夏季通风为宜。门能保证人、猪的顺利出入和运料、除粪的需要，一般要求猪舍外门宽 1.2~1.5 米，高 1.8~2.2 米。外门的设置最好避开冬季的主风向，必要时加设门斗。

（7）猪舍地面要坚实、平整、不光滑、不渗漏、耐消毒液浸泡和水冲洗。如为实体地面饲养时，要求猪只趴卧区具有较好的保温性能，宜将此部分做成保温地面；地面自猪床向排水沟（或集尿沟）要有 1%~2% 的坡度。

（8）公猪栏长 2.5~3.0 米，宽 2.8~3.0 米，高 1.2 米。如为栅栏式猪栏则隔条间距为 12~15 厘米。

（9）空怀待配母猪和妊娠母猪叮采用小群饲养，也可采用单栏饲养。空怀待配母猪和妊娠母猪群养栏长 2.8~3.2 米，高 0.9 米，宽度应根据每栏饲养头数、每头占栏面积确定。妊娠母猪单养栏长 2.2~2.3 米、宽 0.6~0.7 米、高 1.0 米。

（10）哺乳母猪宜采用高床网上饲养，也可采用实体地面分娩哺育栏。可按每存栏能繁母猪 100 头配置 24 个产栏来配置分娩哺育栏。高床网上分娩哺育栏长 2.2~2.3 米、宽 1.7~1.8 米，内设宽 0.6~0.7 米、高 0.95~1.05 米的限位架，四周设高 50 厘米的仔猪实体或栅栏围栏，如为栅栏围栏，隔条间距为 5 厘米。实体地面分娩哺育栏长 2.8~3.2 米、宽 2.8~3.0 米、高 1.0 米，如隔栏为栅栏则应使栏高 50 厘米以下部分隔条间距为 5 厘米，栏高 50 厘米以上部分隔条间距为 10~12 厘米。分娩哺育栏内应设置保温箱，保温箱内悬挂红外线灯或铺设电热板。

（11）保育仔猪宜采用全漏缝或部分漏缝高床网上保育栏饲养，也可采用实体地面的保育栏。高床网上保育仔猪栏长 1.8~2.0 米、宽 1.8~2.0 米，实体或栅栏围栏高 0.7 米，如为栅栏围栏，隔条间距为 7 厘米，饲养 10 头断乳仔猪；也可建成长 2.5~3.0 米、宽 2.4~3.0 米、高 0.7 米的保育仔猪栏，饲养 20 头断乳仔猪，如为实体地面饲养则应适当增加每头猪的占地面积。

（12）生长肥育猪可采用实体地面饲养。生长猪栏长 2.5~3.0 米、宽 2.4~2.8 米、高 0.8 米，饲养 10 头生长猪；也可建成长 2.8~3.2 米、宽 3.5~4.0 米、高 0.8 米的生长猪栏，饲养 20 头生长猪。如隔栏为栅栏则隔条间距为 8~10 厘米。

（13）肥育猪栏长 2.5~3.0 米、宽 3.6~4.0 米、高 0.9 米，饲养 10 头肥育猪；也可建成长 3.5~4.0 米、宽 5.5~6.0 米、高 0.9 米的肥育猪栏，饲养 20

头肥育猪。如隔栏为栅栏则隔条间距为 10~12 厘米。

（14）应配备与猪栏架匹配的食槽。固定饲槽一般用混凝土建造，坚固耐用，但卫生条件较差。固定饲槽的样式一般为长形，槽底为圆形或椭圆形。不同种类、年龄的猪用固定长度、宽度、高度的饲槽。自动饲槽主要用于仔猪和生长肥育猪。自动饲槽的样式有圆形和长方形两种，以长方形应用较为普遍，可单面或双面设采食口。

（15）应根据猪的种类和生长阶段，在猪栏内安装自动饮水设备。安装自动饮水设备时，应根据猪只的大小确定饮水器的高度，并保证水的流速、压力适宜。

二、选育与繁殖

（一）后备公猪的选育

（1）应根据繁育体系或杂交方案的要求对后备公猪进行选择，繁育体系中不同层次的后备公猪应来源于上一级场。

（2）应选择生长速度、饲料利用率和胴体瘦肉率等性能优异的个体作后备公猪。

（3）应选择肩胸结合紧凑、背腰平直、腹大小适中、肢蹄端正、行动敏捷的个体作后备公猪。

（4）后备公猪的睾丸应发育良好、大小相同、整齐对称，摸起来感到结实但不坚硬。

（5）后备公猪不应有隐睾症、阴囊疝、脐疝、乳头缺陷等遗传缺陷。

（6）后备公猪应健康状况良好。引进后备公猪时，至少应在配种前60天购入，经隔离观察、确认健康并适应新的环境后方可使用。

（7）后备公猪应饲喂专用后备公猪饲粮，保育期结束至体重90千克前可自由采食，体重90千克后应限制饲喂并进行适度运动。

（二）后备母猪的选育

（1）应根据繁育体系或杂交方案的要求对后备母猪进行选择，繁育体系中不同层次的后备母猪应来源于上一级场。

（2）后备母猪应具有优良的生长速度、饲料利用率和繁殖性能。

（3）后备母猪阴户发育良好，至少应有6对以上间距合理、突出、发育良好的乳头。

（4）后备母猪不应有疝气、瞎乳头、内陷乳头等遗传缺陷。

（5）后备母猪应体躯结构合理，肢蹄结构理想，体质健壮。

（6）后备母猪应健康状况良好，引进后备母猪时，至少应在配种前60天购入，经隔离观察、确认健康并适应新的环境后方可使用。

（7）后备母猪应饲喂专用后备母猪饲粮，保育期结束至体重90千克前可自由采食，体重90千克后应限制饲喂并进行适度运动。

（三）配　种

（1）应根据生产计划制订并执行配种计划。

（2）应采用人工授精技术，具体按《猪人工授精技术规程》操作。

（四）妊娠诊断

早期妊娠诊断对于缩短母猪非生产天数、提高母猪繁殖效率具有重要意义，所有配种后的母猪都应进行妊娠诊断。

（五）接　产

（1）母猪转入分娩舍前要淋浴，临产前用0.1%高锰酸钾水溶液擦洗外阴部及乳区。

（2）仔猪产出后应先用毛巾擦去口鼻中的黏液，然后再擦干全身，尤其是在冬季，擦得越快、越干越好。在仔猪脐带停止波动以后，将脐带中的血反复向仔猪的腹部方向挤压，在距仔猪腹部3~5厘米处用手指把脐带捻转至断或用剪刀剪断，断处用5%碘酒溶液涂抹消毒，然后将仔猪放入安全、保温的地方，如保温箱内。

（3）应对假死仔猪进行及时的救助。具体可用一只手倒提仔猪的两条后腿，用另一只手拍打仔猪的背部和肋部；或用药棉蘸上酒精、碘酊等刺激性强的药液，涂抹于仔猪的口鼻部，刺激仔猪的呼吸；或将两只手分别托住仔猪的头颈和臀部，使腹部朝上，进行屈伸做人工呼吸，如能将仔猪放入36~38℃温水中进行屈伸，效果更好，但仔猪的头部和脐带应漏出水面，待仔猪呼吸恢复正常后立即擦干全身。

（4）对难产的母猪，应首先查明难产原因，再决定采用药物催产、人工助产或剖宫产等方法。

（5）母猪排出胎衣后，应及时清理，同时将母猪阴部、后躯等处的血污清洗干净、擦干，被污染的垫草也应清除，换上新垫草；若产后3小时母猪仍没有排出胎衣，可注射催产素，两小时后可重复注射1次。

（6）仔猪产出后应尽快吃到初乳。必要时应剪掉犬齿、断尾，同时进行编号、称重并登记分娩哺育记录表。

三、饲养管理

（一）后备公猪的饲养管理

（1）应饲喂专用的后备公猪饲粮。

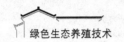

（2）保育期结束至体重 90 千克前可自由采食，体重 90 千克后应限制饲喂，控制脂肪的沉积，防止公猪过肥。

（3）后备公猪在性成熟前可合群饲养，但应保证个体间采食均匀。公猪达到性成熟后应单圈或单栏饲养，以防互相爬跨，造成肢蹄、阴茎等的损伤。

（4）后备公猪应保持适度的运动。

（5）后备公猪在正式利用前应进行配种调教或采精训练。配种调教或采精训练宜在早晚凉爽时间、空腹进行。

（6）后备公猪在正式利用前应检查精液品质。

（二）种公猪的饲养管理与利用

（1）种公猪应饲喂专用的饲粮。

（2）种公猪应限制饲喂，并根据年龄、体重和配种或采精任务的轻重进行适当调整。

（3）种公猪宜单栏饲养，应特别注意避免不同栏的公猪相遇。

（4）种公猪应适当运动，每天的运动量不少于 1000 米。

（5）应经常刷拭种公猪的皮肤，对不良的蹄形要进行修整，必要时将犬牙锯掉。

（6）成年公猪应保持体重稳定，保持种用体况。

（7）如遇高温时应特别注意采取加强通风、喷雾等防暑降温措施。

（8）应定期检查种公猪的精液品质。人工授精的种公猪每次采精后都要检查精液品质，实行本交的种公猪，每 10 天要检查 1 次精液品质。

（9）青年公猪每 3 天采精 1 次，成年公猪可隔日采精 1 次。

（三）后备母猪的饲养管理

（1）应饲喂专用的后备母猪饲粮。

（2）保育期结束至体重 90 千克前可自由采食，体重 90 千克至配种前 2 周应限制饲喂，饲喂量为自由采食量的 80%左右。

（3）后备母猪预期配种前 2 周应增加约 30%的饲喂量，实行催情补饲。

（4）后备母猪多为群养，每群以 4~6 头为宜。

（5）后备母猪应适当地运动。

（6）应定期对后备母猪称量体重和测量体尺、活体测定背膘厚，确保后备母猪的体重、体况适宜。

（7）后备母猪在 6 月龄后，应利用转圈、公猪诱情等办法，促进后备母猪的发情，并仔细观察、准确记录初次发情的时间、表现。

（四）经产待配母猪的饲养管理

（1）经产母猪在断乳后应适当增加饲喂量，以达到催情补饲的目的。

（2）待配母猪可单栏饲养，也可小群（4~6头）饲养，合群饲养时应注意防止争斗造成损伤。

（3）断奶3天后，每天用试情公猪与待配母猪隔栏接触2次，每次15~20分钟，促进母猪的发情和排卵。

（4）经产母猪一般集中在断奶后的4~7天发情，应做好发情鉴定并适时输精配种。

（五）妊娠母猪的饲养管理

（1）妊娠母猪应饲喂专用的妊娠母猪饲粮。

（2）严格控制妊娠初期（配种~妊娠28天）的饲喂量，以减少胚胎的早期死亡，建议根据母猪的体重控制日饲喂量为1.8~2.0千克。初产母猪继续饲喂育成阶段的饲粮。

（3）妊娠中期（妊娠29~84天）的日饲喂量为2.5千克左右，可根据母猪的体况、体重适当调整饲喂量，体况差的增加饲喂量，过肥的母猪减少饲喂量。此阶段结束后应力求使母猪达到适宜的繁殖体况。

（4）妊娠后期（妊娠85~111天）应增加饲喂量，以满足快速增长的胎儿和母猪体增重对养分的需要。建议此阶段的日饲喂量应增加至2.8~3.2千克。

（5）分娩前期（妊娠112天~分娩）逐渐减少饲喂量，有利于分娩。分娩前2~3天开始逐渐降低饲喂量，分娩当天至少应饲喂1.8千克饲粮，否则易使母猪患胃溃疡和便秘。

（6）控制青年母猪整个妊娠期的体增重为35~45千克，成年母猪整个妊娠期的体增重为30~40千克。

（7）严禁饲喂霉变、腐败变质、冰冻、受污染的饲料。

（8）优质的青粗饲料对母猪的繁殖有益，有条件时可适当补充优质的青粗饲料。

（9）应保持妊娠母猪舍的温度和湿度适宜、空气清新、安静。应特别注意做好高温季节的防暑降温工作，防止高温引起胚胎死亡；冬季应做好防寒保温工作。

（10）妊娠母猪宜采用单体栏饲养，也可进行小群饲养。小群饲养时，妊娠前期应将配种期相近、体重大小和强弱相近的4~6头母猪饲养在同一圈栏内，妊娠后期则一圈饲养2~3头。

（11）严禁对妊娠母猪用粗、鞭打、强度驱赶、跨沟等。

（六）哺乳母猪的饲养管理

（1）应在预产期前5~7天将母猪转入经过彻底清洗、消毒、干燥的分娩舍，并要求分娩舍温度和湿度适宜、空气清新、安静。母猪转入前要进行淋浴，

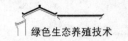
至少要对猪体进行清洗。

（2）哺乳母猪应饲喂专用的饲粮。

（3）泌乳初期（产后第1周）应逐渐增加饲喂量，每天增加饲喂量0.5~1.0千克。

（4）泌乳旺期（产后7天~断奶）应自由采食并最大限度地提高母猪的采食量，以提高母猪的泌乳量。

（5）哺乳母猪应日喂4~6次，并尽量使各次饲喂间隔均匀。

（6）应持续提供充足、清洁的饮水。

（7）特别注意做好高温季节的防暑降温工作，降低高温对哺乳母猪采食量和泌乳量的影响。

（七）哺乳仔猪的饲养管理

（1）应保证仔猪吃足初乳，仔猪初次哺乳前应挤掉几滴乳汁。

（2）应采用人工辅助的方法，在仔猪生后2~3天内固定乳头吸乳。固定乳头的原则是将弱小的仔猪固定在哺乳母猪前边的几对乳头，将初生重较大的仔猪固定在后面的几对乳头。

（3）通过设置保温箱等措施为仔猪提供适宜的温度。仔猪最适宜的环境温度为：0~3日龄30~32℃，3~7日龄28~30℃，以后每周约降1℃，直至25℃。

（4）应通过设置母猪限位栏、仔猪防压架等，避免母猪踩、压死仔猪。

（5）应及时进行寄养或并窝。实行寄养或并窝时，仔猪的出生日期应尽量接近，不要超过3天；被寄养的仔猪一定要吃到初乳，否则不易成活；养母必须是泌乳量高、哺育能力强、性情温顺的母猪。

（6）应在仔猪生后3~4天通过肌肉注射的方式补充150~200毫克铁。

（7）在缺硒地区，应在仔猪生后3~5天肌肉注射0.1%亚硒酸钠维生素E溶液0.5毫升，14~21天时再注射1毫升。

（8）从生后3天起为仔猪提供清洁的饮水。补水的最好方式是设置自动饮水碗，且应注意水压适宜；也可用水槽补水，但应保持水槽卫生，冬季应供给温水。

（9）应在仔猪生后7天左右开始训练仔猪吃料，以刺激仔猪消化道的发育。教槽料（开食料）应营养丰富、适口性好、容易消化。要保证仔猪在28日龄断奶前至少吃入500克教槽料。

（10）用作肥育的公仔猪可在7~15日龄去势。

（八）保育仔猪的饲养管理

（1）应在仔猪转入前对保育猪舍及饲养用具等进行彻底的清洗、消毒、干燥。

（2）仔猪断乳后应继续饲喂教槽料1~2周，以避免换料应激，并设法提高仔猪的采食量。

（3）仔猪断乳1~2周后逐渐过渡到饲喂保育仔猪料，自由采食。

（4）要保证供给充足的清洁饮水。

（5）要保证保育仔猪舍温度和湿度适宜，刚转入仔猪的保育舍温度控制在25~27℃，以后每周降低1℃，保证保育舍清洁、空气清新。

（九）生长肥育猪的饲养管理

（1）应在猪只转入前对生长肥育猪舍及饲养用具等进行彻底的清洗、消毒、干燥。

（2）应按体重、性别进行合理组群，要求同一性别、体重差异在5千克以内的个体编入同一群，每群以10~20头为宜，且组群后要相对固定。

（3）应做好调教工作，使猪只养成在固定地点排泄、趴卧、采食的习惯。

（4）应保持猪舍温暖（18~22℃）干燥、空气清新、光照适宜。

（5）应根据生长肥育阶段饲喂相应的饲粮。饲粮可以调制成干粉料、潮拌料或颗粒料饲喂。

（6）生长肥育猪可全期采用自由采食的饲喂方法，也可采用前敞后限的饲喂方法。

（7）要保证供给猪只充足、清洁的饮水。

（8）应根据猪只的增重速度、饲料利用率、屠宰率、胴体品质和猪肉市场的供求状况等进行综合分析，确定适宜的出栏体重。大型肉用型猪种的适宜出栏体重一般应为110~130千克。

（9）严格执行《饲料添加剂安全使用规范》（中华人民共和国农业部公告第2625号），确保猪肉产品安全。

（10）肉猪上市前应经兽医卫生检验部门检疫并出具检疫证明，严禁病猪、疫区的猪只出栏上市。

四、卫生防疫和环境保护

（一）养殖场应建立健全严格的防疫管理制度

定期做好养殖场所、环境和生产用具的消毒工作；实施动物免疫登记证制度，对兽医管理部门确定的必须免疫的动物疫病严格按免疫程序实施免疫。

（二）兽医卫生制度

（1）猪场应实行兽医防疫卫生管理的场长负责制。组织拟定本场兽医防疫卫生工作计划，制定各部门的防疫卫生岗位责任制，领导实施传染病、寄生虫

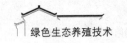
病和常见普通病的预防、控制和消灭工作。

（2）猪场要建立有一定诊断和治疗条件的兽医室，并建立健全免疫接种、诊断、治疗和病理剖检记录。

（3）兽医技术人员必须严格执行《集约化猪场防疫基本要求》（GB/T 17823—2009）的规定。

（4）种猪要从非疫区引种，并有产地检疫证书，必要时进行血清学检测。种猪引入后应隔离饲养2个月，经本场兽医检疫，确认健康后，再经全身喷雾消毒，方可入舍混群。在隔离期间还应驱除体外寄生虫，没有注射疫苗的应补注各种疫苗。

（5）采用"全进全出"的饲养管理方式。每批猪只调出后，猪舍应彻底清洗、消毒，空圈5~7天后再转入新的猪只。

（6）生产人员进入生产区时应洗手，更换工作服、鞋，戴工作帽。工作服、鞋和帽要在场内进行定期的清洗、消毒。

（7）禁止非生产人员和车辆进入生产区，必须进入时应在淋浴后，更换工作服、鞋，戴工作帽，经消毒池（口）进入，并遵守场内防疫制度。

（8）不准将非生产用具带入场内，生产用具经消毒后方可进入生产区。各猪舍的用具不得串换或混用。

（9）兽医人员不准对外从事出诊、防疫、阉割等工作。

（10）猪场严禁饲养猫、狗、鸟类等动物。

（11）要根据本地区疫病流行情况，确定本场的免疫程序。

（12）定期驱除猪的体内、外寄生虫，搞好灭鼠、灭蝇等工作。

（13）猪场发生传染病或疑似传染病时，兽医人员应按国家规定的办法处理。

（14）猪只出场时，猪场应提供疫病监测和免疫证书。

（15）病死猪采取深埋或焚烧的方式进行无害化处理。

（三）预防接种

根据《中华人民共和国动物防疫法》及各省市相关规定，进行动物防疫性预防接种。按国家确定的必须免疫的动物疫病，实施计划免疫。依据当地疫病流行和受威胁情况，对计划免疫以外的动物疫病进行免疫。疫苗来源于具有动物生物制品经营许可证的生产经营单位。加强疫苗的管理和保存。疫病的预防接种按免疫程序进行，实施动物免疫登记制度，做好登记记录。

（四）疫病控制和扑灭

发生疫情或疑似发生疫情，兽医和防疫员应及时诊断，并向当地兽医管理部门报告疫情。确诊发生国家或地方规定的必须扑灭的传染病时，应配合当地兽医管理部门，实施严格的隔离、扑杀、封锁。发生国家或地方控制需净化的疫病时，应对动物群体实施清群和净化。发生疫病的养殖单位，应按国家要求进行消毒，对病死或淘汰的尸体进行无害化处理。

（五）环境保护

1. 环保设施

（1）猪场内的粪污处理设施应按照《畜禽场场区设计技术规范》的规定设计，应设在养殖场的生产区、生活管理区的常年主风向的下风向或侧风向处，与主要生产设施之间保持 100 米以上的距离，并具有防雨、防渗设施。

（2）养猪场配备焚烧炉或化尸池等病死猪无害化处理设施。

2. 废弃物处理

（1）根据"资源化、无害化、减量化"的原则对猪场废弃物进行集中管理。

（2）应采用先进的清粪工艺，避免粪便与冲洗等其他污水混合，从源头减少污染物排放量。

（3）猪场或粪便处理场应分别设置固体和液体废弃物贮存设施。

（4）猪粪便贮存设施应采取防雨（水）措施，必须进行防渗处理，防止污染地下水。贮存设施位置必须距离地表水体 400 米以上。

（5）贮存过程中不应产生二次污染，其恶臭等污染物排放应符合《畜禽养殖业污染物排放标准》的规定。

（6）粪便贮存设施应设置明显标志和围栏等防护措施，保证人畜安全。

（7）猪粪便处理应坚持综合利用的原则，实现粪便的资源化。建立配套的粪便无害化处理设施或处理（置）机制，并和当地的土地消纳能力相适应。

（8）应严格按照《畜禽粪便无害化处理技术规范》进行粪便的无害化处理，禁止将未经无害化处理的猪粪便直接排放或施入农田。

（9）猪场的污水可以选用厌氧发酵、好氧发酵等方式进行无害化处理。

（10）处理后的上清液作为农田灌溉用水时，应符合《农田灌溉水质标准》的规定，避免产生二次污染。处理后的污水直接排放时，应符合《畜禽养殖业污染物排放标准》的规定；无害化处理后的猪粪便用于生产商品化有机肥和有机—无机复混肥，须分别符合《有机肥料》和《有机—无机复混肥料》的规定；利用猪粪便制取其他物质能源或进行其他类型的资源回收利用时，应避免二次污染；养猪场应按照当地农业部门和环境保护行政主管部门要求，定期报告粪便产生量、特性、贮存、处理设施的运行情况，并接受当地和上级农业部门和环境保护机构的监督与检测。

（11）养猪场的病死猪应按照《病害动物和病害动物产品生物安全处理规

程》要求处理。

（12）养猪场区内的垃圾应集中堆放，妥善处理，以保持环境卫生良好。

第八章　家禽的绿色生态养殖技术

第一节　家禽的孵化技术

一、家禽胚胎发育与孵化条件

（一）家禽的胚胎发育

1. 家禽的孵化期

受精蛋从入孵至出雏所需要的时间（天）即为孵化期。各种家禽有较固定的孵化期，具体见表8-1。

表8-1　各种家禽的孵化期

单位：天

家禽种类	鸡	鸭	鹅	火鸡	鸽子	珠鸡	鹌鹑	瘤头鸭
孵化期	21	28	31	28	18	26	17~18	33~35

2. 胚胎在孵化过程中的发育

受精卵如果获得适宜的外界条件，胚胎将继续发育，很快在内外胚层中间形成第三个胚层：中胚层。以后继续发育，内、中、外三个胚层分别发育成新个体的所有组织和器官。胚胎发育分早期、中期、后期、出壳四个阶段。

（1）发育早期（鸡1~4天，鸭1~5天，鹅1~6天）。此阶段为内部器官发育阶段。首先形成中胚层，再由三个胚层形成雏禽的各种组织和器官。①外胚层，形成皮肤、羽毛、喙、趾、眼、耳、神经系统以及口腔和泄殖腔的上皮等；②中胚层，形成肌肉、生殖系统、排泄器官、循环系统和结缔组织等；③内胚层，形成消化器官和呼吸器官的上皮及内分泌腺体等。

（2）发育中期（鸡5~14天，鸭6~16天，鹅7~18天）。此阶段为外部器官发育阶段。脖颈伸长，翼、喙明显，四肢形成，腹部愈合，全身被覆绒羽，

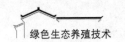

胚出现鳞片。

（3）发育后期（鸡 15~19 天，鸭 17~27 天，鹅 19~29 天）。此阶段禽胚生长阶段，胚胎逐渐长大，肺血管形成，卵黄收入腹腔内，开始利用肺呼吸，在壳内鸣叫、啄壳。

（4）出壳（鸡 21 天，鸭 28 天，鹅 30~31 天）。雏禽长成，破壳而出。

表 8-2　家禽胚胎发育的主要外形特征

特　征	胚龄/天		
	鸡	鸭	鹅
出现血管	2	2	2
羊膜覆盖头部	2	2	3
开始眼的色素沉着	3	4	5
出现四肢原基	3	4	5
肉眼可明显看出尿囊	4	5	5
出现口腔	7	7	8
背出现绒毛	9	10	12
喙形成	10	11	12
尿囊在蛋的尖端合拢	10	13	14
眼睑达瞳孔	13	15	15
头覆盖绒毛	13	14	15
胚胎全身覆盖绒毛	14	15	18
眼睑合闭	15	18	22~25
蛋白基本用完	16~18	21	22~26
蛋黄开始吸入，开始睁眼	19	23	24~26
颈压迫气室	19	25	28
眼睁开	20	26	28
开始啄壳	19.5	25.5	27.5
蛋黄吸入，大批啄壳	19 天 18 小时	25 天 18 小时	27.5
开始出雏	20~20 天 6 小时	26	28
大批出雏	20.5	26.5	28.5
出雏完结	20 天 18 小时	27.5	30~31

（二）孵化条件

1. 温　度

温度是孵化的首要条件。孵化过程中温度是否得当，直接影响到孵化效果，只有在适当的温度下才能保证家禽胚胎正常发育。

（1）胚胎发育的最适温度范围和孵化最适温度。家禽胚胎的发育对温度有一定的适应能力，温度在35~40.5℃的较大范围内，都能孵出雏禽，但孵化率低，雏禽品质差。胚胎发育的适宜温度为37~39℃。在孵化室温为22~26℃的前提下，鸡胚孵化的最适温度为37.8℃，出雏时的温度为37.3℃。

（2）高温、低温对胚胎发育的影响。温度过高过低都对胚胎发育不利，严重时造成胚胎死亡。

高温影响。一般情况下温度较高则胚胎发育快，孵化期缩短，胚胎死亡率增加，雏禽质量下降。死亡率的高低，随温度增加的幅度及持续时间的长短而异，孵化温度超过42℃经过2~3小时以后则造成胚胎死亡。

低温影响。低温下胚胎的生长发育迟缓，孵化期延长，死亡率增加。如温度低于24℃经30小时便全部死亡。较小偏离最适温度的高低限，对孵化10天后的胚胎发育抑制作用要小些，因为此时胚蛋自温可起适当调节作用。

种蛋最适的孵化温度受多种因素的影响，如家禽种类、品种、蛋的大小、种蛋的贮存时间、蛋壳质量、孵化室的湿度、孵化室温度、孵化季节、胚胎发育的不同时期等，并且这些因素又相互影响，所以上述的最适温度指的是平均温度。

2. 相对湿度

（1）胚胎发育的相对湿度范围和孵化最适湿度。湿度对胚胎发育的影响不及温度重要，但适宜的湿度对胚胎发育是有益的：孵化初期能使胚胎受热良好，孵化后期有利于胚胎散热，出雏时有利于胚胎破壳。出雏时湿度与空气中的CO_2作用，使蛋壳的碳酸钙变成碳酸氢钙，壳变脆。所以在出雏前提高湿度是很重要的。

胚胎发育对环境相对湿度的适应范围比温度要宽些，一般为40%~70%。入孵机内的湿度要求在50%~60%，出雏机内的湿度则以65%~75%为宜。孵化室、出雏室的相对湿度为75%。

（2）高湿、低湿对胚胎发育的影响。湿度过低，蛋内水分蒸发过多，容易引起胚胎和壳膜粘连，引起雏鸡脱水；湿度过高，影响蛋内水分正常蒸发，雏腹大，脐部愈合不良。两者都会影响胚胎发育中的正常代谢，均对孵化率、雏的健壮有不利的影响。

3. 通风换气

（1）通风与胚胎的气体交换。胚胎在发育过程中除最初几天外，都必须不断地与外界进行气体交换，而且随着胚龄的增加而加强。尤其是孵化19天后，胚胎开始用肺呼吸，其耗氧量更多。整个孵化期总耗氧量$4.0 \sim 4.5$升，排出$CO_2 3 \sim 5$升。

（2）孵化器中O_2和CO_2含量对孵化率的影响。O_2含量为21%时，孵化率最高，每减少1%，孵化率下降5%。O_2含量过高孵化率也降低，在$30\% \sim 50\%$范围内，每增加1%，孵化率下降1%左右。新鲜空气含$O_2 21\%$，$CO_2 0.03\% \sim 0.04\%$，这对于孵化是合适的。一般要求O_2含量不低于20%，CO_2含量0.4%$\sim 0.5\%$，不能超过1%。CO_2超过0.5%，孵化率下降，超过1.5%，孵化率大幅度下降。只要孵化器通风设计合理，运转、操作正常，孵化室空气新鲜，一般CO_2不会过高，应注意不要通风过度。

（3）通风与温度、湿度的关系。在孵化后期，通风还可以帮助驱散余热。孵化过程中，胚蛋周围空气中O_2的含量为21%。换气、温度、湿度三者之间有密切关系：通风良好，温度低，湿度就小；通风不良，空气不流畅，湿度就大；通风过度，则温度和湿度都难以保证。

（4）通风换气与胚胎散热的关系。孵化过程中，胚胎不断与外界进行热能交换。胚胎产热随胚龄的递增呈正比例增加，尤其是孵化后期，胚胎代谢更加旺盛，产热更多，如果热量散不出去，温度过高，将严重阻碍胚胎的正常发育，甚至烧死。所以，孵化器的通风换气，不仅可以提供胚胎发育所需的O_2，排出CO_2，而且还有一个重要作用，即可使孵化器内的温度适宜，驱散余热。

（5）通风换气的控制。孵化初期，可关闭进、排气孔，随胚龄的增加逐渐打开，至孵化后期全部打开，使通风换气量加大。

4. 翻　蛋

（1）翻蛋的生物学意义。翻蛋的主要目的在于改变胚胎方位，防止胚胎与壳膜粘连；另外，翻蛋可促进胚胎运动，保持胎位正常；还可使胚胎受热均匀。

（2）翻蛋的次数及停止翻蛋的时间。一般每天翻蛋$6 \sim 8$次即可。机器孵化每$1 \sim 2$小时自动翻蛋1次，土法孵化可$4 \sim 6$小时翻1次。温度低时可适当增加翻蛋次数。前两周翻蛋更为重要，尤其是第1周。据试验：鸡胚孵化期间（$1 \sim 18$天）不翻蛋，孵化率仅为29%；第1周翻蛋，孵化率为78%；第1至第14天翻蛋，孵化率为95%；第1至第18天翻蛋，孵化率为92%。机器孵化一般到第十八天即停止翻蛋并进行移盘。

（3）翻蛋的角度。鸡蛋以水平位置前俯后仰45度为宜，而鸭蛋以50度$\sim$55度为宜，鹅蛋以55度~ 60度为宜。翻蛋时注意动作要轻、慢、稳。

5. 凉　蛋

（1）适用范围。凉蛋是指孵化到一定时间，关闭电热甚至将孵化器门打开，让胚蛋温度下降的一种孵化操作程序。因胚胎发育到中后期，物质代谢产生大量热能，需要及时凉蛋。其目的是驱散孵化器内余热，防止胚胎自烧至死，同时让胚蛋得到更多的新鲜空气。

鸭、鹅蛋含脂量高，物质代谢产热量多，必须进行凉蛋，否则，易引起胚胎"自烧至死"。在夏季孵化鸡蛋的中后期，孵化器容量大的情况下可考虑进行凉蛋。若孵化器有冷却装置则不必凉蛋。

（2）凉蛋的方法。凉蛋的方法依孵化器的类型、禽蛋的种类、孵化制度、胚龄、季节而定。鸡蛋在封门前、水禽蛋在合拢前采用不开机门、关闭电源、风扇转动的方法。以后采用打开机门、关闭电源、风扇转动甚至抽出孵化盘、喷冷水等措施。每天凉蛋的次数、每次凉蛋时间的长短视外界温度与胚龄而定，一般每日凉蛋 1~3 次，每次凉蛋 15~30 分钟，以蛋温不低于 30~32℃ 为限。

二、种蛋管理

（一）种蛋的选择

首先种蛋应来源于生产性能高、无经蛋传播的疾病、受精率高、饲喂营养全面的饲料、管理良好的种禽群；蛋的品质好、新鲜；蛋表面清洁，未被粪便和垫料等污染；大小适中，不要过大或过小，一般认为，鸡蛋的重量在 50~65 克之间，国际市场鸡蛋以 58g 为标准，鸭蛋、火鸡蛋为 80~100 克，鹅蛋为 160~200 克；形状符合品种标准，但不同品种间是有差异的；蛋壳质地致密均匀，壳厚适中（鸡蛋 0.27~0.37 毫米；鸭蛋 0.35~0.40 毫米，鹅蛋 0.40~0.50 毫米）；壳色符合本品种标准，无裂纹，无畸形。

（二）种蛋的消毒

1. 种蛋消毒的意义

蛋通过泄殖腔产出时或蛋产入蛋窝、产蛋箱时，往往被粪便和环境污染，蛋表面附着许多微生物，并且这些微生物能在适宜的条件下大量迅速繁殖。种蛋受到污染不仅影响其自身的孵化，而且污染孵化设备，传播各种疾病。虽在鸡舍经过一次消毒，但在存放的过程中种蛋会被再次污染，为提高孵化率和减少疾病的传播，种蛋必须经过严格认真地消毒才能进行孵化。

2. 消毒方法

种蛋的消毒有熏蒸消毒、浸泡消毒和喷雾消毒等方法。生产中常用福尔马林、高锰酸钾熏蒸消毒法：每立方米空间用福尔马林 30 毫升、高锰酸钾 15 克。计算好用量后先将高锰酸钾放在陶瓷器皿内，再快速倒入所需的福尔马林溶液，

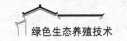

二者相遇发生剧烈反应，可产生大量的甲醛气体杀灭病原菌。在20~26℃，相对湿度为60%~65%的条件下，密闭30分钟即可。注意：不要伤及眼睛和皮肤。对"冒汗"的蛋应先让水珠蒸发后再消毒；福尔马林挥发性强，要随用随取。

（三）种蛋的保存

1. 种蛋保存的时间

种蛋越新鲜，孵化率越高。一般以产后3~5天为宜。贮存超过4天，每多放1天，孵化率下降4%，孵化期延长30分钟，如果需保存1周以上，最好每天翻蛋1~2次或小头朝上放置。

2. 种蛋保存的温度

鸡胚发育的临界温度为23.9℃，因此保存时的温度不能超过此温度，当然也不能过低，蛋白的冰点是0.45℃，低于此温度会使胚胎冻死。种蛋保存的适宜温度为12~18℃。保存时间不超过1周采用上限温度，若时间较长则采用下限温度。

3. 种蛋保存的湿度

一般以75%~80%为宜。贮蛋库要通风良好，卫生干净，隔热性能好，不受阳光直射。

三、孵化操作技术

（一）孵化前的准备

1. 用具准备

要事先准备好发电机、供暖设备、照蛋器、温度计、登记表格、消毒药品及设备、防疫注射器材等。

2. 做好消毒工作

孵化前1周，对孵化厅、孵化机和孵化用具进行清洗，最后消毒。消毒药品用福尔马林溶液和高锰酸钾晶体。操作方法：按孵化厅每立方米容积用福尔马林溶液30毫升加高锰酸钾15克，将消毒药品放入非金属容器，封闭环境，熏蒸消毒0.5~1小时。

3. 入孵前种蛋预热

入孵前预热种蛋，能使胚胎发育从静止状态中逐渐"苏醒"过来，减少孵化器里温度下降的幅度，除去蛋表凝水，以便入孵后能立刻消毒种蛋。

预热方法：入孵前，将种蛋放置在不低于22~25℃环境中，放置4~9小时或12~18小时。

4. 码盘与入孵

（1）码盘。将种蛋码在孵化蛋盘上称码盘，国外采用真空吸蛋器码盘。在国内，因孵化器（孵化盘）类型颇多，规格不一，所以码盘还不能实现机械化。

（2）入孵。一般整批孵化，每周入孵两批；分批孵化时，3~5 天入孵一批，入孵时间在下午 4~5 点钟，这样能够在白天大量出雏（视升至孵化温度的时间长短而定）。整批孵化时，将装有种蛋的孵化盘插入孵化架车推入孵化器中；若分批入孵，新蛋孵化盘与老蛋孵化盘应交错插放。这样新、老蛋可相互调温，使孵化器里的温度较均匀。交插放置还能使孵化架重量平衡。为避免差错，同批种蛋用相同的颜色标记，或在孵化盘上注明。

（二）孵化期的日常管理技术

1. 检查孵化机的正常运转情况

孵化机如出现故障要及时排除，孵化机最常见的故障有皮带松弛或断裂、风扇转慢或停止转动、蛋架上的长轴螺栓松动或脱出造成蛋的翻倒等。

2. 温度的观察与调节

孵化器控温系统在入孵前已经校正、检验并试机运转正常，一般不要随意更动。刚入孵时，开门入蛋引起热量散失以及种蛋和孵化盘吸热，因此孵化器里温度暂时降低，是正常的现象。待蛋温、盘温与孵化器里的温度相同时，孵化器温度就会恢复正常。每隔半小时通过观察窗里面的温度计观察一次温度，每两小时记录 1 次温度。

3. 湿度的观察与调节

观察孵化器窗内挂干湿球温度计，每 2 小时观察记录 1 次，并换算出机内的相对湿度。要注意包裹湿度计的棉纱的清洁，并加蒸馏水。

相对湿度的调节，是通过放置水盘多少、控制水温和水位高低或确定湿度计湿度来实现的。湿度偏低时，可增加水盘扩大蒸发面积，提高水温和降低水位，加快蒸发速度；还可在孵化室地面洒水，改善环境湿度，必要时可用温水直接喷洒胚蛋。出雏时，要及时捞去水盘表面的绒毛。采用喷雾供湿的孵化器，要注意水质，水应经过滤或软化后使用，以免堵塞喷头。

4. 通风量的观察与调节

整批孵化的前三天（尤其是冬季），进出气孔可不打开，随着胚龄的增加逐渐打开进出气孔，出雏期间进出气孔全部打开。分批入孵，进出气孔可打开 1/3~2/3。

5. 翻　蛋

1~2 小时翻蛋 1 次。手动转蛋要稳、轻、慢，自动翻蛋应先按动翻蛋开关的按钮，待转到一侧 45° 自动停止后，再将翻蛋开关扳至"自动"位置，以后每 2 小时自动翻蛋 1 次。但遇切断电源时，要重复上述操作，这样自动翻蛋才能起作用。

6. 照 蛋

照蛋的目的是拣出无精蛋、中死蛋，观察胚胎的发育情况。孵化过程中可照蛋 2~3 次，如果照两次，第一次在孵化的 5~6 天，第二次在移盘前，即 18~19 天（鸭 25 天，鹅 28 天）；如果照三次，除上述两次外，在 10~11 天也进行一次照蛋，常常是抽检一部分。也有只进行一次照蛋的，即在移盘前进行。照蛋要稳、准、快，尽量缩短照蛋时间，有条件的可提高室温。照蛋时发现胚蛋小头朝上应倒过来，抽放盘时，有意识地对角倒盘（即左上角与右下角孵化盘对调，右上角与左下角孵化盘对调）。

7. 移 盘

鸡胚孵至 19 天（鸭 25 天，鹅 28 天），经过最后一次照蛋后，将胚蛋从入孵器的孵化盘移到出雏器的出雏盘的过程，称移盘或落盘。具体掌握在约 10% 鸡胚"打嘴"时进行移盘。孵化 18~19 天，正是鸡胚从尿囊绒毛膜呼吸转换为肺呼吸的生理变化最剧烈时期。此时，鸡胚气体代谢旺盛，是死亡高峰期。推迟移盘，鸡胚在入孵器的孵化盘中比在出雏器的出雏盘中，能得到较多的新鲜空气，且散热较好，有利于鸡胚度过危险期，提高孵化效果。也可以在孵化 16 天时移盘。移盘时，如有条件应提高室温，动作要轻、稳、快，尽量避免碰破胚蛋。最上层出雏盘加铁丝网罩，以防雏鸡窜出。目前国内多采用人工移盘（"扣盘"），也有采用机器进行移盘的。

（三）出雏期操作技术

1. 捡 雏

在成批出雏后，每 4 小时左右捡雏 1 次，也可以在出雏 30%~40% 时捡第 1 次，60%~70% 时捡第 2 次，最后再捡一次并"扫盘"。"叠层出雏盘出雏法"是在出雏 75%~80% 时，捡第 1 次雏。捡雏时动作要轻、快，尽量避免碰破胚蛋。出雏器的前后门，不要同时打开，以免温度大幅度下降而推迟出雏。捡出绒毛已干的雏的同时，捡出蛋壳，以防蛋壳套在其他胚蛋上闷死雏鸡。大部分出雏后（第 2 次捡雏后），将已"打嘴"的胚蛋并盘集中，放在上层，以促进弱胚出雏。

2. 人工助产

对已啄壳但无力自行破壳的雏鸡进行人工出壳，称人工助产。鸡雏一般不需人工助产，而鸭、鹅雏的人工助产率较高。一般在大批出雏后，将蛋壳膜已枯黄的胚蛋（说明该胚蛋蛋黄已进入腹腔，脐部已愈合，尿囊绒毛膜已完全干枯萎缩），轻轻剥离粘连处，把头、颈、翅拉出壳外，令其自行挣扎出壳。蛋壳膜湿润发白的胚蛋，不能进行人工助产，因其卵黄囊未完全进入腹腔或脐部未完全愈合，尿囊绒毛膜血管也未完全萎缩干枯，若强行助产，将会使尿囊绒毛膜血管破裂流血，造成雏鸡死亡或成为毫无价值的残弱雏。

3. 初生雏的处理

（1）初生雏的雌雄鉴别：①翻肛鉴别法，根据雏鸡生殖突起的有无及组织形态上的差异来鉴别初生雏的雌雄；②伴性性状鉴别法，根据伴性遗传的原理，用特定的品种或品系杂交，所生后代根据羽毛的生长速度或羽毛的颜色在初生时即可鉴别雌雄。

（2）初生雏的分级与运输。①分级的意义。将弱雏分出单独放置，到饲养场后单独培育，这样可以使雏鸡发育均匀，提高育雏成活率。②分级的方法。健雏：精神活泼，绒毛匀整、干净，腹部柔软，卵黄吸收良好，脐部愈合完全，肛门附近无白屎，两脚站立有力，体重正常，胫趾色素鲜浓。弱雏：不活泼，两脚站立不稳，腹人，脐部愈合不良或带血，喙、胫色淡，体重过小。

初生雏在运输前要在存雏室内放置一段时间。要求存雏室的温度在 25 ~ 29℃之间，室内安静，空气新鲜。存放时间不宜过久，应尽快运到育雏室。

4. 初生雏的免疫及特殊处理

接种马立克氏疫苗：在雏鸡出生 24 小时以内进行。

剪冠：在 1 日龄进行。目的是防止公鸡长大后冠被冻伤、啄伤、刮伤，避免影响视力。

截趾：在 1 日龄进行。目的是防止自然交配时公鸡抓伤母鸡背部而影响种蛋的受精率。

5. 孵化记录

整个孵化期间，每天必须认真做好孵化记录和统计工作，有助于孵化工作顺利有序进行和对孵化效果的判断。孵化结束，要统计受精率、孵化率和健雏率。

四、孵化效果的检查与分析

（一）衡量孵化效果的指标与评定

1. 入孵种蛋合格率

入孵种蛋合格率应大于98%。若合格率低，则破壳蛋增加。原因一是饲养人员拣蛋不及时、拣蛋次数少，要督促饲养人员按操作规程及时拣蛋；二是种鸡舍内蛋窝数量不够用或是窝内缺少垫料，一般是每 4 只种鸡配 1 个蛋窝，并经常检查窝内垫料情况，及时补充，减少破壳蛋的产生。

种蛋合格率（％）＝（合格种蛋数/产蛋总数）×100%

2. 受精率

种蛋的受精率，一般要求在90%以上，受精蛋包括活胚蛋和死胚蛋。受精

率的高低直接影响孵化成绩和经济效益。受精率低的原因：一是公母比例不当；二是公鸡质量问题，过肥或过瘦失去配种能力；三是人工授精操作不当。要定期检查公鸡数量和质量，淘汰劣质公鸡，尤其在50周龄以后，可以补充青年公鸡来提高受精率；对输精人员进行技术培训，提高基本操作能力。

受精率（%）=（受精蛋数/入孵蛋数）×100%

3. 早期死胚率

早期死胚率是指入孵后最初5~6天内的死胚，正常情况下，早期死胚率在1%~2.5%。

早期死胚率（%）= 1~5胚龄死胚数/受精蛋数×100%

4. 受精蛋孵化率

受精蛋孵化率应在90%以上，高水平应在93%以上，此项是衡量孵化效果的主要指标。

受精蛋孵化率（%）= 出雏数/受精蛋数×100

5. 入孵蛋孵化率

入孵蛋孵化率反映出种禽场和孵化场的综合水平，入孵蛋孵化率应在80%以上。

入孵蛋孵化率（%）= 出雏数/入孵蛋数×100%

6. 健雏率

健雏是指能够出售用户认可的雏禽。健雏率应在97%以上。

健雏率（%）= 健雏数/出雏数×100%

注：出雏数包括健雏、弱雏、残雏、死雏的数量。

（二）孵化效果的检查方法

1. 照　蛋

用照蛋灯透视胚胎发育情况，方法简便，效果好。一般在整个孵化期间进行1~3次，孵化期和胚胎特征见表8-3。

表8-3　孵化期和胚胎特征

照　蛋	孵化天数			胚胎特征
	鸡	鸭	鹅	
头照	5	6~7	7~8	黑色眼点（起珠或单珠）
抽验	10~11	13~14	15~16	尿囊绒毛膜（合拢）
二照	19	25~26	28	气室倾斜（闪毛）

（1）时间安排及目的。除上述的3次照蛋之外，还可在3、4、18、18胚龄时进行抽检。这对不熟悉孵化器性能或孵化成绩不稳定的孵化场，更有必要。对孵化率高且稳定的孵化场，一般在整个孵化过程中，仅在第5~10天照蛋1次即可，孵化褐壳种蛋，可在第10~11天进行照蛋。采用我国传统孵化法的，抽检次数可适当增加。

照蛋的主要目的是观察胚胎发育是否正常，并以此作为调整孵化条件的依据，同时结合观察，挑出无精蛋、死精蛋和死胚蛋。头照排出无精蛋和死精蛋，尤其是观察胚胎发育情况。抽验仅抽查孵化器中不同点的胚蛋发育情况。二照在移盘时进行，排出死胚蛋。一般头照和抽验作为调整孵化条件的参考，二照作为掌握移盘时间和控制出雏环境的参考。

（2）发育正常的胚蛋和各种异常胚蛋的识别。发育正常的活胚蛋：剖视新鲜的受精蛋，可看到蛋黄上有一中心部位透明，周围是浅深圆形胚盘（有显著的明暗之分）。头照可明显看到黑色眼点，血管成放射状，蛋色呈暗色。

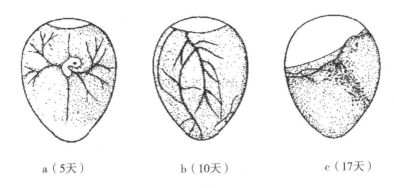

a（5天）　　　　　　　b（10天）　　　　　　　c（17天）

图8-1　不同日龄胚胎的发育（照蛋所见）

抽验时，尿囊绒毛膜"合拢"，整个胚蛋除气室外全部布满血管。二照时，气室向一侧倾斜，有黑影闪动，胚蛋暗黑。

无精蛋：俗称"白蛋"。剖视新鲜蛋时，可见一圆形透明度一致的胚珠。照蛋时，蛋色浅黄、发亮，看不到血管或胚胎。蛋黄影子隐约可见，头照时一般不散黄，以后散黄。

死胚蛋：俗称"血蛋"。头照只见黑色的血环（或血点、血线、血弧）紧贴壳上，有时可见到死胚小黑点贴壳静止不动，蛋色浅白，蛋黄沉散。抽验时，看到很小的胚胎与蛋分（散）离，固定在蛋的一侧，呈粉红、淡灰或黑暗色，胚胎不动，见不到"闪毛"。

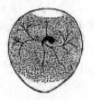   

正常胚蛋　　　　弱胚蛋　　　　无精蛋　　　　中死蛋

图 8-2　正常胚蛋与异常胚蛋

弱胚蛋：头照胚体小，黑色眼点不明显，血管纤细，有的看不到胚体和黑眼点，仅仅看到气室下缘有一定数量的纤细血管。胚蛋色浅红。抽验时，胚蛋小头淡白（尿囊绒毛膜未合拢）。二照时，气室较正常的胚蛋小，且边缘不整齐，可看到红色血管。因胚蛋小头仍有少量蛋白，所以照蛋时，胚蛋小头浅白发亮。

破蛋：照蛋时可见裂纹（呈树枝状亮痕）或破孔，有时气室跑到一侧。

腐败蛋：整个胚蛋呈褐紫色，有恶臭味，有的蛋壳破裂，表面有很多粒状的黄黑色渗出物。

2. 胚蛋孵化期的失重

在孵化过程中由于蛋内水分蒸发，胚蛋逐渐减轻，其失重多少，随孵化器中的相对湿度、蛋重、蛋壳质量（蛋壳通透性）及胚胎发育阶段而异。

（1）胚蛋失重分布。孵化期间胚蛋的失重是不均匀的。孵化初期失重较小，第 2 周失重较大，而第 17~19 天（鸡）失重很多。第 1~19 天，鸡蛋失重 12%~14%。胚蛋在孵化期间失重过多或过少均对孵化率和雏禽质量不利。饲养者可以根据失重情况，了解胚胎发育和孵化的温度、湿度。

（2）胚蛋失重的测定方法。先称一个孵化盘的重量，然后将种蛋码在该孵化盘内再称其重量，减去孵化盘重量，得出入孵时总蛋重；以后定期称重，求出各期减重的百分率。上述方法比较烦琐，有经验的孵化人员，可以根据种蛋气室在孵化期间的大小变化及后期的气室形状，来了解孵化湿度和胚胎发育是否正常。

胚蛋在相同湿度下孵化，蛋的失重有时可能差别很大，但无精蛋和受精蛋的失重无明显差别，所以不能用失重多少作为衡量胚胎发育是否正常或影响孵化率的唯一标准，仅以此作参考指标。

3. 出雏期间的观察

（1）出雏时间及持续时间。孵化正常时，出雏时间较一致，有明显的出雏高峰，一般 21 天全部出齐；孵化不正常时，无明显的出雏高峰，出雏持续时间长，到第 22 天仍有较多的胚蛋未破裂壳，这样，孵化效果肯定不理想，同时影响健雏率。

（2）对初生雏的观察。主要观察绒毛、脐部愈合状况、精神状态和体形等。

①健雏。绒毛干净有光泽，蛋黄吸收良好，腹部平坦、柔软；脐带部愈合良好、干燥，并被腹部绒毛覆盖；雏禽站立稳健而有力，叫声洪亮、清脆，对光和声音反应灵敏；体形匀称，大小适中，不干瘪或臃肿，胫、趾色素鲜浓。

②弱雏。绒毛污乱，脐带部潮湿带血污、愈合不良，蛋黄吸收不良，腹部大，有的甚至拖地；雏禽站立不稳，前后晃动，常两腿或一腿叉开，双眼时开时闭，缩脖，精神不振，显得疲乏，叫声无力或尖叫呈痛苦状；对光、声音反应迟钝，体形干瘪或臃肿，个体大小不一。

③残雏、畸形雏。弯喙或交叉喙；脐部开口并流血，蛋黄外露甚至拖地；脚和头部麻痹，瞎眼扭脖；雏体干瘪，绒毛稀短焦黄，有的甚至出现三条腿等。

4. 死雏、死胚的检查

（1）外表观察。首先观察蛋黄吸收情况、脐部愈合状况。死胚要观察啄壳情况（是啄壳后还是未啄壳死亡，啄壳洞口有无黏液，啄壳部位运动等），然后打开胚蛋，判断死亡时的胚龄。观察死胚的皮肤、内脏及胸腔、腹腔、卵黄囊、尿囊等有何病理变化，如充血、出血、水肿、畸形、雏体大小、绒毛生长情况等，初步判断死亡时间及其原因。对于啄壳前后死亡或不能出雏的活胚，还要观察胎位是否正常（正常胚胎是头颈部埋在右翼下）。

（2）病理剖检。种蛋品质差或孵化条件不良时，死雏或死胚一般表现出病理变化。如缺乏维生素 B_2 时，出现脑膜水肿；缺乏维生素 D_3 时，出现皮肤浮肿；孵化温度短期强烈过热或孵化后半期长时间过热时，则出现充血、溢血等现象。因此，应定期抽查死雏和死胚，找出死亡的具体原因，以指导以后的生产工作。

（3）微生物学检查。定期抽查死雏、死胚及胎粪、绒毛等，做微生物学检查。当种禽群中有疫情或种蛋来源较混杂或孵化效果不理想时尤应取样化验，以便确定疾病的性质及特点。

（三）孵化效果的分析

1. 胚胎死亡曲线的分析

（1）孵化期间胚胎死亡的分布。无论是自然孵化还是人工孵化，是高孵化率鸡群还是低孵化率鸡群，胚胎死亡在整个孵化期间不是均匀分布的，而是存在两个死亡高峰：第一个死亡高峰出现在孵化前期，即鸡胚孵化的第 3~5 天；第二个死亡高峰出现在孵化后期，即鸡胚孵化的第 18 天以后。一般来说，第一个高峰的死胚数占全部死胚数的 15%，第二个高峰约占 50%。但是，对高孵化率鸡群来说，鸡胚多死于第二高峰；而低孵化率鸡群，第一和第二高峰的死亡率大致相同。其他家禽在整个孵化期中胚胎死亡的，也出现类似的两个高峰，鸭胚死亡高峰分别在孵化的第 3~6 天和第 24~27 天；火鸡胚分别在第 3~5 天和第 25 天；鹅胚分别在第 2~4 天和第 26~30 天。

（2）胚胎死亡高峰的原因分析。胚胎死亡的第一个高峰正是胚胎生长迅速、形态变化显著时期，各种胚膜相继形成而作用尚未完善。胚胎对外界环境的变化是很敏感的，稍有不适，胚胎发育便有可能受阻，甚至造成死亡。第二个死亡高峰正是胚胎从尿囊绒毛膜呼吸过渡到肺呼吸时期。胚胎生理变化剧烈，需氧量剧增，其自温猛增，传染性胚胎病的威胁更突出。对孵化环境（尤其是 O_2 含量）要求高，如果通风换气、散热不好，必然有一部分本来就较弱的胚胎不能顺利破壳出雏。孵化期其他时间胚胎的死亡，主要是受胚胎生命力的强弱的影响。

（3）孵化各期胚胎死亡的原因。

①前期死亡（1~6 天）。种鸡的营养水平和健康状况不良，主要是缺乏维生素 A 和维生素 B_2；种蛋贮存时间过长、保存温度过高或受冻，消毒熏蒸过度；孵化前期温度过高；种蛋运输时受剧烈振动。

②中期死亡（7~12 天）。种鸡的营养水平及健康状况不良如缺乏维生素 B_2，胚胎死亡高峰在第 10~13 天；缺乏维生素 D_3 时出现水肿现象；种蛋消毒不好；孵化温度过高，通风不良；转蛋不当等。

③后期死亡（13~18 天）。种鸡的营养水平差，如缺乏维生素 B_{12}，胚胎多死于第 16~18 天；胚胎如有明显充血现象，说明有一段时间高温；发育极度衰弱，说明温度过高；气室小，说明湿度过高；小头打嘴，是通风不良或是小头向上入孵造成的。

④闷死壳内。出雏时温度、湿度过高，通风不良；胚胎软骨畸形，胎位异常；卵黄囊破裂，胫、腿麻痹软弱等。

⑤啄壳后死亡。若破壳处多黏液，则是由于高温、高湿；第 20~21 天通风不良；胚胎利用蛋白时高温，蛋白吸收不完全，尿囊合拢不良，卵黄未进入腹腔；移盘时温度骤降；种鸡健康状况不良，有致死基因；小头向上入孵；头两周未转蛋；后两天高温、低湿等。

2. 影响孵化效果的因数分析

影响孵化效果的因素很多，总体来说有内部因素和外部因素，内部因素是指种蛋的内部品质，而种蛋的内部品质又受种鸡饲养管理的影响；外部因素是指胚胎发育的孵化条件，归结起来有如下三个方面的因素：种鸡质量、种蛋管理和孵化条件。只有入孵来自优良种鸡、喂给营养全面的饲料、精心管理的健康种鸡的种蛋，并且种蛋管理适当，孵化技术才有用武之地。

（四）提高孵化率的措施

1. 饲养高产健康种禽，保证种蛋质量

必须科学地饲养健康、高产的种禽，做好种鸡场的综合卫生防疫措施，确保种蛋品质优良，不带传染性病原微生物。为此，种鸡营养要全面，必须认真执行"全进全出"等卫生防御制度。

2. 加强种蛋管理，确保入孵前种蛋质量

一般开产最初两周的种蛋不宜孵化，因为孵化率低，雏的活力也差。人们普遍较重视冬、夏季种蛋管理，而忽视春、秋季种蛋管理，这是不对的，任何季节都应重视种蛋的保存（7~8月孵化率比其他时间低4%~5%）。按蛋重对种蛋进行分级入孵，可以提高孵化率，主要是可以更好地确定孵化温度，而且胚胎发育比较一致，出雏更集中。

3. 创造良好的孵化条件

掌握好孵化温度、孵化场和孵化器的通风及其卫生，对提高孵化率和雏鸡质量至关重要。

4. 抓住孵化过程中的两个关键时期

整个孵化期，都要认真管理，重点是两个关键时期：种鸡的第1~7天和第18~21天（鸭、火鸡：24~28天，鹅26~32天），目的是提高孵化率和雏鸡质量。一般是前期注意保温，后期重视通风。

（1）前期（1~7天）。为了尽快缩短达到适宜孵化温度的时间，可采取下列措施：①种蛋入孵前预热。②孵化1~5天，进出气孔全部关闭。③熏蒸消毒孵化器内种蛋时，应在蛋壳表面的水珠干后进行，并避免在24~96小时胚龄时进行。④前5天（鸭、火鸡6天，鹅7天）不照检，以免温度下降，照检时应将小头朝上的蛋倒过来，剔除破蛋。

⑤提高孵化室的环境温度。⑥避免长时间停电：万一停电，除提高室温外，还可在水盘中加热水。

（2）后期（18~21天）。通风换气要充分，为解决供氧和散热问题，可采取下列措施：①避免在18天（鸭、火鸡22~23天，鹅25~26天）移盘，可在17天（甚至15~16天）或19天（约10%鸡胚啄壳）时移盘。②啄壳出雏时提高湿度，同时降低温度，避免高温高湿，此期出雏器温度一般不超过37~37.5℃，湿度提高到70%~75%。③注意通风换气，必要时加大通风量。④保证正常供电，即使短时间停电，对孵化效果的影响也是很大的，万一停电，应打开机门，进行上下倒盘，测蛋温。⑤捡雏时间的选择，在60%~70%雏鸡出壳时，将绒羽已干的雏鸡捡出，在此之前仅捡去空蛋壳；大批出雏后，将未出

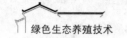
雏的胚蛋集中在出雏器顶部，以便出雏。最后再捡一次雏，并扫盘。⑥观察窗遮光，使雏鸡安静。⑦防止雏鸡脱水，雏鸡不可长时间待在出雏器里以及放在雏鸡处置室里，应及时送交育雏室或用户。

第二节　鸡的养殖技术

一、鸡的品种

（一）地方品种

1. 无量山乌骨鸡

无量山乌骨鸡产于普洱市景东县无量山、大理南涧县的无量山以及普洱市的哀牢山及两山之间的广大山区，属肉蛋兼用型鸡种。无量山乌骨鸡体型大，头较小，颈长适中，胸部宽深，胸肌发达，背腰平直，骨骼粗壮结实，腿粗，肌肉发达，体躯宽深，呈方形；头尾昂扬，耳多为灰白，部分有绿耳，喙平，上喙弯曲，喙、胫、趾为铁青色，皮肤多为黑色，少部分为白色，脚有胫羽、趾羽，故称"毛脚鸡"。

图 8-3　无量山乌骨鸡

成年鸡体重为 2.5~3.5 千克，公鸡屠宰率 88%、母鸡屠宰率 91%。母鸡开产日龄 160~200 天；年产蛋 90~130 枚，种蛋受精率为 85%~95%，受精蛋孵化率 90% 左右。无量山乌骨鸡于 2010 年 1 月列入国家畜禽遗传资源名录，2011 年10 月入选"云南六大名鸡"。

2. 云龙矮脚鸡

云龙矮脚鸡因产于大理州云龙县而得名，体型较小而匀称，近似卵圆形。单冠，冠、髯紫红色，冠齿单数，耳绿色，虹彩黄，喙多微钩。平头无胡须，公鸡羽色以赤黄为主，部分白羽；母鸡羽色麻黄，无丝羽，无腹褶。公鸡五爪，母鸡四爪。胫短，肉黑色，胫、喙及皮肤灰黑色。

图 8-4　云龙矮脚鸡

成年公鸡体重为 1.92 千克，母鸡为 1.37 千克。公鸡屠宰率 88.7%、母鸡屠宰率 92.3%。云龙矮脚鸡开产日龄 210～240 天，年平均产蛋 190～230 枚。开产蛋重 50 克，平均蛋重 53.8 克。种蛋受精率 92%；受精蛋孵化率 89%，平均育雏成活率 86.9%。有就巢性，约占群体总数的 83%。2006 年 6 月 2 日，云龙矮脚鸡被确定为国家级畜禽资源保护品种，列入中国畜禽遗传资源名录。2011 年入围云南省"六大名鸡"评选，是大理州重要的禽种资源。

3. 武定鸡

武定鸡产于云南省武定县和禄劝县。武定鸡全身羽毛较蓬松，单冠，红色、直立、前小后大。喙黑色，胫与喙的颜色一致，多数有胫羽和趾羽。公鸡多呈赤红色，有光泽；母鸡的翼羽、体躯、其他部分则披有新月形条纹的花白羽毛。

成年公鸡体重为 3050 克，母鸡为 2100 克。屠宰测定：5 月龄阉公鸡半净膛为 85 克，全净膛为 77 克；成年阉母鸡半净膛为 85.4 克，全净膛为 80.7 克。母鸡 6 月龄开产，年产蛋 90～130 枚。平均蛋重为 50 克左右，蛋壳浅棕色，蛋形指数 1.27。

4. 茶花鸡

茶花鸡产于云南省德宏、西双版纳、红河和文山四个自治州和临沧、思茅两地区的部分地区。主要用途：蛋、肉、观赏兼备。公鸡体型矮小，肌肉结实，骨骼细致，体躯匀称，近似船形；羽毛除翼羽、主尾羽、镰羽为黑色或黑色镶边外，其余全身红色，梳羽、蓑羽有鲜艳光泽。母鸡除翼羽、尾羽多数是黑色外，全身是麻褐色，翼羽比一般家鸡略微下垂。独特特征：外貌美观近似红色原鸡，叫声独特似茶花两朵。

图 8-5　茶花鸡

成年公鸡体重为 1070~1470 克，母鸡为 1000~1130 克。6 月龄屠宰测定：半净膛公鸡为 75.6 克，母鸡为 75.6 克；全净膛公鸡为 70.4 克，母鸡为 70.1 克。年产蛋 70 枚左右，个别达 130 枚。蛋壳深褐色，平均蛋重为 38.2 克，蛋形指数 1.35。蛋黄大、蛋壳较厚重。

5. 盐津乌骨鸡

盐津乌骨鸡产于云南省盐津、大关、威信等县。该鸡体型较大，近方型，头尾翘立，羽毛紧凑。平头，单冠直立，胸部发育良好，翅膀紧收，部分有胫羽。羽毛多数为黑色，少数为麻黄、灰、黑黄、黄、白、红等色。皮肤、眼、冠、髯、耳、脸均为乌色。喙、趾乌黑色。

成年公鸡体重为 3.18 千克，母鸡为 2.2 千克。屠宰测定：成年公鸡全净膛为 78.2 克，母鸡为 73.2 克；半净膛公鸡为 84.3 克，母鸡为 84.1 克。7 月龄开产，年产蛋 120~160 枚，最高可达 190 枚，蛋重为 56.7 克，蛋壳淡褐色，白色较少，蛋形指数 1.4。

6. 瓢鸡

瓢鸡产于云南省普洱市镇沅县，属肉蛋兼用型品种。瓢鸡体型小而紧凑，尾部羽毛下垂，臀部丰腴圆滑，形似葫芦瓢。喙短粗，有黑、黄青、铁灰等色。多为单冠，冠齿 6~8 个，少数复冠。冠、肉髯多呈紫黑色，少数呈红色。皮肤多呈黑色，少数为白色。胫多呈黑色，少数为黄色。公鸡冠大，厚而直立，羽毛颜色有赤红色、黑白花、全白三种，富有光泽；母鸡冠小而薄，羽毛有黄麻花、黑麻花、黑白花、全黑、全白、灰白等色。

成年公鸡体重平均为 2078 克，母鸡平均为 1683 克。532 日龄半净膛屠宰率分别为：公鸡 82.3%，母鸡 79.0%；全净膛屠宰率分别为：公鸡 72.3%，母鸡 65.1%。开产日龄为 160~190 天，年产蛋数 100~130 枚，平均开产蛋重 47 克，平均蛋重 52 克，自然交配条件下，种蛋受精率 60%~80%，受精蛋孵化率 80%

左右。母鸡就巢性较强，一年内就巢 5~6 次。

其他地方品种：腾冲雪鸡、尼西鸡、版纳斗鸡、寿光鸡、北京油鸡等。

（二）标准品种

经有目的、有计划的系统选育，按育种组织制定的标准（血统一致和典型的外貌特征——羽色、冠型、体型等），经鉴定承认并列入标准品种志的品种即为标准品种，在标准品种内还可分品变种和变种。

1. 白来航鸡

白来航鸡是世界著名的蛋鸡标准品种，原产于意大利，因最早从意大利的来航港向外输出而得名来航鸡。

该鸡体型较小而清秀，体质紧凑，羽毛全白，鸡冠和肉垂发达，公鸡的冠厚而直立，母鸡冠向一侧倾倒，喙、胫、趾及皮肤均为黄色，耳叶为白色。觅食力强，反应灵敏，活泼好动，富神经质，易受惊吓。适应性强，160 天左右性成熟，年产蛋 220~240 枚，平均蛋重 55~60 克，蛋壳白色。成年公鸡体重 2.0~2.5 千克，母鸡 1.5~1.6 千克。

图 8-6　白来航鸡

2. 科尼什鸡

科尼什鸡为典型的标准肉鸡品种，原产于英国的康瓦尔。有白色科尼什鸡和深色科尼什鸡两种。最早的白色科尼什鸡为隐性白羽，后来美国用红色科尼什鸡引入了白来航鸡的显性白羽基因培育出具有显性白羽的白色科尼什鸡，作为肉鸡的父系。

该鸡为豆冠，喙、胫、皮肤为黄色，羽毛紧密，体躯坚实，肩、胸很宽，胸、腿肌肉发达，肉用性能好，但产蛋量较低，年平均产蛋 120~130 枚，蛋重 56 克，蛋壳浅褐色。体重大，成年公鸡体重为 4.6 千克，母鸡体重为 3.6 千克。

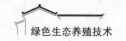

具有显性白羽的科尼什鸡与其他有色鸡杂交后，其后代多为白色或近似白色。

图 8-7　科尼什鸡（白羽）

3. 九斤鸡

九斤鸡为世界著名的标准肉鸡品种，原产于中国。该鸡头小，喙短，单冠，冠、肉垂、耳叶均为鲜红色，眼棕色，胫、皮肤黄色。颈短粗，体躯宽深，胸部饱满，背部向上隆起，羽毛蓬松，外形近方形。胫短，有胫羽和趾羽，体大而笨重，性情温顺，就巢性强。8～9 月龄性成熟，年产蛋 80～100 枚，平均蛋重 55 克，蛋壳黄褐色。成年公鸡体重 4.9 千克，母鸡 3.7 千克，肉质滑嫩，肉色微黄，肉味鲜美。九斤鸡有 9 个不同毛色的变种现代品种，即浅黄色、鹧鸪色、黑色、白色、银白色镶边、金黄色镶边、青铜色、褐色、横斑九斤鸡。

图 8-8　九斤鸡

其他标准品种：洛岛红鸡、新汉夏鸡、白洛克鸡等。

（三）鸡的现代品种（配套系）

在标准品种或地方品种基础上，采用现代育种方法培育出来的，具有特定的商业代号的高产禽种，强调整齐一致的高水平的生产性能。

1. 蛋鸡系

（1）海兰鸡。原产于美国，是美国海兰国际公司培育的中型褐壳蛋鸡，占美国蛋鸡市场的 1/3。72 周龄产蛋量 296 枚，平均蛋重 63.3 克，料蛋比为 2.3~2.5∶1。该鸡具有性情温顺，适应性好，开产早，产蛋高峰来得早，持续期较长等特点。商品代公母雏能自别雌雄。

（2）罗曼鸡。原产于德国，由德国罗曼公司育成，属中型体重高产蛋鸡，四系配套。72 周龄的入舍母鸡平均产蛋量 275 枚，蛋重 62.8 克，料蛋比 2.41∶1。高产鸡群，鸡蛋产量可突破 20 千克，产蛋数达 304 枚。1989 年上海申宝大型鸡场引进了曾祖代种鸡，目前全国大部分省市均有父母代种鸡饲养。

2. 肉鸡系

（1）AA 鸡。又叫爱拔益加鸡，原产于美国。由美国爱拔益加公司育成，是世界著名肉鸡配套杂交种之一，四系配套。1981 年引入我国，适应性和生产性能表现良好，目前在我国已广泛使用。商品代 6 周龄体重可达 2.64 千克，料肉比 1.74∶1；7 周龄体重为 3.23 千克，料肉比为 1.91∶1。

（3）艾维茵鸡。原产于美国，由美国艾维茵国际禽场有限公司培育，为当前著名肉仔鸡配套杂交种之一，四系配套。1987 年由中、美、泰三方在我国北京合资联合建立"北京家禽育种有限公司"，引进原种和祖代鸡种，向国际国内提供服务，目前已推广至各省市。商品代鸡 6 周龄体重为 1.979 千克，料肉比为 1.72∶1；7 周龄体重为 2.452 千克，料肉比 1.89∶1；8 周龄体重为 2.924 千克，料肉比为 2.08∶1。

其他肉鸡系品种：罗斯-308、科宝-500 等。

3. 优质黄羽肉鸡

这类鸡是在地方黄羽肉鸡品种基础上，引进外来品种血缘经过杂交而培育出的黄羽肉鸡。除了保留地方良种的三黄特征，骨细、肉嫩、肉味鲜美等特点，还提高了生长速度和饲料利用率，具有良好的抗病力及群体整齐度，适应性强、易饲养。一般饲养 80~100 天，体重可为 1.5~2.0 千克。如新浦东鸡、宫廷黄鸡、北京黄羽肉鸡、石歧杂鸡、兴农黄鸡、海新黄鸡、海红黄鸡、"882"黄鸡、江村黄鸡、墟岗黄鸡等。

二、雏鸡的饲养管理技术

0~6 周龄的小鸡称作雏鸡，雏鸡的饲养也叫育雏。

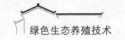
（一）育雏前准备

1. 育雏舍修整及消毒

（1）维修整理。养殖场育雏舍进雏前要检查鸡舍保温是否良好，检修电路，保证照明及育雏用电正常，检查水线是否完好。农村养殖户多数是利用闲置旧房改造使用，因此，雏鸡进出前更要加强维修和整理，保证育雏舍保温良好，不透风，不漏雨。

（2）消毒。进雏前，提前15天将育雏舍清洗干净。首先要将地面、墙壁和育雏笼冲洗干净，然后用8%~10%的石灰水进行刷白或喷洒；之后用高锰酸钾（每平方米用15克）和甲醛溶液（每平方米30毫升）进行熏蒸消毒；关好门窗，密闭熏蒸2~3小时即可。饲喂用具用消毒水浸泡。

2. 物料准备

（1）饲喂用具。保证40~50只鸡各一个开食盘、料筒、水桶。料槽及饮水线位置适当。

（2）防疫及消毒用具。连续注射器、接种针、针头等消毒用具喷雾器。

（3）饲料及动保产品。保证雏鸡的营养需要选购好的雏鸡全价饲料，饲料存放于干燥的地方，防止霉变。按照免疫程序准备好所需疫苗以及鸡常用保健药物等。

（4）其他物品。每间舍保证有3~4个温湿度计，便于观察舍内温湿度是否均匀；灯泡保证照明；电子秤用于鸡群体重称量；塑料筐用于接种疫苗时装鸡；塑料水桶（大号、小号）用于盛装冷开水以及保健药物投喂；升温所需燃料以及饲养记录表等。

（二）雏鸡的饲养

1. 初生雏的选择

初生雏的选择，主要观察绒毛、脐部愈合、精神状态和体态等。（1）健雏。绒毛洁净有光，蛋黄吸收良好，腹部平坦；脐带愈合良好，干燥，被腹部绒毛覆盖；站立稳健有力，叫声洪亮，对光和声音反应敏感；体态均匀，且全群整齐。（2）弱雏。绒毛污乱，部分雏鸡绒毛上沾有碎壳蛋，头部发黏（蛋白吸收不好）；脐部愈合不良，腹部膨大，脐部带血；站立不稳，精神不振，叫声无力，对光和声音反应迟钝；体态臃肿或干瘪。

2. 雏鸡的运输

从外地采购雏鸡时，根据距离选择交通工具。要在24小时内到达目的地，否则雏鸡会脱水，影响其生长发育。雏鸡放在专用、一次性的纸制盒内，一盒可装100只，运输时既要注意保温，也要注意通风。保温时防止鸡闷热、缺氧、窒息死亡；通风时防止雏鸡受凉拉稀。

3. 雏鸡的饲喂

（1）饮水。1 日龄雏鸡饮水为初饮，一般在绒毛干后就可饮水。雏鸡出壳后 24 小时体内水分消耗 8%，48 小时消耗 15%。所以，雏鸡出壳后 24 小时之内先饮水后开食。育雏第一周最好使用温开水。在水中可加入适量的多维、5% 葡萄糖以及抗生素，可有效预防鸡白痢。饮水桶最好放在光亮温暖的地方。对不会饮水的雏鸡进行调教，将雏鸡轻轻握于手内，用食指将头轻轻按入水槽。经过个别调教，其余雏鸡会相互模仿。饮水器要每天清洗。

（2）喂饲。在雏鸡初饮 2~3 小时后即可开食，全价配合饲料中可适当添加酵母粉（防止腹泻）。将饲料洒在报纸或塑料布上，让小鸡自由采食，3~7 日龄后，逐步过渡到用料筒或料槽。前两周每次饲喂不宜过饱。雏鸡贪吃，容易采食过量，引起消化不良，一般每次采食九成饱即可，采食时间 45 分钟。三周以后可自由采食。1~2 周龄内每天喂 5~6 次（4~5 小时饲喂 1 次），其中夜间要喂 1 次；3~4 周龄每天喂 4~5 次，5 周龄以上每天饲喂 3~4 次。每次喂料注意少喂勤添，防止浪费。

表 8-4　每天投料量的简易测算方法

日　龄	每只每天投料量（克）
小于 10	日龄数+2
10~20	日龄数+1
21~25	日龄数
51~150	50+〔（日龄数~50）/2〕
大于 150	100~130

（三）育雏操作规程

（1）1~3 天。第一周是脱温最为关键的时期，而 1~3 天又是重中之重。1~3 天育雏操作规程见表 8-5。

表 8-5　1~3 天育雏操作规程

项　目	操作规程
水	雏鸡进舍认真清点数量，弱雏单独饲养。每笼按 10% 的比例进行人工喂水，尽早调教雏鸡饮水。每天更换水不少于 4 次，保证鸡群不能断水
饲料	饮水后 2~3 小时，将饲料均匀洒在报纸或油布上让鸡群自由采食，每 4 小时投喂 1 次。45 分钟内吃完最好，以后每次投喂以剩料量为度

续 表

项 目	操作规程
温度、湿度	进雏时的温度须在 35~37℃，不能忽高忽低；在确保温度的同时，注意鸡舍的湿度，地面洒水、放置水盆产生水蒸气，进而提高鸡舍湿度，要确保湿度不低于 60%
光照	24 小时光照；用 60 瓦白炽灯或 9 瓦节能灯（20~30 勒克斯），灯泡不可离鸡体太近，容易啄肛；使用多列灯泡的，交错悬挂，灯间距 3 米左右
通风	进雏当天以保温为主，不开窗通风，但也可适当采取间歇性通风
药	饮水中添加电解质多维、3% 葡萄糖、氨基酸等，配以抗沙门氏菌药物，如恩诺沙星等，连喂 3 天，降低鸡白痢发病率
注意事项	(1) 注意观察鸡舍的温度、湿度、鸡群聚散，坚决避免温湿度忽高忽低；(2) 每次喂完料后注意观察鸡群精神状态；(3) 使用煤炉的养殖户要防止煤气中毒；(4) 每次加水加料注意清理饲料或水中的粪便

（2）4~7 天育雏操作规程见表 8-6。

表 8-6　4~7 天育雏操作规程

项 目	操作规程
水	4 天后可根据鸡群情况适当用水线供水。水线应高于鸡正常高度 2~3 厘米
饲料	雏鸡全价配合饲料，每天饲喂 5 次，可用料筒饲喂
温度、湿度	温度不低于 33℃，湿度为 65%
光照	第 3 天后每天逐渐减少 1 个小时光照
通风	空气中废气开始增多，注意通风换气，避免风直接吹小鸡
药	饮水中可添加电解质多维、3% 葡萄糖、氨基酸等，配以益生菌、酸化剂饲喂，促进肠道发育，提高成活率
防疫	第 5 天新支二联免疫，点眼滴鼻，一头份
注意事项	(1) 注意观察鸡群，及时将弱雏、残雏淘汰；(2) 通风时可先将温度升高 1~2℃；(3) 第 7 天进行雏鸡称重，随机抽取全群数量的 5%，但不少于 100 只，计算平均值和均匀度

（3）8~14 天育雏操作规程见表 8-7。

表 8-7　8~14 天育雏操作规程

项　目	操作规程
水	增加饮水量，不能断水
饲料	雏鸡全价配合饲料，每天饲喂 4~5 次
温度、湿度	温度达到 30℃，湿度为 65%
光照	第 3 天后每天逐渐减少 1 个小时
通风	据季节变化调整通风量，增加进风口面积，保持舍内空气新鲜
药	调节肠道益生素，提高免疫力产品交替使用
防疫	第 10 天新支二联，点眼滴鼻，一头份；新支油苗，皮下注射，一头份
注意事项	（1）注意观察鸡群，及时将弱雏、残雏淘汰；（2）通风时可先将温度升高 1~2℃；（3）第 8 天进行带鸡消毒；（4）第 14 天称重；（5）第 10 天以后注意观察有无血便，及时预防球虫，可投服地克珠利预防

（4）15~21 天育雏操作规程见表 8-8。

表 8-8　15~21 天育雏操作规程

项　目	操作规程
水	增加饮水量，不能断水
饲料	雏鸡全价配合饲料，每天饲喂 3~4 次
温度、湿度	温度保持在 26~30℃，湿度为 65%
光照	第 3 天后每天逐渐减少 1 个小时
通风	增加通风量，保持舍内空气新鲜
药	调节肠道益生素，提高免疫力产品交替使用
防疫	第 14 天法氏囊，滴口，一头份；鸡痘，刺种，一头份；第 18 天新支二联，点眼滴鼻，一头份；禽流感 H5，皮下注射，一头份
注意事项	（1）21 日龄分群，大雏留下层，小雏留在上层；（2）调整鸡群：选出体质较差，体重不达标的鸡单独饲养；（3）每周进行 2~3 次带鸡消毒，消毒药轮流使用，免疫接种前后严禁消毒；（4）第 21 天称重；（5）接种法氏囊后连用 3 天多西环素；（6）密切关注传染性支气管炎、传染性法氏囊、慢性呼吸道病、大肠杆菌病、鼻炎、球虫病等的发生

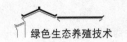
（5）22~28 天育雏操作规程见表 8-9。

表 8-9　22~28 天育雏操作规程

项　目	操作规程
水	增加饮水量，不能断水
饲料	雏鸡全价配合饲料，每天饲喂 3~4 次
温度、湿度	温度达到 24℃（常温），湿度为 65%
光照	第 3 天后每天逐渐减少 1 个小时
通风	通风为主，保持舍内良好的通风换气
药	调节肠道益生素，提高免疫力产品交替使用
防疫	第 24 天法氏囊，滴口，一头份；鸡痘，刺种，一头份
注意事项	（1）进行公母分群；（2）调整鸡群：选出体质较差，体重不达标的鸡单独饲养；（3）每周进行 2~3 次带鸡消毒，消毒药轮流使用，免疫接种前后严禁消毒；（4）第 28 天称重；（5）加强防疫，发现病鸡立即隔离

（6）29~35 天育雏操作规程见表 8-10。

表 8-10　29~35 天育雏操作规程

项　目	操作规程
水	增加饮水量，不能断水
饲料	过渡饲喂育成料
温度、湿度	常温，湿度为 55%
光照	第 3 天后每天逐渐减少 1 个小时
通风	通风为主，保持舍内良好的通风换气
药	调节肠道益生素，提高免疫力产品交替使用
防疫	第 35 天新支二联冻干苗，新支二联油苗，禽流感 H5
注意事项	（1）隔日带鸡消毒 1 次；（2）35 日龄后准备转入育成阶段；（3）冬天育雏延迟至 45 日龄

三、育成鸡饲养管理

育成鸡也称中雏，一般指 35 日龄（42 冬雏）至 90 日龄（7~14 周龄）正在发育的鸡。育成鸡羽毛已经丰满，具有健全的体温调节和对环境的适应能力。在一般的家禽养殖中注重育成阶段饲养的多数是规模化蛋鸡养殖、种鸡养殖，而传统的优质鸡养殖中往往忽视了育成期的饲养管理。育成期饲养管理关乎鸡群均匀度、土鸡蛋收益等，对有育种考虑的养殖户，育成阶段的饲养成效也非常关键。

（一）育成鸡的饲养

1. 饲养方式

育成期一般采用半放牧的方式进行，鸡群脱温后，直接转移至放牧圈舍，圈舍外围起一定面积的活动场地，育成期的活动场地为 1 平方米饲养 10~12 只。

2. 日粮过渡

从育雏期到育成期，饲料的更换是一个很大的转折。从 7 周龄的第 1~2 天，用 2/3 的育雏料和 1/3 的育成料饲喂；第 3~4 天，用 1/2 的育雏料和 1/2 的育成料混合饲喂；第 5~6 天，用 1/3 的育雏料和 2/3 的育成料混合饲喂，以后饲喂育成饲料。

3. 育成鸡的限制饲养

为避免鸡只体重过大或过肥影响生产性能，要控制鸡群的自由采食量，对饲喂量进行必要的限制。高原优质地方鸡通常在育成期及产蛋后期进行限饲。限制饲养能培育良好的体况（体重、体格）；控制育成鸡性成熟过早，增加土鸡产蛋收益；降低死亡率和淘汰率，及早淘汰弱鸡；延长经济利用期，节约饲料，提高饲料效率。

（1）限饲的方法。减少量为自由采食量的 10%~15%；早上少量饲喂，晚上再补饲 1 次。育成鸡每周称重 1 次，计算平均体重，与标准体重对比，确定下周的饲喂量。

（2）限饲注意事项。①限饲并非必要，按需采用；②正确掌握给料量，采食机会均等是关键，鸡数准确，喂料快速而均匀，饮食位置充足；③注意监测鸡的体重，固定时间隔周空腹随机称重；④注意监测鸡群健康，出现异常，如遇应激（免疫、转群等）或发病时，应立即停止限饲或改变方法；⑤限饲前要调整鸡群，挑出病鸡和弱鸡，弱小者不限，防止死亡，公母分群限饲；⑥育成时，要注意鸡舍保暖、通风，否则限饲不但达不到目的，反而适得其反。

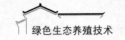

4. 沙砾（钙）及青饲补充

沙砾每 10 天左右补喂 1 次，沙砾可拌入日粮或单独放在砂槽内。小规模饲养时，可在育成期饲料中添加 20% 左右的幼嫩优质青绿饲料。

（二）育成鸡的日常管理

1. 育成前期的管理

做好育雏期向育成期的过渡：转群→及时脱温→换料。

（1）转群。时间：对于自己脱温的养殖户在 7 周龄即可转群，没有脱温条件的养殖户可到指定高原优质鸡养殖基地购买育成鸡即可。

转群前的准备：新鸡舍的整理与消毒于转群前 1~2 周进行，准备好周转箱、饲料及饮水。

转群的要求：减少惊群，在晚上或光线较暗时进行；减少鸡只的伤残；将饮水饲喂器具提前搬出；人工抓鸡装鸡时每次应少抓，且应抓双腿，动作要轻；每次运输时装鸡不可太多；装入新鸡笼时动作要轻；转群应与选留相结合，及时淘汰病、弱、残及体重过小的鸡，并尽量分区装鸡。

转群后的管理：

①光照。有条件的养殖户，且在鸡笼中育成的鸡，转群后 1~2 天实行 24 小时光照；转群前后各 2~3 天适当添加电解多维、VC 及抗菌药，转群后 3~5 天内的饲养管理条件尽量与前阶段保持接近，舍温低于 18℃时适当供温。

②整理鸡群。转群后及时检查调整鸡群数量，并做好清点，注意观察鸡群状态。

（2）及时脱温。昼夜温度不低于 18℃时即可脱温，否则应推迟，并在温度下降时适当供温。

（3）圈舍。舍内地板打上水泥，铺上谷壳或稻草，搭上栖息架，并将架子与窗子相连，使鸡群进出自由，注意夜晚保温。圈舍外围起适当的运动场地，使鸡群适应半放养状态。

2. 育成鸡的日常管理

（1）饲养密度。高原优质地方鸡育成阶段要保持适宜的密度，才能使个体发育均匀。适当的密度不仅增加了鸡的运动机会，还可以促进育成鸡骨骼、鸡肉和内部器官的发育，从而增强体质。育成场地面积设计规格为 12~15 只/平方米。

（2）饲喂设备。每 100 只鸡设置 3~4 个料筒、水桶，若使用料槽每只鸡占有 7~9 厘米的槽位，每 10 只一个饮水乳头。育成阶段采用限饲喂养，保证鸡群有足够的采食位置，而且投料时速度要快，确保全群同时吃到饲料，才能保证鸡群均匀度。

（3）通风。育成鸡的适应能力比雏鸡强，采食量增加，呼吸和排粪量相应增多，舍内空气容易污浊。通风不良，会导致鸡羽毛生长不良，生长发育缓慢，整齐度差，饲料转化率下降，容易诱发疾病。育成鸡舍通风要适当，既要维持适宜的鸡舍温度，又要保证鸡舍内有较新鲜的空气。育成鸡白天在运动场地活动，夜晚归圈，所以白天通风，夜晚保证空气流通的同时注意保暖，特别是在冬天更应该注意。

（4）分群饲养。一要注意公、母分群。公、母鸡的生长发育规律不同，采食量不同，生活力不同。如果公母鸡混养，会影响母鸡的生长发育，不利于均匀度的控制。分群可在育雏结束后利用转群将公母鸡分开。二是要注意大小、强弱鸡分群。

（5）预防啄癖。公母分群在一定程度上能降低啄癖的发生，但随着公鸡性成熟，打斗性增强，啄癖势必还会发生。因此，育成阶段应当降低饲养密度，改进日粮，改善饲养环境，同时可为公鸡戴上眼镜。

（6）卫生和免疫。及时清理鸡舍粪便，清洗消毒喂料、喂水设备，每周至少消毒3次。由于高原优质地方鸡养殖周期长，因此，育成阶段还要进行必要的疫苗免疫，注意预防禽流感、新城疫、鸡痘等常见放养鸡疾病。同时，还要注意驱虫。

四、放养阶段的饲养管理

生态放养模式（由云南农业大学杨亮宇教授及其团队提出），是指鸡在集中育雏和育成后，利用荒地、林地、草原、果园、农闲田、玉米地等地规模放养，饲喂五谷杂粮，让鸡自由寻觅昆虫野草，饮山泉露水，严格限制化学药品、激素、饲料添加剂等的使用，以提高鸡肉的风味和品质为目的，使生产出的鸡蛋符合绿色食品标准要求的一项生产技术。这种人工设计的生态放养模式，既满足了市场对高端禽产品的需求，又实现了养鸡生产与自然环境的相互依存与和谐发展，从而实现以较少的投入获得较高的综合效益。

（一）实施原则

（1）小群分散原则：鸡能采食到天然饲料，可节约饲料、提高品质，使养鸡与环境达到和谐统一。

（2）前关后放原则：120日龄集中圈养，待鸡群提高适应性和抗病力后可放牧饲养。

（3）合理补料原则：根据天然饲料资源情况、群体大小、养殖季节，确定补喂饲料的质和量。

（4）品种定向原则：地方鸡种或改良地方鸡种。

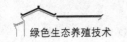

（5）由小到大原则：规模先小后大，风险小、效益高。

（二）饲养管理

集中育雏和育成后，按"5553"模式进行放养。育成期对鸡群进行半放养，同时在放牧过渡期对鸡群进行放牧训导（早出晚归、早少晚饱、吹哨→放牧→采食→归舍）。

1. 规模化放养的基本设施

（1）永久性鸡舍。鸡舍相互间隔 100 米左右，放牧场地宽广，实行围栏轮牧。

（2）栖息架。钉制"A"字形，高 1.8 米，设四个阶梯，每个阶梯间隔 40 厘米，每只鸡占有栖息架 22 厘米。

（3）产蛋窝。每 4 只鸡一个产蛋窝；产蛋窝离地 1 米，鸡跳进产蛋窝产蛋，所产蛋比较干净。

（4）放养草场条件。鸡在放养情况下，喜欢采食豆科及较为细嫩的牧草，以及牧草籽实，尤其喜欢啄食各种昆虫，食性较杂。鸡的消化道短，而且无纤维素酶，对粗纤维的消化能力很低，如果鸡采食纤维素过多，那就会造成排粪、排空快，饲料利用率降低。

因此，建植人工草地时，应选择以营养价值高、粗纤维含量相对较低的豆科牧草为主，辅以禾本科的细嫩牧草，豆科与禾本科牧草混播比例为 6∶4。选择牧草蛋白含量高、适口性好的牧草，如紫花苜蓿、三叶草等。

（5）精饲料补充。放牧鸡必须进行饲料补充。草场不能完全满足鸡的营养需求，特别是在产蛋期。补充饲料主要分两大类：一类以原粮为主，适合于放牧草场牧草结构合理、草量丰富及昆虫种类及数量大的季节；另一类为配合饲料，适合于草量不足、昆虫数量少的季节，包括购买的全价配合料或自配的混合饲料。

（三）"5553"生态放养注意事项

1. 适宜的购雏季节

云南每年的 3～6 月为放养最佳时期，进雏时间在上一年的 11～12 月初。春季，外界白天气温在 15℃以上适宜放牧，放养鸡时草开始生长，在整个生产周期内能充分利用青饲料，降低饲料成本。鸡群春天开始产蛋，产蛋周期长，效益高。

2. 合理的放养密度

放养密度过高造成青饲料严重不足，须长期补给大量精料，增加了饲料成本，而且又在管理上增加了难度；造成鸡只生长速度减慢，体质瘦弱，死亡率增加。要根据放养地面积的多少确定适宜的放养密度，一般按每亩果园或林地放养成年土鸡 50 只左右。

3. 防止粗放的管理

粗放管理，例如，不注重防疫，育成期、产蛋期饲养管理差，忽视天气变化，忽视消毒，用药混乱。

随着人们收入水平的提高，达到绿色甚至有机食品标准的生态土鸡产品需求量会越来越大，生态土鸡养殖产业将会有较大发展。生态土鸡养殖的规模会越来越大，养殖技术会向标准化方向发展。生态土鸡产品的识别标志将由目前的毛色、蛋壳色等向商标、品牌发展，此时对品种的生产效率要求会提高（鸡种的限制会逐步消除）。生态土鸡养殖的技术如补料、饲养管理水平会更高，生产效益会更好。

第三节　鸭的养殖技术

一、鸭的品种

按经济用途可将鸭的品种分为肉鸭、蛋鸭和兼用鸭三个类型。

（一）肉用型

1. 北京鸭

北京鸭原产于我国北京近郊，是世界上著名的肉用型鸭种。北京鸭体型大，全身羽毛洁白、紧凑。成年公鸭体重为 3~4 千克，母鸭为 2.5~3.5 千克。北京鸭父母代性成熟期为 23~29 周龄，年产蛋量母本 260 枚，父本 205 枚。商品代肉仔鸭 7 周龄体重可达 3.45 千克，料肉比 2.70 :1。北京鸭肉质鲜美，富含脂肪，为烤鸭的上等原料。

2. 瘤头鸭

瘤头鸭原产于南美洲和中美洲的热带地区，我国俗称番鸭、洋鸭或火鸭。在我国，瘤头鸭与其他家鸭杂交的被称为半番鸭或骡鸭。瘤头鸭体型前后窄，中间宽，如纺锤体状。喙基部和头部两侧有红色或黑色皮瘤，不生长羽毛，所以称瘤头鸭，毛色主要有黑白两种。成年公鸭体重为 3.5~4.0 千克，母鸭为 2.0~2.5 千克。仔鸭 90 日龄时，公鸭体重为 2.7~3.0 千克，母鸭为 1.8~2.0 千克。成年母鸭年产蛋量 80~120 枚，蛋重 70~80 克。瘤头鸭不能生育，瘤头鸭主要以肉用性能为主。

3. 天府肉鸭

天府肉鸭由四川农业大学育成。父母代年产蛋 230~250 枚，商品代肉鸭 6 周龄活重为 2.5~2.8 千克，料肉比为 2.4~2.5 :1。

除了上述 3 种品种外，还有樱桃谷鸭、狄高鸭、丽佳鸭、枫叶鸭、海格鸭等。

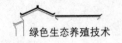
（二）蛋用型

1. 咔叽—康贝尔鸭

咔叽—康贝尔鸭原产于英国，为著名的蛋用型品种，全身羽毛黄褐色（引入我国的共有三个变种）。该品种具有适应性广、抗病力强、产蛋量高、耗料省、肉质佳等特点，成年公鸭体重2.3~2.5千克，母鸭2.0~2.3千克，年产蛋200~250枚，蛋重平均77克。

2. 绍兴鸭

绍兴鸭原产于浙江省，属小型麻鸭，为我国著名蛋用型鸭。具有体型小、成熟早、产蛋多、耗料少、适应性广等特点。成年公鸭平均体重为1.5千克，母鸭为1.25千克，3~4月龄开产，年产蛋250~300枚，高产群可达314枚，蛋重62~65克。

图8-9　咔叽—康贝尔鸭

图8-10　绍兴鸭

3. 其他蛋用型鸭种

福建的金定鸭、湖北的荆江鸭、贵州的三穗鸭。

（三）兼用型

高邮鸭原产于江苏，为著名的兼用型麻鸭之一，以体型大、觅食力强、生长快、善产双黄蛋而著称。成年公鸭体重为3.5~4.0千克，母鸭为3.5千克，年产蛋量140~160枚，高产者可达200枚，蛋重平均76克。仔鸭放牧70天，平均重1.5~2.0千克，舍饲60天体重可达2.3千克。

8-11　高邮鸭

二、肉鸭的饲养管理

（一）肉用雏鸭的饲养方式

肉用仔鸭大多采用全舍饲，即鸭群的饲养过程始终在舍内。该方式又分为以下三种类型。

1. 地面平养

在水泥或砖铺地面撒上垫料即可饲养。若出现潮湿、板结，要局部更换厚垫料。一般随鸭群的进出全部更换垫料，可节省清圈的劳动量。各种肉用仔鸭均可用这种饲养管理方式。

2. 网上平养

在地面以上60厘米左右铺设金属网或竹条、木栅条进行饲养。这种饲养方式可使粪便由空隙中漏下去，省去日常清圈的工序，减少由粪便传播疾病的机会，而且饲养密度比较大。这种饲养方式可饲养大型肉用仔鸭，0~3周龄的其他肉鸭也可采用此方法。

3. 笼　养

笼养方式多用于养鸭的育雏阶段，并且此方法正在大力推广之中。改平养育雏为笼养，在保证通风的情况下，可提高饲养密度，一般每平方米饲养60~65只。若分两层，则每平方米可养120~130只。笼养可减少禽舍和设备的投资，减少清理工作，还可采用半机械化设备，减轻劳动强度。因此，笼养鸭生长发育迅速、整齐，比一般放牧和平养生长快，成活率高。笼养育雏一般采用人工升温，因此鸭舍上部空间温度高，较平养一般可省燃料80%；且育雏密度加大，雏鸭散发的体温蓄积也多。

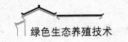

（二）肉鸭的饲养管理

1. 环境条件及其控制

（1）温度。大型肉鸭是长期以来用舍饲方式饲养的鸭种，不像蛋鸭那样比较容易适应环境温度的变化。因此，在育雏期间，特别是在雏鸭出壳后第一周内要保持适当的环境温度，这也是育雏能否成功的关键所在。育雏的温度随供温方式的不同而不同。

保温伞育雏，1 日龄的伞下温度控制在 34～36℃，伞周围区域温度为 30～32℃，育雏室内的温度为 24℃。若用地下烟道和电热板室内供温，则 1 日龄时的室内温度保持在 29～31℃ 即可，2 周龄到 3 周龄末降至室温。无论何种供温方式，育雏温度都应随日龄增长，由高到低而逐渐降低。至 3 周龄，即 20 天左右时，应把育雏温度降到与室温相一致的水平，一般室温为 18～21℃ 最好。起始温度与 3 周龄时的室温之差是这 20 天内应降的温度。笼养育雏时，一定要注意上下层之间的温差。采用升温育雏时，除了在笼层中间观察雏温度外，还要注意各层间的雏鸭动态，及时调整育雏温度和密度。若能在每层笼的雏鸭背高水平线上放一温度计，然后根据此处温度来控制每层的育雏温度，则效果会更好。

（2）湿度。雏鸭体内含水量大约 75%。育雏第一周应该保持稍高的湿度，一般相对湿度为 65%，以后随日龄增加。同时要注意保持鸭舍的干燥，要避免漏水，防止垫料潮湿。第二周湿度控制在 60%，第三周以后为 55%。

（3）密度。密度是指每平方米地面或网底面积上养的雏鸭数。育雏密度依品种、饲养管理方式、季节的不同而异。一般最大收容量为每平方米 25 千克活重。不同饲养方式雏鸭的饲养密度见表 8-11。

表 8-11　雏鸭的饲养密度

周　龄	地面垫料平养（只/平方米）	网上饲养（只/平方米）	笼养（只/平方米）
1	20～30	30～50	60～65
2	10～15	15～25	30～40
3	7～10	10～15	20～25

（4）光照。出壳后的头 3 天内采用 23～24 小时光照，以便于雏鸭熟悉环境、寻食和饮水；关灯 1 小时保持黑暗，目的在于使鸭能够适应突然停电的环境变化，防止一旦停电造成的集堆死亡。光的强度不可过高，过于强烈的照明不利于雏鸭生长，通常光照强度在 10 勒克斯。一般开始时，白炽灯每平方米应有 5 瓦强度（10 勒克斯），以后逐渐降低。在 4 日龄以后，白天利用自然光照，

早、晚喂料时，只提供微弱的灯光，只要能看见采食即可，这样既省电，又可保持鸭群安静，不会降低鸭的采食量。

（5）通风。雏鸭的饲养密度大，排泄物多，育雏室容易潮湿，积聚氨气和硫化氢等有害气体。因此，保温的同时要注意通风，以排除潮气等，其中以排出潮湿气最为重要。适当的通风可以保持舍内空气新鲜，夏季通风还有助于降温。因此良好的通风对于保持鸭体健康、羽毛整洁、生长迅速非常重要。

2. 雏鸭的饲养管理技术

0～3周龄是大型肉鸭的育雏期，习惯上把这段时间的肉鸭称为雏鸭。这是肉鸭生产的重要环节，因为雏鸭刚孵出，各种生理机能不完善，还不能完全适应外部环境，必须从营养上、饲养管理上采取措施，促使其平稳、顺利地过渡到生长阶段，同时也为以后的生长奠定基础。无论采用地面平养、网上平养或笼养，其饲养技术都基本一致。

（1）"开水"。教初生雏鸭第一次饮水称为"开水"。一般雏鸭出壳后24～26小时，在"开食"前先"开水"。雏鸭一边饮水，一边嬉戏，雏鸭受到水的刺激后，生理上处于兴奋状态，促进其新陈代谢，促使其胎粪的排泄，有利于其"开食"和生长发育。常用的方法是用饮水器"开水"，即用饮水器注满干净水，放在保温器四周，让其自由饮水，起初要先进行调教，可以用手敲打饮水器的边缘，引导雏鸭来饮水；也可将个别雏鸭的喙浸入水中，让其饮到少量的水，只要有个别雏鸭到饮水器边来饮水，其他雏鸭就会跟上。"开水"后，必须保证不间断供水。

（2）"开食"。雏鸭的第一次喂食称为"开食"。用配合饲料制成颗粒料直接开食，最好用破碎的颗粒料，这样更有利于雏鸭的生长发育和提高成活率。雏鸭"开食"过早不行，过迟也不行。"开食"过早，一些体弱的雏鸭，活动能力差，本身无吃食要求，往往被吃食好的雏鸭挤压、受伤，影响其今后"开食"；而"开食"过迟，因不能及时补充雏鸭所需的营养，致使雏鸭因养分消耗过多、疲劳过度，降低雏鸭的消化吸收能力，造成雏鸭难养，成活率也低。雏鸭一般训练"开食"2～3次后，自己就会吃食。雏鸭吃上食后一般掌握让雏鸭吃至七八成饱就够了，不能吃得太饱。

（3）喂料。第一周龄的雏鸭也应让其自由采食，经常保持料盘内有饲料，随吃随添。一次投料不宜过多，否则堆积在料槽内，不仅造成饲料的浪费，而且使饲料容易被污染。1周龄以后可采用定时喂料，次数安排按2周龄时昼夜6次，一次安排在晚上，3周龄时昼夜4次。每次投料若发现上次喂料到下次喂料时还有剩余，则应酌量减少，反之则应增加一些。最初第一天投料量以每天每只鸭30克计算饲喂量。第一周平均每天每只鸭35克，第二周105克，第

三周 165 克，在 21 和 22 日龄时喂料内加入 25% 和 50% 的生长育肥期饲粮。

（4）分群。雏鸭群过大不利于管理，水槽、食槽、温度等因为不易控制，易出现惊群或雏鸭受挤压而死。为了提高育雏率，必须分群管理，一般每群 300~500 只。

（5）搞好清洁卫生。雏鸭抵抗力差，要创造一个干净卫生的生活环境。随着雏鸭日龄的增大，排泄物不断增多，鸭舍或鸭篮的垫料极易潮湿。因此，垫料要经常翻晒、更换，保持雏鸭生活环境干燥，所使用的食槽、饮水器每天要清洗、消毒，鸭舍要定期消毒等。

（6）搞好免疫防病工作。

3. 生长肥育期的饲养管理

肉鸭 4~8 周龄培育期也称为生长肥育期，习惯上将 4 周龄开始到上市这段时间的肉鸭称为肥育仔鸭。

（1）生理特点。大型商品肉鸭在生长肥育期，体温的调节机制已趋完善，骨骼和肌肉生长旺盛，绝对增重处于最高峰时期，采食量大大增加，消化机能已经健全，体重增加很快。所以在此期要让其尽量多吃，再加上精心的饲养管理，使其快速生长，达到上市体重要求。

（2）营养需要。从 4 周龄开始，换用肥育期饲粮，蛋白质水平低于育雏期，而能量水平与育雏期的相同或略少提高。育肥期肉鸭生长旺盛，能量需求大，这时不提高日粮能量水平，或使育肥期日粮的能量水平相对降低。由于肉鸭可以根据能量水平确定采食量，因此相对降低日粮中的能量水平可促使肉鸭提高采食量，有利于仔鸭快速生长，而且饲料中蛋白质水平的降低，同时也降低了成本。育肥期的颗粒料直径可变为 3~4 毫米或 6~8 毫米，地面平养和半舍饲时可用粉料，粉料必须拌湿喂，具体的营养要求见营养部分。

（3）饲养管理技术。

①饲养方式。目前大型肉鸭 4~8 周龄多采用舍内地面平养或网上平养，育雏期可采用地面平养或网上平养的，可不转群，既避免了转群给肉鸭带来的应激，也节省劳力。但育雏期结束后采用自然温度肥育的，应撤去保温设备或停止供暖。对于由笼养转为平养的，则在转群前 1 周，平养的鸭舍、用具须做好清洁卫生和消毒工作。地面平养的准备好 5~10 厘米厚的垫料。转群前 12~24 小时饲槽加满饲料，保证饮水不断。

②温度、湿度和光照。室温以 15~18℃ 为宜，冬季应升温，使室温达到最适温度（10℃ 以上）。湿度控制在 50%~55% 之间，应保持地面垫料或粪便干燥。光照强度以能看见吃食为准，每平方米用 5 瓦白炽灯。白天利用自然光，早晚加料时才开灯。

③密度。地面垫料饲养，每平方米地面养鸭数为：4 周龄 7~8 只，5 周龄 6~7 只，6 周龄 5~6 只，7~8 周龄 4~5 只。具体视鸭群个体大小及季节而定。冬季密度可适当增加，夏季可减少。气温太高，可让鸭群在室外过夜。

④饲喂次数。白天 3 次，晚上 1 次。喂料量原则与育雏期相同，以刚好吃完为宜。为防止饲料浪费，可将饲槽宽度控制在 10 厘米左右。每只鸭饲槽占有长度在 10 厘米以上。

⑤饮水。自由饮水，不可缺水，应备有蓄水池。每只鸭水槽占有长度在 12 厘米以上。

⑥垫料。地面垫料要充足，随时撒上新垫料，且经常翻晒，保持干燥。垫料厚度不够或板结，易造成肉鸭胸囊肿，影响屠体品质。

4. 上　市

为了获得较高的生产率，生产者应根据肉鸭的生长状况及市场价格选择合适的上市日龄。肉用仔鸭 7 周龄后相对生长率已降得很低，而 5~7 周龄的绝对增重处于高峰时期，所以选择 7 周龄为上市日龄。一般不选择 6 周龄上市，除非仔鸭已长得很大，因为 7 周龄的绝对增重处于较高水平。若市场要求稍小的肉鸭，则在 4 周龄上市最好。4 周龄肉鸭肌肉丰满，且羽毛已基本长成，饲料转化效率也高。若再继续喂，则肉鸭偏重，绝对增重开始下降，饲料转化效率也降低。当然，如果是生产用于分割肉，则建议养至 8 周龄最好。因为后期鸭只胸腿部肌肉较多，而分割肉中以胸部和腿部肌肉最贵。分割肉价格若以胸部基数为 100，则腿为 75，翅部为 60，背为 30，那么分割肉生产最好养至 8 周龄。由于到 8.8 周龄上市后，肉鸭的皮脂较多，不易被消费者接受，所以许多饲养者选择在 4~5 周龄上市，饲养效益也较好。

第四节　鹅的养殖技术

一、鹅的品种

（一）永平白鹅

永平白鹅是永平县回族农民在特定的地理气候环境、饲料条件、饲养习惯下，在长期的养殖实践中，经精心选留、驯养培育和自然选择，逐步形成的独具特性的优良地方品种。永平白鹅具有遗传力强，喙、羽毛、肉瘤、颈、肉色、肤色、体型、生产性能、繁殖性能遗传稳定，毛色纯净、繁殖力高、就巢性强、早期生长速度快、耐粗饲、饲养成本低、抗病力强、肉味鲜美、鹅肥肝大、油脂含量高等特质。

外部特征：永平白鹅成年鹅羽毛为纯白色，雏鹅为淡黄色，成年体重为3.5~5.5千克，呈椭圆形，属肉脂兼用的中小型鹅种；公鹅颈稍长，母鹅颈偏短，鹅的喙、肉瘤、趾、蹼为橘黄色，胫为橘红色，且短而粗壮有力，耐粗饲，抗逆性强、就巢性强。18月龄以上的种公鹅肉瘤大而圆，稍往前突，视觉、味觉、触觉灵敏，嗅觉发达，叫声洪亮，耐粗饲，以自然放牧并适当补饲的方式饲养即能满足正常生长需要，抗病力强，抗逆性好。

公鹅一般于360~420日龄达到性成熟，母鹅平均390日龄开产。种鹅利用年限：公鹅为2~3年，母鹅为3~5年。成年肉鹅屠宰率高。公、母鹅半净膛率分别达到85.12%和85.92%，全净膛率达72.40%和72.07%。商品鹅饲养周期为120~280天。采用熟玉米面搓揉成团进行填塞，填塞时间30天左右，体重达3.5~4.5千克出栏。

图8-12　永平白鹅

（二）狮头鹅

狮头鹅原产于广东，为著名大型鹅种，以体大、生长快、成熟早而闻名于世。头顶、颊部和喙下均有大的肉瘤多个且呈狮头状，故名。其体羽为淡灰色或棕灰色。成年公鹅体重为10~12千克，母鹅为9~10千克。7~8月龄开产，年产蛋25~35枚，平均蛋重220~240克，年产3~4窝。仔鹅生长迅速，经肥育，70~90日龄的体重可在6~8千克。

（三）安徽雁鹅

雁鹅原产于安徽寿县、霍邱等地。全身羽毛为灰褐色。成年公鹅体重为7~8千克，母鹅体重为6~7千克，仔鹅60~70日龄时，可长到4~5千克。年平均产蛋量35~40枚，平均蛋重140~160克。

其他品种：四川白鹅、皖西白鹅、太湖鹅等。

图 8-13　狮头鹅

图 8-14　安徽雁鹅

二、鹅的饲养管理

（一）雏鹅的选择

1. 品种选择

各地应根据本地区的自然习惯、饲养条件、消费者要求，选择适合本地饲养的品种，或选择杂交鹅饲养。实验证明：不同鹅种之间的杂交，如狮头鹅（公）×太湖鹅（母）或四川白鹅（公）×太湖鹅（母），其后代生命力强，生长速度快，饲料转化率高。选择外来品种首先要了解其品种特性、生产性能、饲养要求，然后才能引进饲养。

2. 来源选择

肉用仔鹅必须来自健康无病、生产性能高的鹅群，并在适宜的采种期内。其亲本种鹅应有实施的防疫程序。

3. 品质选择

健康的雏鹅应按正常孵化日期出壳，提前和延迟出壳的都是体弱的鹅。健康雏鹅毛色光亮，眼睛明亮有神、活泼，用手握住雏鹅颈部把它提起时，其两脚能迅速收缩，并挣扎有力，叫声响亮。雏鹅脐部收缩完全，无脐钉，脐部周围无血斑和水肿。雏鹅个体大，体躯长而阔，这种雏鹅都能很快自行采食。所选择的雏鹅应具有该品种的特征。如所选择的肉用仔鹅需长途运输时，应采用经消毒的专用工具，途中应经常检查雏鹅动态，通过及时增减覆盖物来调节温度，要避免雏鹅受到曝晒、雨淋。

（二）育雏前准备

1. 育雏舍

检查育雏舍，整修门窗及育雏设备，符合育雏的要求即可。

2. 育雏舍、用具消毒

进雏鹅前 2~3 天，清扫育雏舍并用消毒药液消毒。育雏舍出入处应设有消毒池，进入育雏舍人员必须进行消毒，严防病毒进入，使雏鹅遭受病害侵袭。

3. 饲料、药品等

进雏前应准备好开食饲料或补饲饲料及相关药品。

4. 记录表格

大、中型养鹅场，必须准备好记录表格，用于记录生产情况和管理工作情况，以便分析、总结。

（三）育雏期（0~4 周龄）饲养管理要点

1. 育雏环境要求

（1）育雏室要求温暖、干燥，保温性能良好，空气流通，无贼风。

（2）温度。适宜的温度是提高育雏成活率的关键因素之一。育雏保温应遵循以下原则：群小稍高，群大稍低；夜间稍高，白天稍低；弱雏稍高，壮雏稍低；冬季稍高，夏季稍低。

（3）湿度。育雏室要保持干燥清洁，相对湿度控制在 60%~70%之间。

2. 饲养管理要点

（1）"开水"和"开食"。雏鹅出壳后第一次饮水称"开水"或"潮口"。一般在雏鹅出壳后 24~36 小时进行，育雏室内有 2/3 雏鹅有啄食现象时"开水"。"开水"的水温以 25℃为宜，可用 0.05%高锰酸钾液或 5%~10%葡萄糖水和含适量复合维生素 B 的水。雏鹅"开水"后即可开食。开食料可用雏鹅配合饲料，或颗粒破碎料加上切碎的少量青绿饲料（比例为 1:1），或蒸熟的籼米饭加一些鲜草。开食时，可将配制好的全价饲料撒在塑料薄膜或草席上，引诱雏鹅自由吃食。第一次喂食不要求雏鹅吃饱，只要能吃进一点饲料即可。过 2~3 个小时，再用同样的方法调教，几次以后雏鹅就会自动采食了。

（2）雏鹅饲料。育雏前期，精料和青绿饲料比例约为 1:2，以后逐渐增加青绿饲料的比例，10 日龄后比例改为 1:4，精料应是全价饲料。

（3）饲喂次数和方法。育雏阶段要充足供应饮用水，少量多餐饲喂。1 周龄内，每天喂 6~8 次。头 3 天，喂的次数可少一些，每天喂 6 次左右；4 日龄后，每天喂 8 次；10~20 日龄，每天喂 6 次；20 日龄后，每天喂 4 次（其中夜间 1 次）。喂料时，应将精料和青绿饲料分开喂，先喂精料，再喂青绿饲料，这样可避免雏鹅专挑食青绿饲料，而少吃精料，使雏鹅采食到全价饲料，满足雏鹅对营养的需要，防止其因吃青绿饲料过多而引起腹泻。

（4）分群。在雏鹅"开水"、开食前，应根据出雏时间早晚和体质强弱，进行第 1 次分群，给予不同的保温制度和开水开食时间；开食后第 2 天，根据雏鹅采食情况，进行第 2 次分群，将吃食量很少的雏鹅分出来另外喂食。育雏阶段要定期按强弱、大小分群，及时淘汰病雏。每群雏鹅以 100~150 羽为宜，群内再分若干小栏，每栏 25~30 羽，安排适宜的饲养密度。雏鹅喜欢聚集成群，温度低时会挤堆，易发生压伤、压死现象。出现挤堆时，饲养人员要及时赶堆分散鹅群。

（5）放牧与放水。春季育雏从 5~7 日龄开始放牧。选择晴朗无风的天气，将喂料后的雏鹅放在育雏室附近平坦的嫩草地上，让其自由采食青草。开始放牧时，时间要短，一般在 1 小时左右，以后逐渐延长。阴雨天或烈日下不能放牧、放牧赶鹅时要走得慢些。放牧 1 周后，气温适宜时，可以结合放水，把雏鹅赶到浅水处，让其自行下水、戏水，切勿强行赶入水中，以防雏鹅风寒感冒。开始放牧、放水的具体日龄应视气温情况而定，夏季可提前 1~2 天，冬季可推迟几天。放牧时间和距离应随日龄的增长而增加，以锻炼雏鹅的体质和觅食能力，减少精料补饲，降低饲养成本。

（6）卫生防疫。经常打扫场地，更换垫料，保持育雏室清洁、干燥，每天清洗饲槽和饮水器，消毒育雏环境，按免疫计划接种疫苗。同时，要防止鼠、蛇等敌害动物伤害雏鹅。

（四）育成期（4~10 周龄）饲养管理要点

1. 放牧饲养

（1）放牧时间。放牧初期，上午和下午各放牧 1 次，中午赶鹅回舍休息。天热时，上午早放早归，下午晚放晚归；天冷时，上午晚出晚归，下午早出早归。随着鹅日龄的增加，逐步延长放牧时间，中午不回鹅舍，选阴凉处让雏鹅就地休息、饮水。鹅一天中采食最多的时间是在早晨和傍晚，故放牧要尽量早出晚归，使鹅群多采食青草。

（2）适时放水。鹅群在吃至 8 成饱时，大多数鹅会蹲下休息。此时，应将鹅群赶到水中，让其自由饮水、洗澡、理羽。放水后，鹅的食欲大增，又会采食青草。一般每天放水 3 次，夏季应多放水。

（3）放牧场地选择。优良放牧场地应具备 4 个条件：一要有鹅喜食的优良牧草；二要有清洁的饮用水源；三要有树荫或其他荫蔽物，供鹅群遮阳或避雨；四要道路平坦。放牧场地应划分成若干小区，按小区有计划轮放，保持每天都有适于采食的牧草。农作物收割后的茬地也是极好的放牧场地。

（4）鹅群编组。放牧鹅群大小要根据牧地情况及管理人员的放牧经验而定，一般 250~300 羽鹅组成 1 个放牧群，每群由两人负责放牧。牧地开阔平坦的，鹅群可增加到 500~1000 羽。要防止鹅群过大，鹅群过大，不易管理。

（5）放牧鹅补饲。放牧场地条件较差、牧草贫乏、牧地采食的营养物质满

足不了鹅生长发育需要的，要给予充足的补饲。补饲料以青绿饲料为主，拌入少量糠麸类粗饲料和精饲料，于晚上供鹅群自由采食。

2. 舍饲养鹅

规模化集约养鹅、放牧场地受到限制的，一般采用栏舍饲养。舍饲养鹅要多喂青绿饲料。解决青绿饲料来源的最佳途径是种植牧草。舍饲时，要保持饮水池的清洁卫生，勤换鹅舍垫草，勤打扫运动场。舍饲育成鹅的饲料，要以青绿饲料为主，精、粗饲料合理搭配。运动场内需堆放沙砾，供鹅选食。尽量扩大运动场面积，使鹅能有较充足的运动场地。

3. 仔鹅上市前的肥育

中鹅养成后，应短期育肥。以放牧为主饲养的中鹅，骨架较大，但胸部肌肉不丰满、膘度不够、出肉率低、稍带些青草味，经短期肥育，可改善肉质，增加肥度，提高产肉量。一般可利用收割后的麦地、稻田放牧肥育，或在光线较暗的鹅舍内舍饲肥育，每天喂以玉米、稻谷、大麦等精料，经 8 ~ 10 天肥育后出售。舍饲肥育，饮水应充足，光线要暗些，适当供给青饲料。

第九章　畜禽常见疾病及防治

随着国民经济的快速发展，人民生活水平的提高，畜禽养殖业已经发展成为影响国民经济发展的重要产业，它带动了种植业、饲料兽药加工业和畜禽产品加工业的快速发展，为人们的生活提供了大量优质健康的畜禽产品，并缓解了当前的就业压力，成为国民经济生产的重要支柱之一。而 2018 年 8 月份以来，我国部分省份暴发了非洲猪瘟疫情，截至 2019 年 1 月 14 日，有 24 个省份发生过家猪和野猪疫情，累计扑杀生猪 91.6 万头，给我国养猪业造成了严重的经济损失。由此可知，畜禽疫病随时都有可能死灰复燃，外来疫病也随时会入侵我国，危害我们的畜牧生产。因此，畜禽疫病的防控是持久战，我们必须要加以重视，绝不能掉以轻心，从政府职能部门到养殖企业再到个体养殖户和散养户，都要全方位地做好各个环节的监督和防控，杜绝国内和国外疫病的再次侵袭，确保我国畜禽养殖业的健康可持续发展。

第一节　传染病的概念及防控措施

一、传染病概念

传染病是指由特定病原微生物引起，具有一定的潜伏期和临诊表现，并能在人与人、动物与动物或人与动物之间进行相互传播的疾病。其病原包括病毒、细菌、立克次氏体、衣原体、霉形体和真菌等微生物。

二、传染病特点

（1）具有特定的病原体。每一种传染病都由一种特定的微生物所引起，而且宿主谱宽窄各不相同。如猪瘟和炭疽分别是由猪瘟病毒和炭疽杆菌所引起的，猪瘟只能感染猪属动物，而炭疽则几乎能感染所有哺乳动物；口蹄疫是由口蹄疫病毒引起的，但只感染偶蹄类动物。

（2）具有传染性。病原微生物能通过直接接触（舐、咬、交配、触碰等），间接接触（空气、饮水、饲料、土壤、授精精液、乳汁等），生产媒介（畜舍用具、污染的手术器械等），活体媒介（节肢动物、啮齿动物、飞禽、人类、两栖爬行动物等）等，从已感染的动物传到健康动物，引起相同疾病。

（3）具有流行性。可以在个体之间、群体之间或不同种群间交叉传播蔓延。

（4）具有特征性症状。分别侵害一定的器官、系统乃至全身，表现特有的病理变化和临诊症状。

（5）具有免疫性。动物感染后，部分动物多能产生免疫生物学反应（免疫性和变态反应），人类可借此创造各种方法来进行传染病的诊断、治疗和预防。

（6）具有自然疫源性。多数疫病具有区域性，即使没有人和动物的参与也可以通过传播媒介感染动物而造成流行，并长期在自然界循环延续。

三、传染病危害

（1）会造成畜禽大批死亡，给养殖户、养殖企业造成一定的经济损失。

（2）会造成畜禽产品减少，引起畜产品市场价格波动。

（3）会引起整个产业链的连锁反应，影响畜禽养殖业、粮食种植业、饲料加工业和畜产品加工业的健康发展。

（4）大流行时会跨地区、国家，给各国人民造成严重经济损失。

（5）会引起人畜共患病，直接危害人类健康。

四、传染病防疫措施

动物传染病的流行是一个复杂的矛盾运动过程，它是在社会因素和自然因素的影响下，通过传染源、传染途径和易感动物三个环节相互联系而造成的。因此我们必须采取综合性防疫措施，消除或切断流行过程的某一环节，来阻断动物传染病的发生和流行。

1. 预 防

预防就是平时经常进行的，以预防传染病的发生为目的，采取各种措施将疫病排除于一个未受感染的动物群之外。通常包括采取隔离、检疫等措施不让传染源进入目前尚未发生该病的地区，采取集体免疫、集体预防性治疗及环境保护等措施，保障一定的畜群不受已存在于该地区的疫病传染。

2. 防 制

以控制、消灭已经发生的传染病为目的。就是采取各种科学措施，减少或消除疫病的病原，以降低已出现于畜群中疫病的发病率。

3. 传染病的消灭

这意味着一定种类病原体的消灭。要从全球范围消灭一种疫病是很不容易的，但在一定的地区消灭某些疫病，只要认真采取一系列综合性兽医防疫措施，经过不懈努力是完全可以实现的。疫病消灭应具备的条件：（1）没有其他动物（包括野生动物）作为贮存宿主；（2）潜伏期不排病原体；（3）仅有一个或少数几个稳定的血清型；（4）有安全有效的疫苗；（5）免疫后动物获得极强的免疫力，无复发感染；（6）严格加强饲养管理，认真做好防范措施。

4. 疫病的净化

疫病的净化是指通过采取检疫、消毒、淘汰或扑杀等措施，使某一地区或养殖场内的某种或某些动物传染病在限定时间内逐渐被清除的状态。这是疫病消灭的基础和前提条件。

5. 兽医生物安全

兽医生物安全指采取必要的措施切断病原体的传入途径，最大限度地减少各种物理性、化学性和生物性致病因子对动物群造成危害的一种。其内容包括动物及养殖环境的隔离、人员和物品的流动控制以及疫病控制等。

五、防疫工作的原则和内容

（一）原　则

（1）坚持党政领导，建立健全各级防疫机构，特别是基层兽医防疫机构。

（2）坚持"预防为主、养防结合、防重于治"的方针。

（二）平时的防疫措施

（1）坚持自繁自养的原则，防止传染源的散播。

（2）加强饲养管理，增强动物机体自身的抵抗力。

（3）定期预防注射及随时补注，提高机体的特殊抵抗力。

（4）搞好检疫，及时发现并消灭传染源。

（5）搞好舍内、外卫生，对畜舍、饲养用具等做好定期消毒和临时消毒。

（6）组织好定期灭鼠、杀虫工作。

（7）肉用动物在屠宰前后需经兽医检查，认为无传染病时才可以屠宰和食用，以免危害人畜的健康。

（8）与附近县、乡、地区建立联防区。

（三）传染病的扑灭措施

（1）及早诊断，上报疫情，并通知邻近单位做好预防措施。

（2）迅速隔离病畜，对病畜进行及时合理的治疗，对受传染病危害严重的

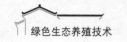

地区要封锁。

（3）紧急预防接种，对已有特异性免疫方法的传染病，应以其疫苗或血清对假定健康的或受威胁的家畜进行紧急预防接种，对个别传染病可用药物预防。

（四）消　毒

消毒是指为了防范病原体入侵动物机体，而运用正确的消毒方法和消毒药品，对畜禽生产场所（或动物机体）进行的针对性的防范工作。

（1）根据消毒目的可分为：预防性消毒、随时消毒和终末消毒。

（2）消毒方法：包括机械性清除、物理消毒法、化学消毒法和生物热消毒法。

（3）常用消毒剂：①高效消毒剂：能杀灭所有微生物（各种细菌繁殖体、细菌芽孢、真菌、结核杆菌、囊膜病毒和非囊膜病毒等），常用的有碱类、过氧乙酸、环氧乙烷、甲醛、戊二醛、碘制剂及有机汞类。②中效消毒剂：能杀死除细菌芽孢以外的细菌繁殖体、真菌和病毒等，如乙醇、氯制剂。③低效消毒剂：可杀死部分细菌繁殖体、真菌和囊膜病毒，不能杀灭结核杆菌、细菌芽孢和非囊膜病毒，如季铵盐类等阳离子表面活性剂（洗必太、新洁尔灭等）。

第二节　牛羊常见疾病及防治

一、口蹄疫

口蹄疫俗名"口疮"，属于一类动物传染病，是由口蹄疫病毒所引起的偶蹄类动物的一种急性、热性、高度接触性传染病。其特征为口腔黏膜、蹄部和乳房皮肤发生水疱和糜烂。该病毒对外界环境的抵抗力很强，在冰冻情况下，血液及粪便中的病毒可存活 150 天左右。但其在正午阳光直射下 30~60 分钟即可被杀死；对病毒持续升温至 85℃ 15 分钟，煮沸 3 分钟以上即可杀死；该病毒对酸碱作用敏感，30% 的热草木灰、1%~2% 氢氧化钠、1%~2% 甲醛等都是很好的消毒剂，能够杀死口蹄疫病毒。

（一）流行特点

犊牛对口蹄疫病毒最易感，骆驼、绵羊、山羊次之，猪也会感染发病。本病具有发病急、流行快、传播广、危害大等流行病学特点，疫区发病率为 50%~100%，犊牛死亡率较高，其他则较低。病畜和潜伏期动物是最危险的传染源。病畜的口涎、泪液、水疱液、乳汁、尿液和粪便中均含有病毒。该病入侵途径主要是经消化道，也可经呼吸道传染。本病无明显的季节性，春秋两季较多，尤其是春季。

（二）临床症状

口蹄疫的潜伏期为 2~7 天，病牛表现精神沉郁、闭口、流涎，开口时有吸吮声，体温可升高到 40~41℃。发病 1~2 天后，病牛齿龈、舌面、唇面可见到蚕豆样大的水疱，涎液增多并呈白色泡沫状挂于嘴边。采食及反刍停止。水疱约经一昼夜破裂，形成溃疡，这时病牛体温会逐渐降至正常。在口腔发生水疱的同时，趾间及蹄冠的柔软皮肤上也发生水疱，会很快破溃。有时在泌乳牛乳头皮肤上也可见到水疱。本病一般呈良性经过，经一周左右即可自愈，若蹄部有病变则可延至 2~3 周。有些病牛在水疱愈合过程中，病情突然恶化，表现出全身衰弱、肌肉震颤、心跳加快、食欲废绝、反刍停止、行走摇摆、站立不稳等症状，最后因心脏停搏而突然死亡。犊牛发病时往往看不到特征性水疱突然死亡，主要表现为出血性胃肠炎和心肌炎，死亡率高。

（三）防　治

因口蹄疫会引起人的心肌病，目前发现肉牛、奶牛口蹄疫疫情时都不采取治疗，而是直接扑杀。对于边远山区的牛羊和猪分布比较分散，不易引起扩散，可以对症及时治疗。

（1）病畜疑似口蹄疫时，应立即报告兽医机关，所用器具及污染地面用 2% 苛性钠消毒。确认后，立即进行严格封锁、隔离、消毒及防治等一系列工作。发病畜群扑杀后要进行无害化处理，工作人员外出要全面消毒，病畜吃剩的草料或饮水，要烧毁或深埋，畜舍及附近用 2% 苛性钠、二氯异氰尿酸钠（含有效氯≥20%）、1%~2% 福尔马林喷洒消毒，以免散毒。

（2）病初，即病畜口腔出现水泡前，用血清或耐受过的病畜血液进行治疗。对病畜要加强饲养管理及护理工作，每天要用盐水、硼酸溶液等洗涤口腔及蹄部。要喂以软草、软料或麸皮粥等。口腔有溃疡时，用碘甘油合剂（1:1）每天涂搽，涂 3~4 天。蹄部病变，可用消毒液洗净，涂甲紫溶液（紫药水）或碘甘油，并用绷带包裹，不可接触湿地。

（3）定期注射口蹄疫疫苗。对疫区周围牛羊，选用与当地流行的口蹄疫毒型相同的疫苗，进行紧急接种。

二、结核病

牛结核病是由牛型结核分枝杆菌引起的一种人畜共患的慢性传染病，我国将其列为二类动物疫病。以组织器官的结核结节性肉芽肿和干酪样、钙化的坏死病灶为特征。病原对干燥和湿冷的抵抗力强，对热的抵抗力差，在 60℃ 的温度下 30 分钟即死亡，在 70% 酒精或 10% 漂白粉中也会很快死亡。

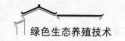

（一）流行特点

结核病畜是主要传染源，结核杆菌在机体中分布于各个器官的病灶内，因而病畜能由粪便、乳汁、尿及气管分泌物排出病菌，污染周围环境且散布传染。牛结核病主要经呼吸道和消化道传染，也可经胎盘传播，或交配感染。牛对牛型菌易感，其中奶牛最易感，水牛易感性也很高，黄牛和牦牛次之；本病一年四季都可发生。一般说来，舍饲的牛发生较多。畜舍拥挤、阴暗、潮湿、污秽不洁以及过度使役和挤乳、饲养不良等，均可促进本病的发生和传播。

（二）临床症状

牛结核病病潜伏期一般为 10~15 天，有时在数月以上。病畜体温一般正常，病程呈慢性经过，表现为进行性消瘦、咳嗽、呼吸困难。病菌侵入机体后，由于毒力、机体抵抗力和受害器官不同，症状亦不一样。在牛中此菌多侵害肺、乳房、肠和淋巴结等器官。

（三）防　治

1. 防止结核病传入

无结核病健康牛群，每年春秋各进行一次变态反应检疫。补充家畜时，先就地检疫，确认阴性方可引进，运回隔离观察 1 个月以上再行检疫，阴性者才能合群。结核病人不能饲养牲畜。加强饲养管理，确保环境卫生。

2. 净化污染牛群

污染牛群是指多次检疫不断出现阳性家畜的牛群。对污染牛群，每年进行 4 次以上检疫，检出的阳性牛及可疑牛立即分群隔离为阳性牛群与可疑牛群。对阳性牛，一般不做治疗，应及时扑杀，进行无害化处理。

3. 培养健康犊牛群

病牛群更新为健牛群的方法是：设置分娩室，分娩前消毒乳房及后躯，产犊后立即与乳牛分开，用 2%~5% 来苏儿消毒犊牛全身，擦干后送预防室，喂健康牛乳或消毒乳。犊牛应在 6 个月隔离饲养中检疫 3 次，阳性牛淘汰，阴性牛且无任何临床症状，放入假定健康牛群。

4. 严格执行兽医防疫制度

每季度进行 1 次全场消毒，牛舍、运动场每月消毒 1 次，饲养用具每 10~15 天消毒 1 次。进出车辆与人员要严格隔离消毒。

三、布鲁氏菌病

牛羊布鲁氏菌病是由布鲁氏菌引起的人畜共患的慢性传染病，属于二类动物疫病。其特点是母畜生殖器官、胎膜及多种器官组织发炎、坏死和肉芽肿的形成，甚至出现流产、不孕症状，公畜睾丸炎和关节炎等症状。1%来苏儿或2%福尔马林或5%生石灰乳15分钟可以将此菌消灭。

（一）流行特点

本病无明显季节性，多发生于母畜产仔时节。母畜感染后一般只发生一次流产，以后形成带菌免疫，即初次发病时流产率高，以后则逐年减少。病畜流产或分娩时排出大量病菌，流产后还可长时间随乳汁、粪便排菌，主要经消化道感染，其次是损伤的皮肤和黏膜，也可通过吸血昆虫感染。公畜感染产生睾丸炎，引起不育，病菌通过精液传播给母畜。

（二）临床症状

（1）牛。怀孕母牛常于妊娠6~8个月发生流产、产死胎或弱胎，流产后常排出污秽的灰色或棕色恶露。有的发生胎衣滞留，出现子宫内膜炎，阴道排出不洁棕红色渗出物。患病母牛乳腺受到损害引起泌乳量下降，重者可使乳汁完全变质，乳房硬化，甚至丧失泌乳能力，也有伴发关节炎。公牛主要表现为睾丸炎和副睾丸炎。

（2）羊。引起孕羊流产，可继发关节炎和滑液囊炎。引起公羊发生睾丸炎。

（三）防　治

（1）无病原地区应加强饲养、卫生管理、疫情监视、检疫等工作，防止布鲁氏菌病传入。

（2）受威胁地区应对畜群定期检疫和免疫接种。疫苗可用布鲁氏菌猪型2号弱毒活菌和羊型5号弱毒活苗，前者可采用注射、口服及气雾免疫，牛、羊免疫期为2年，后者可采用注射和气雾免疫。

（3）疫区应搞好定期检疫、隔离、消毒、杀虫、灭鼠、处理病畜、培育健康幼畜和免疫接种等工作。

（4）兽医工作人员在接产时要做好个人防护工作，避免交叉感染。

四、牛流行热

牛流行热是由牛流行热病毒引起的一种急性热性传染病。其特征为病牛突然高热，流泪，呼吸促迫，有泡沫样流涎，消化器官的严重卡他炎症和运动障碍。感染该病的大部分病牛经2~3日即恢复正常，故又称三日热或暂时热。该病病势迅猛，但多为良性经过。过去曾将该病误认为是流行性感冒。该病能引起牛大群发病，明显降低乳牛的产乳量。

（一）流行特点

（1）本病主要侵害乳牛、黄牛，水牛较少感染发病。以3~5岁壮年乳牛、

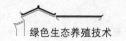

黄牛易感性最大。水牛和犊牛发病较少。

（2）病牛是该病的传染来源，其自然传播途径尚不完全清楚，多经呼吸道感染。此外，吸血昆虫的叮咬，以及与病畜接触的人和用具的机械传播也是可能的。

（3）该病流行具有明显的季节性，多发生于雨量多和气候炎热的 6~9 月。流行迅猛，短期内可使大批牛只发病，呈地方流行性或大流性。流行上还有一定周期性，每 3~5 年大流行一次。病牛多为良性经过，在没有继发感染的情况下，死亡率为 1%~3%，但会引起泌乳牛产奶量下降。

（二）临床症状

（1）潜伏期为 3~7 天。发病初期病畜震颤，恶寒，体温升高到 40℃ 以上，稽留 2~3 天后体温恢复正常。在体温升高的同时，可见病牛流泪，有水样眼眵，眼睑和结膜充血水肿。

（2）呼吸困难、促迫，呼吸次数可在每分钟 80 次以上，患畜发出呻吟声。这是由于发生了间质性肺气肿，有时会因窒息而死亡。

（3）食欲废绝，反刍停止。第一胃蠕动停止，出现鼓胀或者缺乏水分，胃内容干涸。粪便干燥，有时下痢。

（4）四肢关节浮肿疼痛，病牛呆立，跛行，以后起立困难而伏卧。皮温不整，特别是角根、耳翼、肢端有冷感。另外，颌下可见皮下气肿。流鼻液，口炎，显著流涎，口角有泡沫。尿量减少，尿浑浊。

（5）妊娠母牛患病时可发生流产、死胎。泌乳牛出现乳量下降或泌乳停止。

（三）防　治

（1）加强牛的卫生管理对该病预防具有重要作用。管理不良时本病发病率高，并容易成为重症，增加死亡率。应立即隔离病牛并进行治疗，对假定健康牛和受威胁牛，可用新亚生物牛蹄金高免血清进行紧急预防注射。加强消毒，搞好消灭蚊蝇等吸血昆虫工作，应用牛流热疫苗进行免疫接种。

（2）病牛高热时，肌肉注射复方氨基比林 20 毫升~40 毫升，或 30% 安乃近 20 毫升~30 毫升。重症病牛给予大剂量的抗生素，常用青霉素、链霉素，并用葡萄糖生理盐水、林格氏液、安钠咖、维生素 B_1 和维生素 C 等药物，静脉注射，每天 2 次。四肢关节疼痛的牛可静脉注射水杨酸钠溶液。对于病牛因高热而脱水和由此引起的胃内容干涸，可静脉注射林格氏液或生理盐水 2 升~4 升，并向胃内灌入 3%~5% 的盐类溶液 10 升~20 升。

五、犊牛羔羊大肠杆菌病

本病是由致病性大肠杆菌引起的犊牛和羔羊等多种动物和人共患的传染病，属于三类动物疫病。主要特征根据不同的病型分别表现为败血症、肠毒血症和白痢。病菌抵抗力弱，常用消毒剂数分钟即可灭活。

（一）流行特点

犊牛和羔羊吸吮乳汁或饮水时经消化道感染，牛可经子宫和脐带感染。犊牛和羔羊等通过粪便排出病菌。犊牛1~2周龄、羊2~6周龄易感。多发于舍饲期间，呈地方流行性或散发。

（二）临床症状

（1）肠毒血型：腹泻，常突然死亡，病程长者出现中毒性神经症状，先兴奋后沉郁，最后昏迷死亡。

（2）白痢型：病初病畜体温升高，后出现下痢。犊牛粪便初为黄色粥样，后呈白色水样，内含气泡、凝乳块和血块，有酸臭味。后期病畜腹痛，肛门失禁。脱水严重者，被毛无光泽，病情急剧恶化，经2~3天衰竭死亡。病程长者恢复很慢，发育迟缓，并伴有肺炎、脐炎和关节炎。

（3）败血型：犊牛呈急性败血症经过。发热，精神沉郁，间有腹泻，常于出现症状后数小时至1天内死亡，有的未出现腹泻就突然死亡。羔羊多发于2~6周龄，体温升高，肺炎症状，少有腹泻即死亡。

（三）防　治

加强母畜产前和产后的饲养管理和护理，对圈舍进行彻底消毒，减少各种应激因素。发现症状及时诊断，给予抗菌药物和辅以止泻、补液、补盐和强心等对症疗法。

六、羊梭菌病

（一）羊梭菌性疾病的类型

羊梭菌性疾病是由梭状芽孢杆菌属中的微生物感染羊所致，属于二类动物疫病。共同特征为猝死。包括羊快疫、羊肠毒血症、羊猝狙、羊黑疫、羔羊痢疾等。

1. 羊快疫

羊快疫主要发生于绵羊身上的一种急性传染病。病原为腐败梭菌，是由革兰氏阳性厌氧大型芽孢杆菌年引起，发病突然，病程极短，其特征为真胃呈出血性、炎性损害。

2. 羊肠毒血症

羊肠毒血症是由魏氏梭菌（产气荚膜梭菌 D 型）在羊肠道内大量繁殖并产生毒素所引起的绵羊急性传染病，该病的主要特征为：发病快，病畜精神沉郁，食欲废绝，腹泻，肌肉痉挛，倒地，四肢痉挛，角弓反张，体温不高。剖检时，肾脏柔软如泥，所以此病又叫类快疫或软肾病，病畜常突然死亡。

3. 羊猝狙

羊猝狙是由 C 型产气荚膜杆菌引起的，其特征为病畜急性死亡、伴有腹膜炎和溃疡性肠炎。1~2 岁绵羊多发。

4. 羊黑疫

羊黑疫又名传染性坏死性肝炎，是绵羊和山羊常发的一种急性高度致死性毒血症。

5. 羔羊痢疾

羔羊痢疾是初生羔羊多发的一种急性毒血症，以剧烈腹泻和小肠发生溃疡为其特征。本病常可使羔羊发生大批死亡，给养羊业造成严重损失。

（二）流行特点

羊梭菌性疾病主要经消化道感染。

1. 羊快疫

绵羊最易感羊快疫，尤其是膘情较好的 6~18 个月的幼羊更易感，山羊偶有感染。病原菌主要分布在水塘、沼泽地、土壤及人畜粪便中。

2. 羊肠毒血症

本病多发于春末夏初和秋季，呈散发性。2~12 月龄膘情较好的羊多发。当饲料突然变换导致胃肠蠕动减弱时，存在于肠道内的细菌大量繁殖，毒素进入血液引发毒血症。

3. 羊猝狙

本病常呈地方性流行，冬春季节多见。绵羊最易感，1~2 岁发病较多，山羊也易感。病菌在十二指肠和空肠内大量繁殖，产生毒素而引起毒血症，导致快速死亡。

4. 羊黑疫症

本病在春夏季节多发，1 岁以上的绵羊多发，1~2 岁最易感，尤其是膘情较好的羊。山羊也易感。

5. 羔羊痢疾症

立春前后发病率高，以 2~3 日龄羔羊发病率最高，7 日龄以上则很少发病。母羊为主要传染源，可经脐带和伤口感染。母羊妊娠期间营养不良，所产羔羊体质衰弱，气候突变，产房卫生差时可诱发本病。

（三）临床症状

1. 羊快疫

羊突然发病，往往未表现出临床症状即倒地死亡，常常在放牧途中或在牧场上死亡，也有早晨发现死在羊圈舍内。有的病羊离群独居，卧地，不愿意走动，强迫其行走时，则运步无力，运动失调。腹部鼓胀，有疝痛表现。有的体温升高到41.5℃，也有的体温正常。发病羊极度衰竭、昏迷，发病后数分钟或几天内死亡。

2. 羊肠毒血症

羊肠毒血症潜伏期短，多呈急性经过，病羊突然发病，几分钟后死亡。病程缓慢的病羊表现离群呆立或卧地，体温不高，口吐白沫，有时磨牙，角弓反张，眼结膜苍白，全身肌肉抽搐，腹泻，粪便呈暗黑色，混有黏液或血液。有的病羊有食毛癖，濒死前可见转圈或步态不稳，呼吸困难，倒地后呈四肢划水状，颈向后弯曲，继而昏迷或呻吟，最后衰竭死亡，死后腹部膨大。急性病例从发病到死亡仅1~3小时，病情缓慢的延至3~10小时或1~3天后死亡。

3. 羊猝狙

病原随污染的饲料和饮水进入羊消化道，在羊小肠内繁殖，产生毒素，引起羊发病，病程短促，常未见到症状就突然死亡。有时发现病羊掉群、卧地、表现不安、衰弱和痉挛。

4. 羊黑疫

绝大多数情况是未见明显症状而突然死亡。少数病例病程稍长，可拖延1~2天，但没有超过3天的。病羊掉群，不食，呼吸困难，体温升至41.5℃左右，昏睡俯卧，并保持这种状态一段时间后突然死去。

5. 羔羊痢疾

自然感染的潜伏期为1~2天，病初病羊精神委顿，低头拱背，不想吃奶。不久就发生腹泻，粪便恶臭，有的稠如面糊，有的稀薄如水，到了后期，有的还含有血液，直到成为血便。病羔逐渐虚弱，卧地不起。若不及时治疗，常在1~2天内死亡。以神经症状为主者，病羊四肢瘫软，卧地不起，呼吸急促，口流白沫，最后昏迷，头向后仰，体温降至常温以下，常在数小时到十几小时内死亡。

（四）防　治

（1）因发病急、病程短，基本来不及治疗，所以应加强平时的饲养管理，做好卫生防疫工作。

（2）每年高发期注射"羊快疫、羊猝狙、羊肠毒血症"三联菌苗或注射"羊快疫、羊猝狙、羊肠毒血症、羊黑疫、羔羊痢疾"五联苗。

（3）发病时采用对症疗法，用强心剂、抗生素等药物，如青霉素80～160万单位，1～2次/日；复方磺胺甲恶唑，5～6克/次，连用3～4次；10%安钠咖加5%葡萄糖1000毫升静注。

七、绵羊痘和山羊痘

本病是由痘病毒引起的绵羊和山羊的热性接触性传染病，属于一类动物疫病。主要症状为病畜皮肤与黏膜发生特异性豆疹，出现典型的斑疹、丘疹、水疱、脓疱和结痂等。

（一）流行特点

本病主要经呼吸道、受损的皮肤或黏膜感染，各种媒介因素均可传播。绵羊易感，山羊较少感染，较成年羔羊易感，病死率高。多发于冬末春初。

（二）临床症状

本病潜伏期平均为6～8天。病羊体温升高到41～42℃，食欲减少，精神不振，结膜潮红，有浆液或脓性分泌物从鼻孔流出，呼吸和脉搏增速，经1～4天后发痘。痘疹多发生于皮肤少毛部分，如腿周围、唇、鼻、颊、四肢和尾内侧、阴唇、乳房、阴囊和包皮上。开始为红斑，1～2天后形成丘疹，突出皮肤表面，随后丘疹逐渐增大，变成灰白色或淡红色，半球状的隆起结节。结节在几天之内变成水疱，水疱内容物起初像淋巴液，后变成脓性液体，如果无继发感染则会在几天内干燥变成棕色痂块。痂块脱落会遗留一个红斑，后颜色逐渐变淡。

（三）防　治

本病目前无特效疗法，重在加强饲养管理，做好防疫工作，用羊痘鸡胚化弱毒疫苗预防。发病前中期使用羊痘一针灵每瓶100千克体重配合绿健先锋做紧急治疗，每日1次，连用2天；发病中后期使用羊痘一针灵每瓶100千克体重配合绿健先锋做紧急治疗，一天一次连续使用3天。病羊口腔周围及无毛的皮肤破溃有溃疡灶的先用碘制剂的消毒药清洗，然后用冰硼散化开喷在溃疡灶上，2～3天溃疡结痂。

八、乳腺炎

乳腺炎分为浆液性乳腺炎、纤维素性卡他乳腺炎、化脓性乳腺炎、出血性乳腺炎、坏疽性乳腺炎和隐性乳腺炎。

（一）病　因

本病常因挤乳技术或停乳不当、乳房和牛床不清洁，细菌从乳孔侵入乳腺而引起。奶牛乳房炎是奶牛的四大疾病之一，该病发病率除受病原体影响外，还受气温、环境等因素的影响。如在六、七、八三个月，由于气温高、病原菌大量繁殖、雨水丰富、运动场积水泥泞，易使牛的乳房脏污，发病率升高。

（二）临床症状

病畜乳房有红、肿、热、痛等炎症表现，泌乳减少或停止，乳汁发生变化。

（1）临床型乳腺炎：为乳房间质、实质或间质实质组织的炎症。其特征是乳汁变性、乳房组织不同程度地呈现肿胀、温热和疼痛。根据病程长短和病情严重程度不同，可分为最急性、急性、亚急性和慢性乳腺炎。最急性乳腺炎发病突然，发展迅速，多发生于1个乳区。

（2）隐性乳腺炎：又称亚临床型乳腺炎，为无临床症状表现的一种乳腺炎。其特征是乳房和乳汁无肉眼可见异常，然而乳汁在理化性质、细菌学上已发生变化。具体表现为 pH 值 7.0 以上，呈偏碱性；乳内有乳块、絮状物、纤维；氯化钠含量在 0.14% 以上，体细胞数在 50 万个/毫升以上，细菌数和电导值增高。

（3）慢性病例：由于乳腺组织呈渐进性炎症过程，泌乳腺泡较大范围遭受破坏，乳腺组织发生纤维化，常引起乳房萎缩和乳房硬结。

（三）防　治

（1）可采用大剂量抗生素，每千克体重用青霉素 1.65 万国际单位、土霉素 10 毫克、盐酸头孢噻呋混悬液（头孢先锋）0.05~0.1 毫升、磺胺二甲嘧啶 70 毫克。一般向患病乳头内注入青霉素 100 万国际单位，链霉素 0.5 克，蒸馏水 25 毫升溶解。注意反复挤净乳汁，每天 4~6 次有利于痊愈，重症者应及时对症治疗。

（2）在病畜干奶期开始或终末时进行乳房灌注，是预防乳腺炎十分重要的措施之一。

（3）用 30% 硫酸镁高渗溶液湿敷，以利消肿；静脉注射大剂量的等渗液体，尤其是含葡萄糖和抗菌药物的液体；在乳房周围用冰敷，以减少毒素的吸收。

（四）预　防

（1）减少应激反应。夏秋季牛舍一定要干燥、通风、凉爽，防止高温潮湿，春冬季节要注意防寒，保持适宜温度和充足的阳光照射。另外要注意降低畜群转移或首次应用新挤奶台、挤奶机等的应激。

（2）减少外伤因素。防止栏圈过挤、地面及过道光滑、踏板或台阶过高，以及废旧铁、木栅栏等引起外伤。

（3）营养因素。在母牛干奶期或青年母牛产犊前60天，一定要防止缺乏维

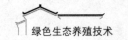

生素 A、维生素 E 和微量元素硒；母牛泌乳期最后一周，日粮中不宜加谷物、青贮和高质量豆科干草等。

（4）挤奶操作要规范。母畜产乳最初几天，乳房会有水肿，为使其迅速消失，可适当增加挤奶次数，但产后前四天全部挤干易患产后瘫痪症。因此在挤奶时，第一天每次约挤 2 千克即可，第二天每次挤奶量约为乳量的 1/3，第三天为 1/2，第四天为 3/4，第五天可完全挤完。干奶期最后一次挤乳，要认真挤干净，然后注射干奶油剂、停奶康等药物。

九、奶牛焦虫病

焦虫病是一种季节性血液原虫病，对奶牛危害大，死亡率高。多发生于夏秋两季，引入培育的奶牛和高代级进杂交牛易感染，病原为泰勒氏焦虫、巴贝斯焦虫。症状特征：病牛出现血红尿、白尿、贫血、黄疸、水肿等症状。

（一）病 因

病原体是焦虫的原虫。其中有巴贝斯焦虫和泰勒氏焦虫，它们分别在牛的红细胞和网状内皮系统进行无性繁殖。蜱是中间宿主，焦虫在它的体内能进行有性繁殖，所以此病主要是由蜱进行传播的。蜱的活动有一定的规律性，因此焦虫病的发生也有一定季节性，多发季节为春、夏、秋季。

（二）流行病学

本病常以散发形式出现，始发于 5 月，7~9 月为发病高峰期，以后逐渐下降，冬季则很少发生。以 2 岁的牛发病最多，但症状轻，很少死亡；成年牛发病率低，但病情严重，死亡率高，特别是高产牛和妊娠牛。引进牛如不经检疫而直接进行配种，常会引起本病的流行。

（三）临床症状

成年牛患此病多为急性，发病初期病牛体温可为 40~42℃，呈稽留热、食欲减退、反刍停止、呼吸加快、肌肉震颤、精神沉郁、产奶量急剧下降。一般在发病后 3~4 天内出现血红蛋白尿，此为本病的特征性症状，尿色由浅红至深红色，尿中蛋白质含量增高。贫血逐渐加重，病牛出现黄疸水肿，便秘与腹泻交替出现，粪便含有黏液及血液。孕畜多流产。

（四）治 疗

1. 贝尼尔（血虫净）

每千克体重 8 毫克，配成 5% 的灭菌溶液，深部肌肉注射，隔日 1 次，连用 3 次。贝尼尔学名三氮咪，对家畜巴贝斯梨形虫病、泰勒梨形虫病、伊氏锥虫病和媾疫锥虫病、无浆体病以及附红细胞体病均有强效。

2. 黄色素

每千克体重 3~4 毫克，每头牛最多不超过 2 克，配成 0.5%~1% 的灭菌溶液，静脉注射，必要时 48~72 小时后再注射一次。

3. 阿卡普林

每千克体重 1 毫克，配成 5% 灭菌溶液，皮下注射。为防止过敏反应，应事先皮下注射 0.1% 的肾上腺素 10~15 毫升。

（五）预　防

在有条件的地区可改良牧场，或进行农业垦荒，消除无用的灌木丛林和高草，破坏蜱的滋生环境，或捕杀蜱的幼虫和若虫的主要宿主——鼠类。

1. 牛体灭蜱

夏秋季节，可喷洒 1% 敌百虫液。在蜱大量活动的时期，每 7 天处理 1 次。此外，要消灭牛舍地面、墙壁、食槽等缝隙中的蜱，可喷洒敌百虫，然后用水泥抹上缝隙。

2. 化学药品预防

对在不安全的牧场上放牧的牛群，于发病季节开始时，每隔 15 天用贝尼尔预防注射 1 次。每千克体重 0.002 克，配成 7% 的水溶液，作臀部肌肉注射。

十、子宫内膜炎

子宫内膜炎为子宫内膜的急性炎症，是奶牛生殖疾病的常见病，本病发病率为 20%~40%，占不孕症的 70% 左右。奶牛患子宫内膜炎使受精卵不能着床或胚胎早期死亡，延长了产犊间隔，严重地影响了奶牛的繁殖力和生产性能，降低了奶牛养殖业的经济效益，阻碍了奶牛业的发展。

（一）病　因

1. 病原微生物

病原性细菌在引发牛子宫内膜炎的过程中起着最重要的作用，主要有葡萄球菌、链球菌、大肠杆菌、棒状杆菌、假单胞菌、变形杆菌、坏死杆菌、绿脓杆菌、生殖器杆菌、嗜血杆菌等。

2. 外源性感染

外源性感染即病原微生物经阴道和子宫颈进入子宫内而感染。母畜胎衣不下、难产、阴道和子宫脱出、产后子宫颈张开和外阴松弛，输精、助产时器械或手臂及母畜外阴部消毒不严，以及阴道炎、子宫颈炎等都为病原微生物侵入子宫内创造了条件。其中胎衣不下和难产是引起子宫感染的主要原因。

3. 内源性感染

内源性感染即条件性病原微生物在母牛因分娩而产道损伤、产后抵抗力降低的情况下，迅速繁殖或通过淋巴及血液进入子宫而表现出致病作用。

4. 诱　因

饲养管理不当，日粮营养价值不全，维生素、微量元素及矿物质缺乏或不足，矿物质比例失调，母牛的抗病力降低，容易发生子宫内膜炎。内分泌失调尤其是促卵泡成熟激素（FSH）、促黄体生成素（LH）、黄体酮（P4）和雌二醇（E2）等分泌紊乱，是引起子宫内膜炎的一个重要诱因。

（二）诊　断

在生产工作中，子宫内膜炎的诊断主要根据分娩史、阴道排出分泌物的性状及直肠和阴道检查结果，并结合临床症状进行确诊，有条件还可以结合实验室病理组织学诊断。

奶牛的子宫内膜炎包括急性子宫内膜炎、慢性子宫内膜炎、隐性子宫内膜炎、子宫积水和子宫积脓急性期治疗不及时，或治疗不彻底而转为慢性，多为子宫黏膜的慢性炎症。临床上，按炎症的性质可将慢性子宫内膜炎分为卡他性、脓性卡他性、脓性、脓性假膜性和坏死性子宫内膜炎。

（三）治　疗

治疗的基本原则是：促进病畜子宫内炎性渗出物的排出，消除或抑制子宫感染，增强子宫免疫功能，加强子宫的自净作用。

1. 冲洗子宫疗法

冲洗子宫疗法是治疗急性和慢性子宫内膜炎的有效方法。治疗原则是清洗病畜子宫，消除炎症。通过抗生素等药剂的处理，达到子宫净化的目的，每天或隔天1次，每次反复冲洗直到回流液清亮为止。

2. 子宫内药物灌注疗法

子宫内药物灌注是在进行子宫冲洗后的善后治疗，在清除了子宫炎性分泌物的基础上，利用抗生素、防腐剂等对子宫进行保护性治疗，起到抗炎、消毒、抗感染的作用，这种治疗方法往往能收到满意的效果。①子宫灌注，要求无菌操作，不能把外部细菌带入宫腔，动作要轻柔，切忌粗暴；②子宫注药或冲洗时，要注意液体的量不要过大，一般一次用药的量以400毫升为宜，最多不要超过500毫升；③为提高疗效，子宫灌注或子宫冲洗的液体应保持40~45℃的温度，温热的溶液能增强子宫的血液循环，改善生殖器官的代谢。

3. 常用药物有

①抗生素：土霉素与红霉素配合、土霉素与新霉素配合、青霉素、四环素等抗生素。②碘制剂：对于慢性子宫内膜炎，可用鲁格尔氏液（5%复方碘溶液

20 毫升加蒸馏水至 500 毫升)、5%碘酊注入子宫内 20~50 毫升，对脓性和卡他性子宫内膜炎有较好疗效。③磺胺类：常用磺胺油悬混液，磺胺 10~20 克、石蜡油 20~40 毫升，灌注子宫内治疗慢性子宫内膜炎。④鱼石脂：10%鱼石脂液 10~20 毫升，对治疗坏死性、坏疽性子宫内膜炎效果显著。

4. 激素配合治疗

治疗子宫内膜炎，一方面要通过清除子宫炎症，另一方面还要通过内外环境的改善提高病畜子宫抗感染能力。因此在炎症得到缓解之后，在发情周期的第 16~17 天，给患牛注射己烯雌酚 20 毫克，其目的是使子宫上皮细胞增生、黏膜充血、宫肌蠕动加强，有利于发情行为的充分体现和子宫炎症的充分清除，然后再分别进行一次清洗和子宫灌注青霉素。

5. 全身治疗

在子宫内膜炎和其他产后感染时，常需对病畜进行全身性的治疗，尤其是恶露明显化脓和子宫内脓性分泌物较多时，应大剂量应用抗生素，并配合强心、补液，纠正酸碱平衡，防止酸中毒和脓毒败血症，静脉注射 5%~10%葡萄糖并补液，补充维生素 C，肌注复合维生素 B 及钙制剂。

十一、腐蹄病

腐蹄病发生后，病牛蹄的真皮和角质层组织发生化脓性病理变化，其特征是真皮坏死与化脓、角质溶解、病牛疼痛、跛行。

（一）病 因

奶牛腐蹄病是因指（趾）间皮肤外伤感染化脓，引起的化脓坏死性炎症。本病主要发生原因是厩舍、运动场以及多雨潮湿季节导致趾间皮肤长期受粪尿和污水浸渍，弹性降低，引起龟裂、发炎。此病严重影响奶牛场的经济效益。

（二）临床症状

病牛走路跛行，病肢不敢负重，多卧地，腐烂蹄底疼痛。

（三）治 疗

应选择晴朗天气治疗并改善厩舍、运动场环境卫生，保持干燥、清洁。用福尔马林液洗病牛蹄，修整蹄形，挖去蹄底腐烂组织，用 5%碘酊棉球或松节油棉球塞填患部。可用配方：消炎粉 5 克、呋喃西林粉 5 克、高锰酸钾 10 克、木炭末 80 克，混合备用。用法：将病牛患部用 1%高锰酸钾溶液反复冲干净，用配制好的上述药物撒于患处并用绷带包扎。同时，在肢趾部用 2%盐酸普鲁卡因 10 毫升进行环状封闭麻醉，一般 1 次即可治愈。

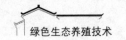
十二、奶牛酮病

给牛饲喂含蛋白质和脂肪的饲料过多，而碳水化合物饲料不足；或运动不足，导致牛的前胃机能减退，大量泌乳，乳糖消耗，容易促使本病的发生。本病多发生于产后的第一个泌乳月内，各胎次的牛一年四季均可发病。一般以高产奶牛的发病率较高。

（一）病　因

本病的发生与饲料的种类、品质的好坏、日粮的组成有关，特别是精料过多、粗饲料不足，易造成牛的瘤胃功能减弱，进而引起食欲减退，使瘤胃的内环境发生改变，采食量减少，能量水平不能满足需要，故发病率增加。矿物质如钴、磷缺乏，会导致酮病的发生；大量饲喂过度发酵、品质低劣的青贮料，因丁酸含量较多，也会促使本病的发生。有些牛反复发生酮病，可能是遗传因素，也可能与牛的消化能力和代谢能力较差有关。

（二）临床症状

本病常在母牛产后几天至几周内出现，以消化紊乱和精神症状为主。患畜食欲减退，不愿吃精料，只采食少量粗饲料，或喜食垫草和污物，反刍停止，最终拒食。泌乳量下降，乳脂含量升高，乳汁易形成气泡，类似初乳状。尿呈浅黄色，易形成泡沫。

（三）治　疗

1. 静　滴

50%葡萄糖500毫升、VC50毫克、ATP一盒、CoA一盒、20%葡萄糖1000毫升、50%碳酸氢钠500毫升。肌注：维生素 B_1。对症治疗：有的牛发生神经兴奋，对此可静滴硫酸镁注射液。一般的病例中很少使用激素药物，如地塞米松，因为使用时往往会造成病牛泌乳障碍，给奶牛带来反感，一般不会配合进行治疗，因此重症很少应用。

2. 健　胃

龙胆叮、焦四仙、适量的硫酸镁等健胃药，能够增加病牛的采食量从而合成生糖物质。

（四）预　防

（1）防止闭乳期牛过度肥胖。在产后饲料要逐量增加，防止一步到位的增加饲料。增加优质青草或青干草，减少劣质青草的投喂。

（2）保持适宜的精粗料比例，增加饲料的矿物质和维生素含量。

（3）在产后产奶量的增加超过20千克时，可口服补给葡萄糖。

十三、前胃弛缓

前胃弛缓是由于长期给牛饲喂品质不良的饲料和饲养管理不当以致牛的前胃兴奋性降低和收缩力减弱引起的机能障碍性疾病，临床上以病牛前胃蠕动减弱或停止，食欲、反刍、嗳气紊乱为特征。

（一）病　因

饲料品质低劣、品种单一，长期饲喂适口性较差的饲料，如稻草、麦秸、玉米秸秆等；饲料配合不平衡，精料、糟粕类（如酒糟、豆腐渣、糖渣）喂量过多；饲养方法及饲料突然改变；奶牛运动量不足，而使全身肌肉张力降低。

（二）临床症状

病牛食欲、反刍及嗳气减少或停止，精神沉郁，不愿走动，呼吸急迫，产奶量下降。患严重的牛步态蹒跚，行走不稳，视力不清，不避阻碍。

（三）治　疗

禁食1~2天，配合瘤胃按摩，促进瘤胃功能恢复。

（1）缓泻和制酵。硫酸镁500克，鱼石脂10~20克，温水4000~5000毫升，一次内服；液体石蜡或植物油500~1000毫升，一次内服。

（2）兴奋和增强病牛前胃运动机能。内服酒石酸锑钾10克，每天一次，连用3天。为了兴奋前胃机能，经常应用拟胆碱药物，如新斯的明，一次量为0.02~0.06克，皮下注射，每隔3小时注射一次。为加强瘤胃的收缩，可一次静脉注射10%氯化钠500毫升、10%安钠咖20毫升；对于分娩前后的牛和高产牛，可一次静脉注射5%葡萄糖生理盐水500毫升、25%葡萄糖500毫升、20%葡萄糖酸钙300毫升。

（3）为防止酸中毒，可静脉注射5%葡萄糖生理盐水1000毫升、25%葡萄糖500毫升、5%碳酸氢钠500毫升，或内服人工盐300克、碳酸氢钠80克。

（4）可内服中药反刍健胃舒、胃泰宁、清热健胃散，开水冲调，候温灌服。

十四、产后瘫痪

产后瘫痪又叫乳热症，是母牛分娩前后突然发生的严重代谢疾病。此病主要发生于产后三日内的高产奶牛，多发生于产了3~6胎的奶牛。

（一）病　因

病牛饲料中钙、磷供应及肠道吸收不足和其内分泌功能失调，加上胎儿生长及乳汁分泌消耗大量的钙，使病牛血钙浓度急剧下降是本病发生的重要原因。

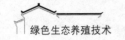

（二）临床症状

患病牛知觉丧失及四肢瘫痪，病初食欲减退或废绝；反刍、瘤胃蠕动及排粪、排尿停止；产奶量下降，精神沉郁，表现轻度不安；也有在出现不安后即呈现惊慌、哞叫、狂暴、目光凝视等。初期症状为出现数小时后患牛即瘫痪在地，不久出现意识和知觉丧失。病牛躺卧姿势特殊，即四肢屈于体下，头向后弯于胸部一侧或头颈部呈"S"状弯曲。病牛体温降低是此病又一特征。对此病若不及时治疗病牛很少能够恢复，大多在 12～24 小时内病情恶化，最终因呼吸衰竭而死。

（三）治　疗

（1）尽快使病牛血钙恢复到正常水平。常用 20%～25% 硼酸葡萄糖酸钙注射液（含 4% 硼酸）500 毫升静脉注射（时间不应少于 10 分钟），或用 10% 葡萄糖酸钙 1000 毫升，或 5% 氯化钙 500 毫升缓慢静脉注射。

（2）使用乳房送风器向病牛乳房内打气，使乳房内压力增高，减少泌乳以降低体内钙的消耗。

（3）在产前 2 周开始饲喂低钙高磷饲料，以刺激甲状旁腺的机能，促进甲状旁腺的分泌，从而提高吸收和动用骨钙的能力；饲喂维生素 D，产后及时增加日粮中钙、磷含量，可减少发病。

第三节　猪常见疾病及防治

一、猪大肠杆菌病

猪大肠杆菌病是由致病性大肠杆菌引起的仔猪肠道传染性疾病，属于三类动物疫病。常见的有仔猪黄痢、仔猪白痢和仔猪水肿病三种，以发生严重腹泻、肠炎、肠毒血症为特征。

（一）仔猪黄痢

仔猪黄痢又称早发性大肠杆菌病，是 1～7 日龄的仔猪发生的一种急性、高度致死性的疾病。临床上以病猪剧烈腹泻、排黄色水样稀便、迅速死亡为特征。

1. 流行特点

本病在世界各地均有流行。炎夏和寒冬潮湿多雨季节发病严重，春秋温暖季节发病少；猪场发病严重，分散饲养的发病少。头胎母猪所产仔猪发病最为严重，随着胎次的增加，仔猪发病逐渐减轻，这是由于母猪长期感染大肠杆菌而逐渐产生了对该菌的免疫力。24 小时内的新生仔猪最易感染，一般在生后 3

天左右发病，最迟不超过 7 天，在梅雨季节也有出生后 12 小时发病的。

2. 临床症状

本病潜伏期短，一般在 24 小时左右，长的也仅有 1~3 天，个别病例到 7 日龄左右发病。窝内发生第一头病猪，1~2 天内同窝猪相继发病。最初为病猪突然腹泻，排出稀薄如水样粪便，黄至灰黄色，混有小气泡并带腥臭，随后病猪腹泻愈加严重，数分钟即泻 1 次。病猪口渴、脱水，但无呕吐现象，最后昏迷死亡。

3. 防　治

出现症状时再治疗，往往效果不佳。在发现一头病猪后，立即对与病猪接触过的未发病仔猪进行药物预防，疗效较好。大肠杆菌易产生抗药菌株，宜交替用药，如果条件允许，最好先做药敏性试验后再选择用药。普美仙，肌肉注射，每天 1 次，连用 3~5 天。

综合性防疫卫生措施。预防本病的关键是加强饲养管理，母猪分娩时有专人守护，所产仔猪放在有干净垫草的箩筐内，待产仔完毕后用 0.1%高锰酸钾溶液清洗母猪乳头。圈舍用生石灰消毒，注意保持猪舍环境清洁、干燥，尽可能安排母猪在春季或秋季天气温暖干燥时产仔，以减少发病。产前母猪 48 小时内用奥克米先 10~15 毫升，分点肌肉注射，1 天 1 次，或氧氟沙星 0.3~0.4 毫克/千克肌肉注射，每天 2 次，连续给药两天进行预防。

（二）仔猪白痢

仔猪白痢是由大肠杆菌引起的 10 日龄左右仔猪发生的消化道传染病。临床上以病猪排灰白色粥样稀便为主要特征，本病发病率高而致死率低。猪肠道菌群失调、大肠杆菌过量繁殖是本病的重要病因，气候变化、饲养管理不当是本病发生的诱因。

1. 流行特点

本病一般发生于 10~30 日龄仔猪，7 日龄以内及 30 日龄以上的猪很少发病。病因与饲养管理及猪舍卫生有很大关系，在冬春两季气温剧变、阴雨连绵或保暖不良及母猪乳汁缺乏时发病较多。一窝仔猪有一头发病后，其余的往往同时或相继患病。

2. 临床症状

病猪体温一般无明显变化。病猪腹泻，排出白、灰白以至黄色粥状有特殊腥臭的粪便。同时，病猪畏寒、脱水，吃奶减少或不吃，有时可见吐奶。除少数发病日龄较小的仔猪易死亡外，一般病猪病情较轻，易自愈，但多反复发病而形成僵猪。

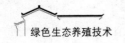

3. 防　治

①治疗。普美仙，每千克体重 0.1 毫升；远征泻痢王，每千克体重 0.1 ~ 0.15 毫升。②预防。由于本病病因尚不十分明确，因此疫苗预防效果往往并不理想，药物预防可参照仔猪黄痢的预防方案。

（三）仔猪水肿病

仔猪水肿病是由溶血性大肠杆菌毒素所引起的以断奶仔猪眼睑或其他部位水肿、神经症状为主要特征的疾病。该病多发于仔猪断奶后 1 ~ 2 周，发病率为 5% ~ 30%，病死率超过 90%。近年来本病又有新的流行特点：首先发病日龄不断增加，据各地反馈情况 40 ~ 50 千克的猪都有水肿病的发生；其次吃得越多、长得越壮的猪，发病率和死亡率越高。

1. 流行特点

本病多发生于断奶后的肥胖幼猪，以 4 ~ 5 月龄和 9 ~ 10 月龄较为多见，特别是在气候突变和阴雨天气时多发。据观察，水肿病多发生在饲料比较单一而缺乏矿物质（主要为硒）和维生素（B 族及 E）的猪群。

2. 临床症状

①神经症状，病猪盲目行走或转圈，共济失调，口吐白沫，叫声嘶哑，进而倒地抽搐，四肢呈游泳状，逐渐发生后躯麻痹，卧地不起，在昏迷状态中死亡；②病猪体温在病初可能升高，但很快降至常温或偏低；③病猪眼睑或结膜及其他部位水肿，病程数小时至 1 ~ 2 天。

3. 防　治

①治疗。超级消肿王对本病有特效，每千克体重 0.1 毫升，连用 3 ~ 5 天，同时可配合轻泻药物进行治疗效果更佳。②预防。补硒，缺硒地区每头仔猪断奶前补硒；合理搭配日粮，防止饲料中蛋白含量过高，适当搭配某些青绿饲料。

二、猪副伤寒

猪副伤寒又称猪沙门氏菌病，是由沙门氏菌属细菌引起仔猪的一种传染病，属于三类动物疫病。急性者以败血症，慢性者以坏死性肠炎，有时以卡他性或干酪性肺炎为特征。

（一）流行特点

本病主要侵害 6 月龄以下仔猪，尤以 1 ~ 4 月龄仔猪多发，6 月龄以上仔猪很少发病。本病一年四季均可发生，但阴雨潮湿季节多发。病猪和带菌猪是主要传染源，它们可从粪、尿、乳汁以及流产的胎儿、胎衣和羊水排菌。本病主要经消化道感染、交配或人工授精感染，在子宫内也可能感染。另据报道，健康畜带菌（特别是鼠伤寒沙门氏菌）相当普遍，当受外界不良因素影响以及动物抵抗力下降时，常导致内源性感染。

（二）临床症状

本病潜伏期为数天，或长达数月，与猪体抵抗力及细菌的数量、毒力有关。临床上分急性、亚急性和慢性三型。

（1）急性型又称败血型，多发生于断乳前后的仔猪，常使仔猪突然死亡。病程1~4天。病程稍长者，表现出体温升高（41~42℃）、腹痛、下痢、呼吸困难、耳根、胸前和腹下皮肤有紫斑，多以死亡告终。

（2）亚急性和慢性型为常见病型。表现为病猪体温升高，眼结膜发炎，有脓性分泌物；病初便秘后腹泻，排灰白色或黄绿色恶臭粪便；病猪消瘦，皮肤有痂状湿疹。病程持续可达数周，终至死亡或成为僵猪。

（三）防　治

（1）在本病常发地区，可对1月龄以上哺乳或断奶仔猪，用仔猪副伤寒活疫苗进行预防，按瓶签注明头份，用20%氢氧化铝生理盐水稀释，每头肌肉注射1毫升，免疫期为9个月。

（2）治疗。土霉素按每千克体重0.1克计算，口服每日2次，连服3天；复方新诺明每天每千克体重0.07克，分2次口服，连用3~5天；意康生物英国多联特配合头孢肌肉注射，每套本品用于100千克体重治疗、用于200千克体重预防；恩诺沙星，每千克体重2.5毫克，肌肉注射，每天2次，连用2~3天。

三、猪传染性胃肠炎

猪传染性胃肠炎是由猪传染性胃肠炎病毒引起的猪的一种高度接触性消化道传染病，属于三类动物疫病。主要特征以呕吐、严重水样腹泻和脱水为主。

（一）流行特点

猪对猪传染性胃肠炎病毒最为易感，各种年龄的猪都可感染。10日龄以内的猪病死率接近100%。发生和流行有较明显的季节性，一般多发生于冬季和春季。

（二）临床症状

一般2周龄以内的仔猪感染后12~24小时会出现呕吐，继而出现严重的水样或糊状腹泻，粪便呈黄色，常夹有未消化的凝乳块，恶臭，病猪体重迅速下降，仔猪明显脱水，发病2~7天死亡，死亡率达100%；2~3周龄的仔猪，死亡率在0%~10%。断乳猪感染后2~4天发病，表现为水泻，呈喷射状，粪便呈灰色或褐色，个别猪会出现呕吐现象，在5~8天后腹泻停止，极少死亡，但病猪体重下降，常发育不良，成为僵猪。有些母猪与患病仔猪密切接触，反复感

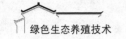

染，症状较重，表现为母猪体温升高、泌乳停止、呕吐、食欲不振和腹泻，也有些哺乳母猪不表现临床症状。

（三）防　治

1. 预　防

平时注意不从疫区或病猪场引进猪只，以免传入本病。当猪群发生本病时，应立即隔离病猪，用消毒药对猪舍、环境、用具、运输工具等进行消毒，尚未发病的猪应立即隔离到安全地方饲养。

2. 治　疗

可用下列药物控制继发感染：先注射阿托品，按照每头2~4毫克注射，严重病猪可后海穴封闭；然后，肠毒清（国浩）50千克/套，连用2~3天，同时口服碱式硝酸铋2~6克或鞣酸蛋白2~4毫克、活性炭2~5克。

四、猪流行性腹泻

猪流行性腹泻是由猪流行性腹泻病毒引起的一种猪的急性接触性肠道传染病，其特征为呕吐、腹泻和脱水。临床症状与猪传染性胃肠炎极为相似。

（一）流行特点

本病只发生于猪，各种年龄的猪都能感染发病。哺乳猪、架子猪或肥育猪的发病率很高，尤以哺乳猪受害最为严重，母猪发病率变动很大，为15%~90%。病猪是主要传染源，病毒存在于病猪的肠绒毛上皮细胞和肠系膜淋巴结，随粪便排出后，污染环境、饲料、饮水、交通工具及用具等而传染。主要感染途径是消化道。如果一个猪场陆续有不少窝仔猪出生或断奶，病毒会不断感染失去母源抗体的断奶仔猪，使本病呈地方流行性，在这种繁殖场内，猪流行性腹泻可造成5~8周龄的断奶期仔猪顽固性腹泻。本病多发生于寒冷季节。

（二）临床症状

本病潜伏期一般为5~8天，人工感染潜伏期为8~24小时。主要的临床症状为病猪水样腹泻，或者在腹泻之间有呕吐，呕吐多发生于吃食或吃奶后。症状的轻重随年龄的大小而有差异，年龄越小，症状越重。一周龄内新生仔猪发生腹泻后3~4天，呈现严重脱水而死亡，死亡率可达50%，最高的死亡率达100%。病猪体温正常或稍高，精神沉郁，食欲减退或废绝。断奶猪、母猪常表现为精神委顿、厌食和持续性腹泻，大约一周，并逐渐恢复正常。少数猪恢复后生长发育不良。肥育猪在同圈饲养感染后都会发生腹泻，一周后康复，死亡率1%~3%。成年猪症状较轻，有的仅表现呕吐，重者水样腹泻3~4天可自愈。

（三）防治

1. 预　防

加强营养，控制霉菌毒素中毒，可以在饲料中添加一定比例的脱霉剂，同时加入高档维生素。提高猪舍温度，特别是配怀舍、产房、保育舍。配怀舍大环境温度不低于15℃；产房产前第一周为23℃、分娩第一周为25℃，以后每周降2℃；保育舍第一周28℃，以后每周降2℃，至22℃止。产房小环境温度用红外灯和电热板，第一周为32℃，以后每周降2℃。

母猪分娩后的3天保健和对仔猪的3针保健，可选用高热金针先注射液，母猪产仔当天注射10~20毫升/头，若有感染者，产后3天再注射10~20毫升/头；仔猪出生后的3天、7天、21天的3针保健，分别肌注0.5毫升、0.5毫升、1毫升。

有病猪发生呕吐、腹泻后立即封锁发病区和产房，尽量做到全部封锁。扑杀10日龄之内呕吐且水样腹泻的仔猪，这是切断传染源、保护易感猪群的做法。种猪群紧急接种胃流二联苗或胃流轮三联苗。

2. 治　疗

对8~13日龄的呕吐、腹泻猪用口服补液盐拌土霉素碱或诺氟沙星，温热后进行灌服，每天4~5次，以确保病猪不脱水为原则。病猪必须严格隔离，不得扩散，同时采用药物进行辅助治疗。

五、猪巴氏杆菌病

猪巴氏杆菌病，又叫猪肺疫，俗称"锁喉风"或"肿脖子瘟"，是由多杀性巴氏杆菌引起的急性流行性或散发性和继发性传染病，属于二类动物疫病。其主要特征为：急性病例为病猪出血性败血病、咽喉炎和胸膜肺炎的病状，慢性病例主要为病猪慢性肺炎症状和胃肠炎，呈散发性发生。

（一）流行特点

（1）本病大多发生于中、小猪，成年猪患病较少。

（2）本病的发生，无明显的季节性，一年四季都可发生，但于秋末春初及气候骤变的时候发病较多，在南方大多发生在潮湿闷热及多雨季节。猪只的饲养管理不当、卫生条件恶劣、饲料和环境的突然变换及长途运输等，都是发生本病的诱因。

（二）临床症状

本病潜伏期长短不一，随细菌毒力强弱而定，自然感染的猪，快则1~3天，慢则5~14天。

（1）最急性型常见于流行初期，病猪于头天晚上吃喝如常，无明显临诊症状，次日晨已死在圈内。病程稍长，症状明显的体温见升高至41℃以上，食欲废绝，精神沉郁，寒战，可视黏膜发绀，耳根、颈、腹等部皮肤出现紫红色斑。较典型的症状是急性咽喉炎，病猪颈下咽喉部急剧肿大，呈紫红色，触诊坚硬而有热痛，严重者可波及上达耳根和后到前胸部，致使病猪呼吸极度困难，叫声嘶哑，常两前肢分开呆立，伸颈张口喘息，口鼻流出白色泡沫液体，有时混有血液，严重时常做犬坐姿势张口呼吸，最后窒息而死。病程1~2天，病死率可达100%。

（2）急性型是本病常见的病型，主要表现为肺炎症状，病猪体温升高到41℃以上，精神差，食欲减少或废绝，初为干性短咳，后变湿性痛咳，鼻孔流出浆性或脓性分泌物，触诊胸壁有疼痛感，听诊有啰音或摩擦音，呼吸困难，张口吐舌，结膜发绀，皮肤上有红斑，初便秘，后腹泻，消瘦无力，卧地不起，大多4~7天死亡，不死者常转为慢性。

（3）慢性型发病初期病猪症状不明显，继则食欲和精神不振，持续性咳嗽，呼吸困难，鼻流少量黏脓性分泌物，进行性消瘦，行走无力。有时病猪发生慢性关节炎，关节肿胀，跛行，有的病例还发生下痢。如不及时治疗或治疗不当病猪常于发病2~3周后衰竭而死。

（三）防　治

1. 隔离病猪，及时治疗

①青霉素和土霉素的剂量及用法同猪丹毒的治疗。链霉素为1克，每日分2次肌肉注射。20%磺胺噻唑钠或磺胺嘧啶钠注射液，小猪为10~15毫升，大猪为20~30毫升，肌肉或静脉注射，每日2次，连用3~5天。②抗猪肺疫血清（抗出血性败血症多价血清）在疾病早期应用，有较好的效果。2月龄内仔猪注射20~40毫升，2~5月龄猪注射40~60毫升，5~10月龄猪注射60~80毫升，均为皮下注射。本血清为牛或马源，注射后可能发生过敏反应，应注意观察。

2. 预防措施

①在部分健康猪的上呼吸道带有巴氏杆菌，由于不良因素的作用，常可诱发本病。因此，预防本病的根本办法，必须贯彻"预防为主"的方针，消除降低猪体抵抗力的一切不良因素，加强饲养管理，做好兽医防疫卫生工作，以增强猪体的抵抗力。②每年春秋两季定期进行预防注射，以增强猪体的特异性抵抗力。我国目前使用两类菌苗，一是猪肺疫氢氧化铝菌苗，断奶后的猪不论大小一律皮下或肌肉注射5毫升，注射后14天产生免疫力，免疫期6个月；二是猪、牛多杀性巴氏杆菌病灭活疫苗，猪皮下或肌肉注射2毫升，注后14天产生免疫力，免疫期6个月。③有猪发病时，猪舍的墙壁、地面、饲养管理用具要

进行消毒，粪便废弃物堆积发酵。必要时，对发病群的假定健康猪，可用猪肺疫抗血清进行紧急预防注射，剂量为治疗量的一半。④患慢性猪肺疫的僵猪应及时淘汰。

六、猪支原体肺炎

猪支原体性肺炎是由猪肺炎支原体引发的一种慢性肺炎，又称猪地方流行性肺炎，俗称猪气喘病，属于二类动物疫病。主要特征为咳嗽和气喘、肺呈肉样或虾肉样变化。

（一）流行特点

本病最早可能发生于 2~3 周龄（地方品种有 9 日龄的）的仔猪，但一般传播缓慢，在 6~10 周龄感染较普遍，许多猪直到 3~6 月龄时才出现明显症状。

易感猪与带菌猪接触后，发病的潜伏期长的为 10 天或更长时间，并且所有自然发生的病例均为混合感染，包括支原体、细菌、病毒及寄生虫等。

（二）临床症状

猪流感继发猪支原体肺炎，病猪初期主要症状为：咳嗽，体温升高到 40~42.5℃，精神沉郁，食欲减退或废绝，趴窝不愿站立，眼鼻有黏性液体流出，眼结膜充血；个别病猪呼吸困难、喘气、咳嗽、呈腹式呼吸、有犬坐姿势，夜里可听到病猪哮喘声。

（三）防 治

（1）怀孕母猪分娩前 14~20 天以支原净、利高霉素或林可霉素、克林霉素、氟甲砜霉素等投药 7 天。

（2）仔猪 1 日龄口服 0.5 毫升庆大霉素，5~7 日龄、21 日龄 2 次免疫喘气病灭活苗。

（3）仔猪 15 日龄、25 日龄注射恩诺沙星 1 次，有猪腹泻或呼吸道综合征严重的猪场仔猪断奶前后定期用药，可选用支原净、利高霉素、泰乐菌素、土霉素、氟甲砜霉复方。

七、猪传染性萎缩性鼻炎

猪传染性萎缩性鼻炎是一种由支气管败血波氏杆菌（主要是 D 型）和产毒素多杀巴氏杆菌（C 型）引起的猪呼吸道慢性传染病，属于二类动物疫病。其特征为鼻炎、鼻甲骨尤其是鼻甲骨下卷曲发生萎缩，导致打喷嚏、鼻塞、面部变形、呼吸困难和生长迟缓。

（一）流行特点

本病常发生于 2~5 月龄的猪，在出生后几天至数周的仔猪感染时，发生鼻

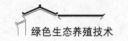

炎后多能引起仔猪鼻甲骨萎缩；年龄较大的猪感染时，可能不发生或只产生轻微的鼻甲骨萎缩，但是一般表现为鼻炎症状，症状消退后成为带菌猪。病猪和带菌猪是主要传染来源。病菌存在于其上呼吸道，主要通过飞沫传播，经呼吸道感染。

（二）临床症状

表现为打喷嚏、流鼻血、颜面变形、鼻部歪斜和生长迟滞，受感染的小猪出现鼻炎症状，打喷嚏，呈连续或断续性发生，呼吸有鼾声。猪只常因鼻类刺激黏膜表现不安定，用前肢搔抓鼻部，或鼻端拱地，或在猪圈墙壁、食槽边缘摩擦鼻部，并可留下血迹；从鼻部流出分泌物，分泌物先是透明黏液样，继之为黏液或脓性物，甚至流出血样分泌物，或引起不同程度的鼻出血。

在出现鼻炎症状的同时，病猪的眼结膜常发炎，从眼角不断流泪。由于泪水与尘土沾积，常在眼眶下部的皮肤上，出现一个半月形的泪痕湿润区，呈褐色或黑色斑痕，故有"黑斑眼"之称，这是本病具有特征性的症状。有些病例，在鼻炎症状发生后几周，症状渐渐消失，并不出现鼻甲骨萎缩，但大多数病猪，进一步发展将引起鼻甲骨萎缩。

（三）防　治

1. 预　防

哺乳仔猪从 15 日龄能吃食时起，每天可按每千克体重喂给 20~30 毫克金霉素或土霉素，连续喂 20 天，有一定效果；或在母猪分娩前 3~4 周至产后 2 周，每吨饲料中加入 100~125g 磺胺二甲基嘧啶和磺胺噻唑，或每吨饲料中加入土毒素 400 克喂服。用支气管败血波氏杆菌（Ⅰ相菌）灭活菌苗和支气管败血波氏杆菌及 D 型产毒多静生巴氏杆菌灭活二联苗在母猪产仔前 2 个月及 1 个月接种，通过母源抗体保护仔猪数周内不感染；也可以给 1~3 周龄仔猪免疫接种，间隔 1 周进行二免。

2. 治　疗

每吨饲料加入磺胺甲氧嗪 100 克，或金霉素 100 克，或加入磺胺二甲基嘧啶 100 克、金霉素 100 克、青霉素 50 克三种混合剂，连续喂猪 3~4 周，对消除病菌、减轻症状及增加猪的体重均有好处。对早期有鼻炎症状的病猪，定期向鼻腔内注入卢格氏液、1%~2% 硼酸液、0.1% 高锰酸钾液等消毒剂或收敛剂，都会有一定效果。

八、猪流行性感冒

猪流行性感冒是猪的一种急性、高度接触性传染性呼吸器官疾病，可引起多种动物和人共患，简称猪流感，属于三类动物疫病。其特征为突发、咳嗽、呼吸困难、发热及迅速转归。猪流感由甲型流感病毒（A 型流感病毒）引发，通常爆发于猪之间，传染性很高但通常不会引发死亡。

（一）流行特点

各个年龄、性别和品种的猪对本病毒都有易感性。本病的流行有明显的季节性，天气多变的秋末、早春和寒冷的冬季易发生。本病传播迅速常呈地方性流行或大流行。本病发病率高，死亡率低。病猪和带毒猪是猪流感的传染源，患病痊愈后猪带毒 6~8 周。

（二）临床症状

本病潜伏期很短，几小时到数天，自然发病时平均为 4 天。发病初期病猪体温突然升高至 41.5℃，厌食或食欲废绝，极度虚弱乃至虚脱，常卧地，呼吸急促、腹式呼吸、阵发性咳嗽。从眼和鼻流出黏液，鼻分泌物有时带血。病猪挤卧在一起，难以移动，触摸肌肉僵硬、疼痛，出现膈肌痉挛，呼吸顿挫，一般称这为打嗝儿。如有继发感染，则病势加重，发生纤维素性出血性肺炎或肠炎。母猪在怀孕期感染，产下的仔猪在产后 2~5 天发病很重，有些在哺乳期及断奶前后死亡。

（三）防 治

（1）为了避免人畜共患，饲养管理员和直接接触生猪的人宜做到有效防护，注意个人卫生；经常使用肥皂或清水洗手，避免接触患猪，同时应避免接触流感样症状（发热、咳嗽、流涕等）或肺炎等呼吸道病人，尤其在咳嗽或打喷嚏后；避免接触生猪或前有猪的场所；避免前往人群拥挤的场所；咳嗽或打喷嚏时用纸巾捂住口鼻，然后将纸巾丢到垃圾桶。对死因不明的生猪一律焚烧深埋再做消毒处理。如人不慎感染了猪流感病毒，应立即向上级卫生主管部门报告，接触患病的人群应做相应 7 日医学隔离观察。

（2）密切注意天气变化，一旦降温，及时取暖保温。人发生 A 型流感时，也不能与猪接触。

（3）用猪流感佐剂灭活苗对猪连续接种两次，免疫期可达 8 个月。

九、非洲猪瘟

非洲猪瘟是由非洲猪瘟病毒感染家猪和各种野猪（如非洲野猪、欧洲野猪等）引起的一种急性、出血性、烈性传染病。世界动物卫生组织将其列为法定报告动物疫病，该病也是我国重点防范的一类动物疫情。其特征是发病过程短，最急性和急性感染死亡率高达 100%，临床表现为发热（温度在 40~42℃），心跳加快，呼吸困难，部分咳嗽，眼、鼻有浆液性或黏液性脓性分泌物，皮肤发

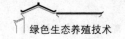

绀，淋巴结、肾、胃肠黏膜明显出血，非洲猪瘟临床症状与猪瘟症状相似，只能依靠实验室监测确诊。2018年8月3日我国确诊首例非洲猪瘟疫情。

（一）流行特点

2018年之前，我国没有非洲猪瘟。分子流行病学研究表明，传入中国的非洲猪瘟病毒属基因Ⅱ型，与格鲁吉亚、俄罗斯、波兰公布的毒株全基因组序列同源性为99.95%左右。

通常非洲猪瘟跨国境传入的途径主要有四类：一是生猪及其产品国际贸易和走私；二是国际旅客携带的猪肉及其产品；三是国际运输工具上的餐厨剩余物；四是野猪迁徙。

我国已查明疫源的68起家猪疫情，传播途径主要有三种：一是生猪及其产品跨区域调运，占全部疫情约19%；二是餐厨剩余物喂猪，占全部疫情约34%；三是人员与车辆带毒传播，这是当前疫情扩散的最主要方式，占全部疫情约46%。

（二）临床症状

本病自然感染潜伏期5~9天，但实际往往更短，临床实验感染则为2~5天，发病时病猪体温升高至41℃，约持续4天，直到死前48小时体温开始下降，同时临床症状直到体温下降才显示出来，故与猪瘟体温升高时症状出现不同。最初3~4日发热期间，猪只食欲下降，显出极度脆弱，猪只躺在舍角，强迫赶起要它走动，则显示出极度弱，尤其后肢更甚，脉搏动快；咳嗽，呼吸快，呼吸困难；出现浆液或黏液脓性结膜炎，有些毒株会引起带血下痢，呕吐，血液变化似猪瘟；从3~5个病例中，显示有50%的病猪有白细胞数减少现象，淋巴球也同样减少，体温升高时发生白细胞性贫血，至第4日白细胞数降至40%才不下降，未成熟中性球数增加也可观察到，往往发热后第7天死亡，或症状出现仅1~2天便死亡。

（三）防　治

目前在世界范围内没有研发出可以有效预防非洲猪瘟的疫苗和药物，但高温、消毒剂可以有效杀灭病毒，所以做好养殖场生物安全防护是防控非洲猪瘟的关键。

（1）严格控制人员、车辆和易感动物进入养殖场；进出养殖场及其生产区的人员、车辆、物品要严格落实消毒等措施。

（2）尽可能封闭饲养生猪，采取隔离防护措施，尽量避免与野猪、蜱类接触。

（3）严禁使用泔水或餐余垃圾饲喂生猪。

（4）积极配合当地动物疫病预防控制机构开展疫病监测排查，特别是发生猪只注射猪瘟疫苗免疫失败、不明原因死亡等现象，应及时上报当地兽医部门。

（5）海关应加强所有进口物品的检疫，同时地区间也要做好生猪的调运检疫工作，堵住病毒流行的通道。

十、猪链球菌病

猪链球菌病是由多种致病性猪链球菌感染而引起的一种人畜共患病，属于二类动物疫病。主要特征为：急性型病猪表现出血性败血症和脑膜炎，慢性型病猪表现为关节炎、心内膜炎、组织化脓性炎和淋巴结脓肿。该病在人类中不常见，但普遍易感，主要表现为发热和严重的毒血症状。早期诊断及时治疗后，多数患者可以治愈，但部分患者会留下后遗症。

（一）流行特点

猪是主要传染源，尤其是病猪和带菌猪是本病的主要传染源，其次是羊、马、鹿、鸟、家禽（如鸭、鸡）等。猪体内猪链球菌的带菌率为 20%～40%，在正常情况下不引起疾病。如果细菌产生毒力变异，引起猪发病，病死猪体内的细菌和毒素再传染给人类，则引起人发病。

猪链球菌的自然感染部位是猪的上呼吸道、生殖道、消化道。本病主要是通过开放性伤口传播，如人皮肤或黏膜的创口接触病死猪的血液和体液引起发病，所以屠夫、屠场工发病率比较高。部分患者因吃了不洁的凉拌病死猪肉或吃生的猪肉丸子、洗切加工处理病死猪肉引起发病，加工冷冻猪肉也可引起散发病例。

（二）临床症状

根据临床上的表现，将其分为 4 个类型：

1. 急性败血型

急性型猪链球菌病发病急、传播快，多表现为急性败血型。病猪突然发病，体温升高至 41～43℃，精神沉郁，嗜睡，食欲废绝，流鼻水，咳嗽，眼结膜潮红、流泪，呼吸加快。多数病猪往往头晚未见任何症状，次晨已死亡。少数病猪在患病后期，于耳尖、四肢下端、背部和腹下皮肤出现广泛性充血、潮红。

2. 脑膜炎型

脑膜炎型多见于 70～90 日龄的小猪，病初病猪体温 40～42.5℃，不食，便秘，继而出现神经症状，如磨牙、转圈、前肢爬行、四肢游泳状或昏睡等，有的后期出现呼吸困难，如治疗不及时，往往死亡率很高。

3. 关节炎型

关节炎型由前两型转来，或者从发病起病猪即呈现关节炎症状。病猪表现

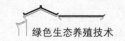

为一肢或几肢关节肿胀、疼痛，有跛行，甚至不能起立。病程2～3周。死后剖检，见关节周围肿胀、充血，滑液浑浊，重者关节软骨坏死，关节周围组织有多发性化脓灶。

4. 化脓性淋巴结炎（淋巴结脓肿）型

化脓性淋巴结炎型多见于颌下淋巴结，其次是咽部和颈部淋巴结。受害淋巴结肿胀、坚硬、有热有痛，可影响病猪采食、咀嚼、吞咽和呼吸，伴有咳嗽、流鼻液。至化脓成熟，肿胀中央变软，皮肤坏死，自行破溃流脓，以后全身症状好转，局部逐渐痊愈。病程一般为3～5周。

（三）防　治

猪链球菌对大多数的抗菌药物敏感，但不同地区的菌株敏感性有差异。目前抗菌效果好的抗菌药物主要有青霉素G、氨苄西林、氯霉素以及第三、四代头孢菌素，如头孢噻肟、头孢曲松钠、头孢拉定及新一代氟喹诺酮类抗生素。

1. 控制传染源

坚持早发现、早报告、早诊断、早隔离、早治疗。有效的预防是不宰杀和食用病死猪肉，对病死猪应做焚烧后深埋处理。

2. 切断传播途径

提倡在处理猪肉或猪肉加工过程中戴手套以预防猪链球菌感染，对疫点和疫区做好消毒工作，对猪舍的地面、墙壁、门窗、门拉手等，可用含1%有效氯的消毒液或0.5%过氧乙酸喷洒或擦拭消毒，对病死猪家庭的环境应进行严格消毒处理。

3. 保护易感人群

对猪链球菌病进行宣传教育，使生猪宰杀和加工人员认识到接触病死猪的危害，并做好自身防护。

4. 免疫接种

对猪注射猪链球菌病灭活苗，皮下注射3～5毫升或猪败血性链球菌病弱毒苗，皮下注射1毫升，免疫期均为6个月。

十一、猪伪狂犬病

猪伪狂犬病是由猪伪狂犬病病毒引起的包括猪等多种动物的急性传染病，属于二类动物疫病。该病在猪群呈暴发性流行，其主要特征为：新生仔猪表现神经症状和大量死亡；引起妊娠母猪流产、死胎和呼吸症状；公猪不育；育肥猪呼吸困难、生长停滞等。猪伪狂犬病是危害全球养猪业的重大传染病之一。

（一）流行特点

猪是伪狂犬病毒的贮存宿主，病猪、带毒猪以及带毒鼠类为本病的重要传染源。在猪场，伪狂犬病毒主要通过已感染猪排毒而传给健康猪，另外，被伪狂犬病毒污染的工作人员和器具在传播中起着重要的作用；而空气传播则是伪狂犬病毒扩散的最主要途径，但到底能传播多远还不清楚。人们还发现在邻近有伪狂犬病发生的猪场周围放牧的牛群也能发病，在这种情况下，空气传播是唯一可能的传播方式。在猪群中，病毒主要通过鼻分泌物传播，另外，乳汁和精液也是其可能的传播途径。

除猪以外的其他动物感染伪狂犬病毒后，其结果都是死亡。伪狂犬病的发生具有一定的季节性，多发生在寒冷的季节，但其他季节也有发生。

（二）临床症状

（1）新生仔猪感染伪狂犬病毒会引起大量死亡，临诊上新生仔猪第1天表现正常，从第2天开始发病，3~5天内是死亡高峰期，有的整窝死光。同时，发病仔猪表现出明显的神经症状、昏睡、鸣叫、呕吐、拉稀等症状，一旦发病，1~2天内死亡。15日龄以内的仔猪感染本病者，病情极严重，发病死亡率可达100%。仔猪突然发病，体温上升超过41℃，精神极度委顿，发抖、运动不协调、痉挛、呕吐、腹泻，极少康复。断奶仔猪感染伪狂犬病毒，发病率在20%~40%，死亡率在10%~20%，主要表现为神经症状、拉稀、呕吐等。

（2）成年猪一般为隐性感染，若有症状也很轻微，易于恢复。主要表现为发热、精神沉郁，有些病猪呕吐、咳嗽，一般于4~8天内会完全恢复。

（3）怀孕母猪患病后可发生流产、产木乃伊胎儿或死胎，其中以死胎为主。无论是头胎母猪还是经产母猪都可发病，而且没有严格的季节性，但以寒冷季节即冬末春初多发。

（4）伪狂犬病的另一发病特点表现为种猪不育症。近几年发现有的猪场春季暴发伪狂犬病，出现死胎或断奶仔猪患伪狂犬病后，紧接着下半年母猪配不上种，返情率高达90%，有反复配种数次都屡配不上的。此外，公猪感染伪狂犬病毒后，表现出睾丸肿胀、萎缩，丧失种用能力。

（三）防治

1. 预防

疫苗免疫接种是预防和控制伪狂犬病的根本措施，以净化猪群为主要手段，首先从种猪群净化，实行小产房、小保育、低密度、分阶段饲养的饲养模式，加强猪群的日常管理。

①后备猪应在配种前实施至少2次伪狂犬疫苗的免疫接种，2次均可使用基因缺失弱毒苗。

②经产母猪应根据本场感染程度在怀孕后期（产前20~40天或配种后75~95天）实行1~2次免疫。母猪免疫使用灭活苗或基因缺失弱毒苗均可，2次免

疫中至少有 1 次使用基因缺失弱毒苗，产前 20~40 天实行 2 次免疫的妊娠母猪，第一次使用基因缺失弱毒苗，第二次使用蜂胶灭活苗较为稳妥。

③哺乳仔猪免疫根据本场猪群感染情况而定。本场未发生过或周围也未发生过伪狂犬疫情的猪群，可在 30 天以后接种 1 头份灭活苗；若本场或周围发生过疫情的猪群应在 19 日龄或 23~25 日龄接种基因缺失弱毒苗 1 头份；频繁发生的猪群应在仔猪 3 日龄用基因缺失弱毒苗滴鼻。

④疫区或疫情严重的猪场，保育和育肥猪群应在首免 3 周后加强免疫 1 次。消灭牧场中的鼠类，严格控制犬、猫、鸟类和其他禽类进入猪场，严格控制人员来往，并做好消毒工作及血清学监测等，这样对本病的防制也可起到积极的推动作用。此外，对猪群采血做血清中和试验，阳性者隔离淘汰。以 3~4 周为间隔反复进行，一直到两次试验全部是阴性为止。另外一种方式是培育健康猪，母猪产仔断乳后，尽快分开，隔离饲养，每窝小猪均须与其他窝小猪隔离饲养。到 16 周龄时，做血清学检查（此时母源抗体转为阴性），所有阳性猪淘汰，30 日后再做血清学检查，把阴性猪合并成较大群，最终建立新的无病猪群。

2. 治　疗

本病没有有效的治疗措施，前期主要靠预防为主，如发病可以使用猪血清抗体进行治疗。

十二、流行性乙型脑炎

本病是由日本乙型脑炎病毒引起的一种急性人兽共患传染病，简称乙脑，属于二类动物疫病。主要以母猪流产、死胎和公猪睾丸炎为特征。

（一）流行特点

乙型脑炎是自然疫源性疫病，许多动物感染后可成为本病的传染源，猪的感染最为普遍。本病主要通过蚊的叮咬进行传播，病毒能在蚊体内繁殖，并可越冬，经卵传递，成为次年感染动物的来源。由于经蚊虫传播，因而流行与蚊虫的滋生及活动密切相关，有明显的季节性，80% 的病例发生在 7、8、9 三个月；猪的发病年龄与性成熟有关，大多在 6 月龄左右发病，其特点是感染率高，发病率低（20%~30%），死亡率低；新疫区发病率高，病情严重，以后逐年减轻，最后多呈无症状的带毒猪。

（二）临床症状

猪只感染乙脑时，临诊上几乎没有脑炎症状的病例。猪常突然发生，体温升至 40~41℃，稽留热，病猪精神萎靡，食欲减少或废绝，粪干呈球状，表面附着灰白色黏液；有的猪后肢呈轻度麻痹，步态不稳，关节肿大，跛行；有的病猪视力障碍，最后麻痹死亡。妊娠母猪突然发生流产，产出死胎、木乃伊胎和弱胎，母猪无明显异常表现，同胎也见正产胎儿。公猪除有一般症状外，常发生一侧性睾丸肿大，也有两侧性的，患病睾丸阴囊皱襞消失、发亮，有热痛感，经 3~5 天后肿胀消退，有的睾丸变小变硬，失去配种繁殖能力，如仅一侧发炎，则仍有配种能力。

（三）防　治

1. 无特效治疗方法，一旦确诊最好淘汰

做好死胎儿、胎盘及分泌物等的处理；驱灭蚊虫，注意消灭越冬蚊；在流行地区的猪场，蚊虫开始活动前的 1~2 个月，对 4 月龄以上至 2 岁的公母猪，应用乙型脑炎弱毒疫苗进行预防注射，第二年加强免疫 1 次，免疫期可达 3 年，有较好的预防效果。

2. 对症治疗

①康复猪血清 40 毫升，用法：一次肌肉注射。②10%磺胺嘧啶钠注射液 20~30 毫升、25%葡萄糖注射液 40~60 毫升，用法：一次静脉注射。③10%水合氯醛 20 毫升，用法：一次静脉注射。

十三、猪繁殖与呼吸综合征

本病是由猪繁殖与呼吸综合征病毒引起猪群发生以繁殖障碍和呼吸系统症状为特征的一种急性、高度传染的病毒性传染病，又称猪蓝耳病，属于二类动物疫病，其主要特征为母猪繁殖障碍、早产、流产、死胎，仔猪和育成猪表现呼吸系统症状。由猪繁殖与呼吸综合征病毒变异株引起的急性高致死性猪蓝耳病为一类动物疫病。

该病在 20 世纪 80 年代末至 90 年代初，曾经迅速传遍世界各个养猪国家，在猪群密集、流动频繁的地区更易流行，常造成严重的经济损失。近几年，该病在我国呈现明显的高发趋势，对养猪业造成了重大损失，已成为严重威胁我国养猪业发展的重要传染病之一。

（一）流行特点

猪繁殖与呼吸综合征的主要感染途径为通过病猪呼吸道传播，空气传播、接触传播、精液传播和垂直传播为主要的传播方式，病猪、带毒猪和患病母猪所产的仔猪以及被污染的环境、用具都是重要的传染源。此病在仔猪中传播比在成猪中传播更容易。当健康猪与病猪接触，如同圈饲养、频繁调运、高度集中，都容易导致本病发生和流行。猪场卫生条件差、气候恶劣、饲养密度大，可促进猪繁殖与呼吸综合征的流行。老鼠可能是猪繁殖与呼吸综合征病原的携带者和传播者。

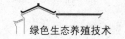

（二）临床症状

各种年龄的猪发病后大多表现有呼吸困难的症状，但具体症状不尽相同。

（1）母猪染病后，初期出现厌食、体温升高、呼吸急促、流鼻涕等类似感冒的症状，少部分（2%）感染猪四肢末端、尾、乳头、阴户和耳尖发绀，并以耳尖发绀最为常见，个别母猪拉稀，后期则出现四肢瘫痪等症状，一般持续1~3周，最后可能因为衰竭而死亡。怀孕前期的母猪流产，怀孕中期的母猪出现死胎、木乃伊胎，或者产下弱胎、畸形胎，哺乳母猪产后无乳，乳猪多被饿死。

（2）公猪感染后表现为咳嗽、打喷嚏、精神沉郁、食欲不振、呼吸急促和运动障碍、性欲减弱、精液质量下降、射精量少。

（3）生长肥育猪和断奶仔猪染病后，主要表现为厌食、嗜睡、咳嗽、呼吸困难，有些猪双眼肿胀，出现结膜炎和腹泻，有些断奶仔猪表现下痢、关节炎、耳朵变红、皮肤有斑点。病猪常因继发感染胸膜炎、链球菌病、喘气病而致死。如果不发生继发感染，生长肥育猪可以康复。

（4）哺乳期仔猪染病后，多表现为被毛粗乱、精神不振、呼吸困难、气喘或耳朵发绀，有的有出血倾向，皮下有斑块，出现关节炎、败血症等症状，死亡率高达60%。仔猪断奶前死亡率增加，高峰期一般持续8~12周，而胚胎期感染病毒的，多在出生时即死亡或生后数天死亡，死亡率高达100%。

（三）防　治

猪繁殖与呼吸综合征是病毒病，临床上没有特效药物，只能采取对症治疗的办法加以控制。

1. 预　防

（1）及时注射疫苗。一般情况下，种猪接种灭活苗，而育肥猪接种弱毒苗。因为母猪若在妊娠期后三分之一的时间接种活苗，疫苗病毒会通过胎盘感染胎儿；而公猪接种活苗后，可能通过精液传播疫苗病毒。弱毒苗的免疫期为4个月以上，后备母猪在配种前进行2次免疫，首免在配种前2个月，间隔1个月进行二免。小猪在母源抗体消失前首免，母源抗体消失后进行二免。灭活苗安全，但免疫效果略差，基础免疫进行2次，间隔3周，每次每头肌注4毫升，以后每隔5个月免疫1次，每头4毫升。

（2）受疫情威胁的猪场，应在饲料和饮水中添加药物，方法是：产前1周和产后1周，在饲料中添加支原净100毫克/千克加土霉素或金霉素300毫克/千克，也可添加SMZ，产后肌肉注射阿莫西林；仔猪在断奶后1个月，用支原净50毫克/千克加土霉素或金霉素150毫克/千克拌料饲喂，同时在饮水中加入阿莫西林500毫克/升。

（3）最根本的办法是消除病猪、带毒猪和彻底消毒猪舍（如热水清洗、空栏消毒），严密封锁发病猪场；对死胎、木乃伊胎、胎衣、死猪等，应进行焚烧等无害化处理；及时扑杀、销毁患病猪，切断传播途径；坚持自繁自养，因生产需要不得不从外地引种时，应严格检疫，避免引入带毒猪。

（4）加强饲养管理，调整好猪的日粮，把矿物质（Fe、Ca、Zn、Se、Mn等）提高 5%~10%，维生素含量提高 5%~10%，其中 VE 提高 100%，生物素提高 50%，平衡好赖氨酸、蛋氨酸、胱氨酸、色氨酸、苏氨酸等，都能有效提高猪群的抗病力。

2. 对症治疗

（1）对于体温升高的病猪，可以使用 30% 安乃近注射液 20~30 毫升、地塞米松 25 毫克、青霉素 320~480 万国际单位、链霉素 2 克，1 次肌注，每日 2 次；或者每千克体重用黄金 1 号 0.1 毫升、安妥注射液 0.1 毫升、安布注射液 0.1 毫升，分点肌注，每天 1 次，连用 3 天。

（2）对于食欲不振的病猪，使用胃复安 1 毫克/千克体重，维生素 B 120 毫升，1 次肌注，每天 1 次；对于食欲废绝但呼吸平稳的病猪，可以使用 5% 葡萄糖盐水 500 毫升、利巴韦林 20 毫升、维生素 B10 毫升，加入头孢 5 号 25~35 毫克/千克体重，混合静注，另外肌注维生素 C10 毫升。

（3）对于产后无乳的母猪，50% 葡萄糖 50~100 毫升静脉注射，也可注射催产素 3~4 支。

（4）对于继发胸膜肺炎的仔猪，可采用速解灵 2 毫克/千克体重，每天 1 次，连注 3 天。

另外，对病猪应进行有针对性的支持疗法，以防止并发症的发生，使损失降到最低限度，可用 10% 葡萄糖或 5% 葡萄糖盐水，配合使用阿莫西林、青霉素等抗生素。同时，还要加强猪舍卫生消毒和饲养管理工作，减少环境中不利因素的影响，增加日粮中维生素和矿物质的含量。为减少应激反应，可在猪日粮中加入平安康，用量是每 500 千克饲料添加 1 千克，连用 1 周。

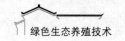

第四节　家禽常见疾病及防治

一、禽沙门氏菌病

禽沙门氏菌病是由沙门氏菌属种的一种沙门氏菌所引起的禽类的急性或慢性疾病的总称，属于二类动物疫病。由鸡白痢沙门氏菌所引起的称为鸡白痢；由鸡伤寒沙门氏菌引起的称为禽伤寒；由其他有鞭毛能运动的沙门氏菌所引起的禽类疾病则统称为禽副伤寒。本病主要特征：鸡白痢为排白色糊状粪便；禽伤寒为排黄绿色粪便、肝脏肿大并有坏死结节；禽副伤寒为下痢和内脏器官灶性坏死。

（一）流行特点

各品种的鸡对本病均有易感性，以2~3周龄以内雏鸡的发病率与病死率为最高，呈流行性。随着日龄的增加，鸡的抵抗力也增强。成年鸡感染常呈慢性或隐性经过。

一向存在本病的鸡场，雏鸡的发病率在20%~40%，但新传入发病的鸡场，其发病率显著增高，甚至有时高达100%，病死率也比老疫场高。本病可经蛋垂直传播，也可水平传播。

（二）临床症状

1. 鸡白痢

鸡白痢表现为病禽精神萎靡，绒毛松乱，两翅下垂，缩头颈，闭眼昏睡，不愿走动，拥挤在一起。发病初期，食欲减少，而后停食，多数出现软嗉囊症状，同时腹泻，排稀薄如白色糨糊状粪便，致肛门周围被粪便污染，有的因粪便干结封住肛门周围，引发肛门周围炎症而引起疼痛，故常发出尖锐的叫声，最后因呼吸困难及心力衰竭而死亡。

2. 禽伤寒

禽伤寒潜伏期一般为4~5天。本病常发生于中鸡、成年鸡和火鸡。在年龄较大的鸡和成年鸡中，急性经过者突然停食、精神萎靡、排黄绿色稀粪、羽毛松乱、冠和肉髯苍白而皱缩。体温上升1~3℃，病鸡可迅速死亡，但通常在5~10天死亡。病死率在雏鸡与成年鸡中有差异，一般为10%~50%或更高些。雏鸡和雏鸭发病时，其症状与鸡白痢相似。

3. 禽副伤寒

禽副伤寒表现为病禽嗜睡呆立、垂头闭眼、两翅下垂、羽毛松乱、显著厌食、饮水增加、水样下痢、肛门粘有粪便、怕冷而靠近热源处或相互拥挤。病程为 1~4 天。雏鸭感染本病常见颤抖、喘息及眼睑肿胀等症状，常猝然倒地而死，故有"猝倒病"之称。

（三）防　治

（1）加强育雏饲养的卫生管理，鸡舍及一切用具要注意经常清洁消毒。育雏室及运动场保持清洁干燥，饲料槽及饮水器每天清洗一次，并防止被鸡粪污染。育雏室温度维持恒定，采取高温育雏，并注意通风换气，避免过于拥挤。饲料配合要适当，保证含有丰富的维生素 A。防止雏鸡发生啄食癖。若发现病雏，要迅速隔离消毒。

（2）药物预防。雏鸡出壳后用福尔马林或高锰酸钾遵照说明用量，在出雏器中熏蒸 15 分钟。用 0.01% 高锰酸钾溶液作饮水 1~2 天。在鸡白痢易感日龄期间，用 0.02% 呋喃唑酮作饮水，或在雏鸡粉料中按 0.02% 比例拌入呋喃唑酮或按 0.5% 加入磺胺类药，有利于控制鸡白痢的发生。

二、禽　痘

禽痘又称禽白喉，属于二类动物疫病，是由禽痘病毒引起的一种接触性传染病，通常分为皮肤型和黏膜型两类。以病禽体表无毛处皮肤痘疹（皮肤型），或在上呼吸道、口腔和食管部黏膜形成纤维素性坏死假膜（白喉型）为特征。

（一）流行特点

多种野生禽类较易感染，鸟类如金丝雀、麻雀、燕雀、鸽、椋鸟也常发生痘疹。发病季节主要是夏季和秋季，此时发病的绝大多数为皮肤型。冬季发病的较少，常为黏膜型。禽痘病毒通常存在于病禽落下的皮屑、粪便以及随喷嚏和咳嗽等排出的排出物中。

（二）临床症状

禽痘的潜伏期为 4~8 天，通常分为皮肤型和黏膜型。

1. 皮肤型

皮肤型禽痘以禽类头部皮肤多发，有时见于腿、脚、泄殖腔和翅内侧，形成一种特殊的痘疹。起初出现麸皮样覆盖物，继而形成灰白色小结，很快增大，略发黄，相互融合，最后变为棕黑色痘痂，经 20~30 天脱落。一般无全身症状。

2. 黏膜型

黏膜型也称白喉型，病禽起初流鼻液，有的流泪，2~3 天后在口腔和咽喉黏膜上出现灰黄色小斑点，很快扩展，形成假膜，如用镊子撕去，则露出溃疡灶，全身症状明显，采食与呼吸发生障碍。

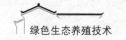
（三）防　治

患皮肤型禽痘的禽如患部破溃，可涂以紫药水；白喉型如咽喉假膜较厚，可用2%硼酸溶液洗净，再滴一两滴5%的氯霉素眼药水。除局部治疗外，每千克饲料加土霉素2克，连用5~7天，防止继发感染。新购入的鸡，要经过隔离观察2周，发现无异常情况后再合群。此病可用鸡痘疫苗预防。

三、鸡传染性喉气管炎

鸡传染性喉气管炎是由传染性喉气管炎病毒引起的一种急性、接触性上部呼吸道传染病，属于二类动物疫病。其特征是病禽呼吸困难、咳嗽和咳出含有血样的渗出物。剖检时可见病禽喉部、气管黏膜肿胀、出血和糜烂。

（一）流行特点

本病一年四季均可发生，秋冬寒冷季节多发。鸡群拥挤、通风不良、饲养管理不好、缺乏维生素、寄生虫感染等，都可促使本病的发生和传播。本病一旦传入鸡群，则会迅速传开，感染率可在90%~100%，死亡率一般在10%~20%，最急性型死亡率可在50%~70%，急性型一般在10%~30%之间，慢性或温和型死亡率约5%。

（二）临床症状

发病初期，常有数只病鸡突然死亡。患鸡初期有鼻液，半透明状，眼流泪，伴有结膜炎，其后表现为特征性呼吸道症状，呼吸时发出湿性啰音，咳嗽，有喘鸣音，病鸡蹲伏地面或栖架上，每次吸气时头和颈部向前向上、张口，尽力吸气。严重病例，高度呼吸困难，痉挛咳嗽，可咳出带血的黏液，可污染喙角、颜面及头部羽毛。在鸡舍墙壁、垫草、鸡笼、鸡背羽毛或邻近鸡身上沾有血痕。若分泌物不能咳出而住时，病鸡将窒息死亡。病鸡食欲减少或消失，迅速消瘦，鸡冠发慧，有时还排出绿色稀粪。最后多因衰竭而死亡。产蛋鸡的产蛋量迅速减少或停止，康复后1~2个月才能恢复。

（三）防　治

本病无特定的治疗方法，流行地区做好防疫工作。发病时，可用龙达三肽每套可注射1000羽成禽，并用抗菌药物防止继发感染。饲养管理用具及鸡舍要进行消毒。病愈鸡不可与易感鸡混群饲养。

四、鸡传染性支气管炎

鸡传染性支气管炎是由传染性支气管炎病毒引起的鸡的一种急性高度接触性呼吸道传染病，属于二类动物疫病。其临诊特征是病禽呼吸困难、发出罗音、咳嗽、张口呼吸、打喷嚏。如果病源不是肾病变形毒株或不发生并发病，死亡率一般很低。产蛋鸡感染通常造成产蛋量降低，蛋的品质下降。

（一）流行特点

本病感染鸡，无明显的品种差异。各种日龄的鸡都易感，但5周龄内的鸡症状较明显，死亡率可到15%~19%。发病季节多见于秋末至次年春末，但以冬季最为严重。环境因素主要是冷、热、拥挤、通风不良，特别是强烈的应激作用，如疫苗接种、转群等可诱发该病。传播方式主要是通过空气传播，此外，人员、用具及饲料等也是传播媒介。本病传播迅速，常在1~2天内波及全群。

（二）临床症状

本病自然感染的潜伏期为36小时左右。本病的发病率高，雏鸡的死亡率可超过25%，但6周龄以上的死亡率一般不高，病程一般多为1~2周。雏鸡、产蛋鸡感染的症状不尽相同。

1. 雏　鸡

感染此病的雏鸡无前驱症状，全群几乎同时突然发病。最初表现为病禽呼吸道症状，流鼻涕、流泪、鼻肿胀、咳嗽、打喷嚏、伸颈张口喘气，夜间听到明显嘶哑的叫声。随着病情发展，症状加重，缩头闭目、垂翅挤堆、食欲不振、饮欲增加，如治疗不及时，有个别死亡现象。

2. 产蛋鸡

感染此病的产蛋鸡表现为轻微的呼吸困难、咳嗽、气管罗音，有"呼噜"声。精神不振、减食、拉黄色稀粪，症状不是很严重，有极少数死亡。发病第2天产蛋开始下降，1~2周下降到最低点，有时产蛋率可降到一半，并产软蛋和畸形蛋，蛋清变稀，蛋清与蛋黄分离，种蛋的孵化率也降低。

（三）防　治

对传染性支气管炎目前尚无有效的治疗方法。饲养管理用具及鸡舍要经常进行消毒，病愈鸡不可与易感鸡混群饲养。定期注射疫苗预防。

（1）发病时，可用龙达三肽每套可注射1000羽成禽、2000羽初禽，一般注射一次即可。饮水每套500羽成禽、1000羽初禽，集中3~4小时饮完，一般饮水一次即可，病情严重者饮水两天、一天一次，并用抗菌药物防止继发感染。

（2）使用咳喘康，开水煎汁半小时后，加入冷开水20~25千克作饮水，连服5~7天。同时，每25千克饲料或50千克水中再加入盐酸吗啉胍原粉50克，效果更佳。

（3）每克多西环原粉加水10~20千克任其自饮，连服3~5天。

（4）每千克饲料拌入吗啉胍1.5克、板蓝根冲剂30克，任雏鸡自由采食，

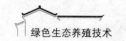

连服 3~5 天，可收到良好效果。

五、新城疫

新城疫是由新城疫病毒引起禽的一种急性、热性、败血性和高度接触性传染病，属于一类动物疫病。以高热、呼吸困难、下痢、神经紊乱、黏膜和浆膜出血为特征。具有很高的发病率和病死率，是危害养禽业的一种主要传染病。

（一）流行特点

病鸡是本病的主要传染源，鸡感染后临床症状出现前 24 小时，其口、鼻分泌物和粪便中就有排出的病毒。病毒存在于病鸡的所有组织器官、体液、分泌物和排泄物中。在流行间歇期的带毒鸡，也是本病的传染源。鸟类也是重要的传播者。病毒可经消化道、呼吸道，也可经眼结膜、受伤的皮肤和泄殖腔黏膜侵入机体。

该病一年四季均可发生，春秋两季较多。鸡场内的鸡一旦发生本病，可于 4~5 天内波及全群。

（二）临床症状

1. 最急性型

此型多见于雏鸡和流行初期。常突然发病，无特征性症状而迅速死亡。往往头天晚上饮食活动如常，翌晨发现死亡。

2. 急性型

患急性型新城疫的禽表现为有呼吸道、消化道、生殖系统、神经系统异常。往往以呼吸道症状开始，继而下痢。起初体温升高，在 43~44℃，呼吸道症状表现为咳嗽、黏液增多、呼吸困难而引颈张口、呼吸出声，鸡冠和肉髯呈暗红色或紫色。精神委顿，食欲减少或丧失，渴欲增加，羽毛松乱，不愿走动，垂头缩颈，翅翼下垂，眼半闭或全闭，状似昏睡。母鸡产蛋停止或产软壳蛋。病鸡咳嗽，有黏性鼻液，呼吸困难，有时伸头，张口呼吸，发出"咯咯"的喘鸣声，或突然出现怪叫声。口角流出大量黏液，为排除黏液，常甩头或吞咽。嗉囊内积有液体状内容物，倒提时，常从口角流出大量酸臭的暗灰色液体。排黄绿色或黄白色水样稀便，有时混有少量血液，后期粪便呈蛋清样。部分病例中，出现神经症状，如翅、腿麻痹，站立不稳，水禽、鸟等不能飞动、失去平衡等，最后体温下降，不久在昏迷中死去，死亡率超过 90%。1 月龄内的雏禽病程短，症状不明显，死亡率高。

3. 慢性型

慢性型多发生于流行后期的成年禽。耐过急性型的病禽，常以神经症状为主，初期症状与急性型相似，不久有好转，但出现神经症状，如翅膀麻痹、跛行或站立不稳，头颈向后或向一侧扭转，常伏地旋转，反复发作。在间歇期内一切正常，貌似健康。但若受到惊扰刺激或抢食，则又突然发作，头颈屈仰，全身抽搐旋转，数分钟又恢复正常。最后导致瘫痪或半瘫痪，或者逐渐消瘦，终至死亡，但病死率较低。

（三）防 治

1. 预 防

首次绝疫 1~3 日龄，注射 Ⅱ 系、Ⅳ 系或克隆株疫苗。二免：首免后 1~2 周，注射 VH、Ⅳ 系或克隆株疫苗。三免：二免后 2~3 周，注射活苗+灭活苗。四免：8~10 周龄，注射 Ⅳ 系或克隆株或点眼。五免：16~18 周龄，注射活苗+灭活苗。产蛋期：根据抗体水平及时补免或两个月免疫 1 次活疫苗。在做好免疫的同时，加强饲养管理，做好消毒工作。

2. 对症治疗

目前无特效治疗，必须及早淘汰。治疗常用抗病毒药：安乃近退烧解表，β-内酰胺类抗生素用于防止继发感染。中药治疗方案：生石膏 1200 克，生地黄 300 克，水牛角 600 克，黄连 200 克，栀子 300 克，牡丹皮 200 克，黄芩 250 克，赤芍 250 克，玄参 250 克，知母 300 克，连翘 300 克，桔梗 250 克，炙甘草 150 克，淡竹叶 250 克，地龙 200 克，细辛 5 克，姜片 10 克，板蓝根 150 克，青黛 100 克，共同粉碎，按 0.5%~1% 比例拌料或水煎药液饮水。

六、高致病性禽流感

高致病性禽流感是禽流行性感冒的简称，又称鸡瘟，属于一类动物疫病，是由 A 型禽流行性感冒病毒引起的一种禽类（家禽和野禽）传染病。禽流感病毒可分为高致病性、低致病性和非致病性三大类。其中高致病性禽流感是由 H5 和 H7 亚毒株（以 H5N1 和 H7N7 为代表）引起的疾病，其主要特征为发热、咳嗽，伴有不同程度的急性呼吸道炎症。

（一）流行特点

高致病性禽流感在禽群之间的传播主要依靠水平传播，病毒可以随病禽的呼吸道、眼鼻分泌物、粪便排出，禽类通过消化道和呼吸道途径感染发病。被病禽粪便、分泌物污染的任何物体，如饲料、禽舍、笼具、饲养管理用具、饮水、空气、运输车辆、人、昆虫等都可能传播病毒。而垂直传播的证据很少，但通过实验表明，实验感染鸡的蛋中含有流感病毒，因此不能完全排除垂直传播的可能性。所以不能用污染鸡群的种蛋做孵化用。

禽流感病毒可通过消化道和呼吸道进入人体传染给人，人类直接接触受禽流感病毒感染的家禽及其粪便或直接接触禽流感病毒也可以被感染。飞沫及接

触呼吸道分泌物也是传播途径。如果直接接触带有相当数量病毒的物品，如家禽的粪便、羽毛、呼吸道分泌物、血液等，也可经过眼结膜和破损皮肤进入机体继而引起感染。

（二）临床症状

禽流感病毒感染后可以表现为轻度的呼吸道症状、消化道症状，死亡率较低；或表现为较严重的全身性、出血性、败血性症状，死亡率较高。高致病性禽流感病毒可以直接感染人类，并造成死亡。

（三）防治

（1）流感病毒疫苗接种是当前人类预防流感的首选措施，然而，由于流感病毒血清型众多，一旦流感病毒疫苗株和流行株的抗原性不匹配，就会导致疫苗失效，无法提供相应的保护；同时由于流感病毒变异的速度很快，疫苗研发的速度落后于病毒变异的速度，新的流行株出现后，其对应疫苗的制备至少需要6个月的时间，造成疫苗制备一直处于被动状态，故无论是传统灭活疫苗，还是基因工程疫苗、核酸疫苗等新型疫苗都无法对所有类型的流感病毒提供交叉保护。

（2）禽流感病毒对乙醚、氯仿、丙酮等有机溶剂敏感。常用消毒剂容易将其灭活，如氧化剂、稀酸、十二烷基硫酸钠、卤素化合物（如漂白粉和碘剂）等都能迅速破坏其传染性。

（3）禽流感病毒对热比较敏感，在65℃的温度下加热30分钟或煮沸（100℃）2分钟以上可灭活。病毒在粪便中可存活1周，在水中可存活1个月，在pH值＜4.1的条件下也具有存活能力。病毒对低温抵力较强，在有甘油保护的情况下可保持活力1年以上。病毒在阳光直射下40~48小时即可灭活，如果用紫外线直接照射，可迅速破坏其传染性。

七、鸡马立克病

鸡马立克病是由疱疹病毒引起的一种淋巴组织增生性疾病，其特征是病鸡的外周神经、性腺、虹膜、各种脏器、肌肉和皮肤等部位的单核细胞浸润和形成肿瘤病灶。

（一）流行特点

本病最易发生在2~5月龄的鸡只，它主要通过直接接触或经空气传播间接接触。绝大多数鸡在生命的早期，吸入有传染性的皮屑、尘埃和羽毛引起鸡群的严重感染。带毒鸡舍的工作人员的衣服、鞋靴以及鸡笼、车辆都可成为该病的传播媒介。

（二）临床症状

据症状和病变发生的主要部位，本病在临床上分为四种类型：神经型（古典型）、内脏型（急性型）、眼型和皮肤型。有时可以混合发生。

1. 神经型

主要侵害外周神经，其中侵害坐骨神经最为常见。病鸡步态不稳，发生不完全麻痹，后期则完全麻痹，不能站立，蹲伏在地上，臂神经受侵害时则被侵侧翅膀下垂，呈一腿伸向前方、另一腿伸向后方的特征性姿态；当侵害支配颈部肌肉的神经时，病鸡发生头下垂或头颈歪斜；当迷走神经受侵时则可引起失声、嗉囊扩张以及呼吸困难；腹神经受侵时则常有腹泻症状。

2. 内脏型

多呈急性暴发，常见于幼龄鸡群，开始以大批鸡精神委顿为主要特征，几天后部分病鸡出现共济失调，随后出现单侧或双侧肢体麻痹。部分病鸡死前无特征性临床症状，很多病鸡表现为脱水、消瘦和昏迷。

3. 眼型

出现于单眼或双眼，导致病鸡视力减退或消失。虹膜失去正常色素，呈同心环状或斑点状以至弥漫的灰白色。瞳孔边缘不整齐，到严重阶段瞳孔只剩下一个针头大的小孔。

4. 皮肤型

此型一般缺乏明显的临诊症状，往往在病鸡宰后拔毛时发现：其羽毛囊增大，形成淡白色小结节或瘤状物。此种病变常见于大腿部、颈部及躯干背面生长粗大羽毛的部位。

（三）防治

加强饲养管理和卫生管理，坚持自繁自养，执行全进全出的饲养制度，避免不同日龄鸡混养；实行网上饲养和笼养，减少鸡只与羽毛粪便接触；严格执行卫生消毒制度，加强检疫，及时淘汰病鸡和阳性鸡。疫苗接种是防治本病的关键。在进行疫苗接种的同时，鸡群要封闭饲养，尤其是育雏期间应搞好封闭隔离，可减少本病的发病率。疫苗接种应在1日龄进行，有条件的鸡场可进行胚胎免疫，即在18日胚龄时进行鸡胚接种。

八、鸡传染性法氏囊病

鸡传染性法氏囊病又称甘波罗病，是传染性法氏囊病毒引起的一种急性、高度传染性疾病，属于二类动物疫病，主要特征为病鸡腹泻、颤抖，法氏囊、腿肌和胸肌、腺胃和肌胃交界处出血。幼鸡感染后发病率高、病程短、常继发感染、死亡率高，且可引起鸡体免疫抑制。

（一）流行特点

自然条件下，本病只感染鸡，所有品种的鸡均可感染，但不同品种的鸡中，白来航鸡比重型品种的鸡敏感，肉鸡较蛋鸡敏感。本病仅发生于 2~15 周龄的小鸡，3~6 周龄为发病高峰期。病毒主要随病鸡粪便排出，污染饲料、饮水和环境，使同群鸡经消化道、呼吸道和眼结膜等感染；各种用具、人员及昆虫也可以携带病毒，扩散传播；本病还可经蛋传播。

（二）临床症状

雏鸡群突然大批发病，2~3 天内可波及 60%~70% 的鸡，发病后 3~4 天死亡达到高峰，7~8 天后死亡停止。病初病鸡精神沉郁，采食量减少，饮水增多，有些自啄肛门，排白色水样稀粪，重者脱水，卧地不起，极度虚弱，最后死亡。耐过雏鸡贫血消瘦，生长缓慢。

（三）防　治

（1）鸡传染性法氏囊病高免血清注射液，3~7 周龄鸡，每只肌注 0.4 毫升；大鸡酌加剂量；成鸡注射 0.6 毫升，注射 1 次即可，疗效显著。

（2）鸡传染性法氏囊病高免蛋黄注射液，每千克体重 1 毫升肌肉注射，有较好的治疗效果。

（3）中药治疗。方药：蒲公英 200 克、大青叶 200 克、板蓝根 200 克、双花 100 克、黄芩 100 克、黄檗 100 克、甘草 100 克、藿香 50 克、生石膏 50 克。水煎 2 次，合并药汁得 3000~5000 毫升，为 300~500 羽鸡一天用量，每日 1 剂，每只鸡每天 5~10 毫升，饮水，连用 3~4 天；或打成粉剂拌料饲喂。

（4）预防接种。预防接种是预防鸡传染性法氏囊病的一种有效措施。目前我国批准生产的疫苗有弱毒苗和灭活苗。

九、鸡产蛋下降综合征

鸡产蛋下降综合征是由禽类腺病毒引起的鸡的一种传染病，属于二类动物疫病。鸡感染禽类腺病毒后影响整个产蛋期的生产，主要特征为群发性产蛋率下降、产软壳蛋和畸形蛋。

（一）流行特点

各种年龄的鸡均可感染，但幼龄鸡不表现临床症状；尤以 25~35 周龄的产蛋鸡最易感。可使产蛋鸡群产蛋率下降 10%~50%，蛋破损率为 38%~40%，无壳蛋、软蛋壳可达 15%。本病主要经种蛋垂直传播，也可水平传播，尤其是产褐壳蛋的母鸡易感性高。笼养鸡比平养鸡传播快，肉鸡和产褐壳蛋的重型鸡较产白壳蛋的鸡传播快。

（二）临床症状

感染鸡无明显症状，主要特征为：突然出现群体性产蛋下降，同时有色蛋蛋壳的色泽消失，生产出薄壳、软壳、无壳蛋和小型蛋。薄壳蛋蛋壳粗糙像砂纸，或蛋壳一端有粗颗粒，蛋白呈水样。蛋壳无明显异常的种蛋受精率和孵化率一般不受影响。病程可持续 4~10 周，产蛋下降幅度为 10%~50%，发病后期产蛋率会回升；有的达不到预定的产蛋水平，或开产期推迟，有的出现一过性腹泻。

（三）防　治

本病无特异性治疗方法。为避免本病的垂直感染，应从非疫区鸡群引种。采取综合防治措施，合理搭配日粮，加强鸡场和孵化场消毒，防止由带毒的粪便、蛋盘和运输工具传播该病；在鸡开产前 2~4 周，用鸡产蛋下降综合征油乳剂灭活疫苗或含有鸡产蛋下降综合征抗原的多联油乳剂灭活疫苗免疫，免疫力可持续 1 年。

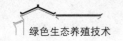

附录部分

附录 1　大理州奶牛健康高效饲养管理技术规范

1. 范　围

本标准规定了在大理州养殖荷斯坦奶牛的场地、建设、配套设施建设、选育与繁殖、饲料与日粮配制、饲养管理、挤奶操作与卫生、卫生防疫与保健、粪污处理、档案记录等技术要求。

本标准适用于荷斯坦奶牛养殖的家庭牧场、养殖小区及规模奶牛场。

2. 规范性引用文件

下列文件对于本文件的应用是必不可少的。凡是注日期的引用文件，仅所注日期的版本适用于本文件。凡是不注日期的引用文件，其最新版本（包括所有的修改单）适用于本文件。

GB/T 10942—2017	散装乳冷藏罐
GB 13078—2017	饲料卫生标准
GB 18596—2001	畜禽养殖业污染物排放标准
GB 19301—2010	食品安全　国家标准生乳
NY/T 34—2004	奶牛饲养标准
NY/T 682—2003	畜禽场场区设计技术规范
NY 5027—2008	无公害食品　畜禽饮水水质
NY/T 5030—2016	无公害食品　畜禽饲养兽药使用准则
NY 5032—2006	无公害食品　畜禽饲料和饲料添加剂使用准则

奶牛标准化规模养殖生产技术规范（试行）

生鲜乳生产技术规程（试行）

3. 术语和定义

下列术语和定义适用于本标准。

日粮：奶牛在一昼夜（24 小时）内所采食的各种饲料组分的总量。

青贮饲料：将含水率为 65%~75% 的青绿饲料切碎后，在密闭缺氧的条件下，通过厌氧乳酸菌的发酵作用，抑制各种杂菌的繁殖，而得到的一种粗饲料。青贮饲料气味酸香、柔软多汁、适口性好、营养丰富、利于长期保存，是奶牛优质粗饲料的来源。

青贮窖：储存新鲜的秸秆，经过微生物发酵作用，达到长期保存其青绿多汁营养特性之目的的一种简单、可靠、经济的秸秆处理技术的一种贮窖。

DHI 测定：测定奶牛生产性能，每个月对牛奶产量、乳成分和体细胞数等进行测定。为奶牛场提供泌乳奶牛的生产性能数据，是奶牛选种选配的重要参考依据，同时也是提高奶牛场饲养管理水平的重要手段。

发情：当母牛卵巢上的卵细胞发育与成熟时所分泌的雌二醇在血中浓度增加到一定数量时，引起母牛生殖道产生一系列变化由此产生性欲，爬跨其他牛，也接受其他牛爬跨的生理状态。母牛性活动的表现，是由于性腺内分泌物的刺激和生殖器官形态变化的结果。它主要是受卵巢的活动规律所制约。

污道：垃圾、粪污、病死牛等非洁净物运送的道路。

生鲜乳：从健康奶牛乳房中挤出的符合国家有关要求的无任何成分改变的常乳。产犊后七天的牛乳、应用抗生素期间和休药期间的乳汁、变质乳不用作生鲜乳。

全混合日粮（TMR）：根据奶牛营养需要，把粗饲料、精饲料及辅助饲料等按合理的比例及要求，利用专用饲料搅拌机或人工进行切割、搅拌，使之成为混合均匀、营养平衡的一种日粮。

暗沟：地面以下引导畜禽粪尿及污水的沟（管），无渗水和汇水的功能，沟底必埋入不透水层内，暗沟顶面必须设置混凝土盖板。

4. 圈舍规划及设计

建设用地符合当地政府土地使用发展规划的要求。

选址及圈舍规划设计应符合《生鲜乳生产技术规程（试行）》和 NY/T 682—2003 的规定。生活区及生产区分开。奶牛养殖户间相互不到养殖场所走动，禁止贩牛户进入养殖场地。

每头奶牛配备 7 立方米青贮窖。

5. 选育与繁殖

母牛优良个体选择。

品种：荷斯坦奶牛。

内容：奶牛品质遗传能力强，饲料利用率高，性情温顺，繁殖能力强，易管理，健康无病，饲养年限长而高产。

血统：系谱档案必须健全，对其亲代及祖代的产奶性能、体型外貌、繁殖

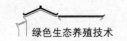

能力和利用年限有据可查。

年龄选择：奶牛 1~3 胎（2~5 岁）时，产奶量随着胎次的增加而呈上升趋势；4~5 胎（6~8 岁）时，产奶量处于高峰阶段且平稳；6 胎以后（9 岁），产奶量随着胎次的增加而呈逐渐下降趋势。奶牛适用年龄应在 6 胎（9 岁）前。

体型选择：符合乳用牛体型特征。

繁殖：发情鉴定依据《奶牛标准化规模养殖生产技术规范（试行）》进行鉴定。

6. 配种

（1）选用优秀种公牛的冻精进行人工授精配种。

（2）输精的最佳时间是奶牛出现静立发情时。在发情后 12~24 小时配种；通常在早上发现牛发情的，应在下午输精；在下午发现发情的，在次日早晨输精。

（3）配种前母牛对产科检查，患有生殖疾病的母牛不予配种，应及时治疗。

（4）初产牛 18 月龄配种，或是体重达到成年牛体重的 70% 进行配种，经产牛在产后 40~50 天配种。

母牛输精后进行两次妊娠诊断，分别为配种后 2~3 个月和停奶前。

7. 产科管理

（1）预产期的推算为最后一次配种月份减 3，日期加 7。

（2）产前 1 天即产后 3 天保持每天消毒牛舍 1 次，当出现临产征兆，对牛进行后躯消毒，再进入产房，经常更换垫草。以自然分娩为主，需要助产时，由专业技术人员按产科要求操作。

（3）产后 6 小时内，注意观察母牛产道有无损伤，发现损伤应及时处理。产后 12 小时内观察母牛努责情况，对努责强烈的母牛，要注意子宫内是否还有胎儿或有无子宫脱落征兆，并及时找畜牧兽医人员处理。产后 24 小时内，观察胎衣排出情况。

（4）3 天内观察产道和外阴部有无感染，同时观察母牛有无生产瘫痪症，并及时治疗。产后 7 天内，监视恶露排出情况，发现恶露不正常或有隐性炎症表现，立即治疗。产后 14 天，进行第一次产科检查，主要检查阴道黏液的洁净程度；发现黏液不洁时，轻微的可先记录，暂不处理，严重的进行治疗。

（5）产后 35 天，进行第二次产科检查，并重点对第一次检查有异常征兆记录的牛进行复查。对检查中出现子宫疾病的牛，要进行治疗。产后 50~60 天，对一检、二检的治疗牛进行复查，如未愈，应继续治疗。

（6）产后 5 小时胎衣未下时，应及时找兽医处理。

8. 饲料与日粮配制

（1）饲料分类。

采用《奶牛标准化规模养殖生产技术规范（试行）》分类方法。

饲料的加工、调制与贮存管理符合《奶牛标准化规模养殖生产技术规范（试行）》要求。

（2）饲料的使用。

符合《饲料卫生标准》（GB 13078—2017）的要求。

（3）日粮的配制。

日粮配制原则符合 NY/T 34—2006 的要求。

日粮中的饲料原料应符合 NY 5032—2006 的要求，禁用种类及卫生、贮藏符合《生鲜乳生产技术规程（试行）》要求。

日粮中糟粕类饲料添加量不高于 8 千克。

TMR 日粮的调制符合《生鲜乳生产技术规程（试行）》要求。

9. 饲养管理

（1）犊牛（0~6 月龄）的饲养管理。

犊牛的饲养管理应符合《奶牛标准化规模养殖生产技术规范（试行）》《生鲜乳生产技术规程（试行）》要求。4 月龄前犊牛不喂饲青贮饲料。

（2）育成牛（7 月龄至初配）饲养管理。

育成牛的饲养管理符合《生鲜乳生产技术规程（试行）》要求。15 月龄前育成牛达到配种体重的 70% 适时配种。

（3）青年牛饲养管理（初配至分娩前）。

青年牛的饲养管理应符合《奶牛标准化规模养殖生产技术规范（试行）》要求。

采取散放饲养、自由采食的方式。不喂变质霉变的饲料，冬季要防止牛在冰冻的地面或冰上滑倒，预防流产。依据膘情适当控制精料供给量，防止过肥，产前 21 天控制食盐喂量和多汁饲料的饲喂量，预防乳房水肿。

临产前 15 天转入产房。产房要保持安静，干净卫生，根据预产期做好产房、产间、助产器械工具的清洗消毒等准备工作。母牛产前应对其外生殖器和后躯消毒。通常情况下，让其自然分娩，如需助产时，要严格消毒手臂和器械。

（4）成母牛各阶段的饲养管理。

符合《奶牛标准化规模养殖生产技术规范（试行）》。

停奶前 10 天作乳腺炎检查，确定无乳房炎再停奶。

干草饲喂量不低于 3 千克。

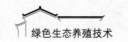

（5）奶牛夏季的饲养管理。

调整牛只的活动时间，中午尽量将牛留在舍内，避免长时间的太阳直射。确保新鲜、清洁、充足的饮水供应。饮水水质符合 NY 5027—2008 要求。做好驱蚊蝇工作。

（6）DHI 测定。

采样、保存及送样按照《生鲜乳生产技术规程（试行）》要求执行。

奶牛存栏在 50 头以上的奶牛养殖场、小区参与测定。

每头牛需连续采样 10 次，否则数据无效。

10. 挤奶操作与卫生

模式：采用机械挤奶模式。

挤奶设施设备：符合《生鲜乳生产技术规程（试行）》要求。

挤奶操作：符合《生鲜乳生产技术规程（试行）》要求。

挤奶员要求：符合《生鲜乳生产技术规程（试行）》要求。

生鲜牛乳的冷却、贮存与运输：贮存生鲜牛乳的容器应符合 GB/T 10942—2017 的要求。运输奶罐应具备保温隔热、防腐蚀、便于清洗等性能，符合保障生鲜乳质量安全的要求。冷却、贮存与运输符合《生鲜乳生产技术规程（试行）》要求。

挤奶设备及贮运设备的清洗：符合《生鲜乳生产技术规程（试行）》要求。

生鲜牛乳质量检测：机械化挤奶厅和生鲜乳收购站设立生鲜乳化验室，并配备必要的乳成分分析检测设备和卫生检测仪器、试剂。

检测指标和检测方法按照 GB 19301—2010 的要求对生鲜牛乳的感官指标（气味、颜色和组织状态）和理化指标（密度、蛋白质、脂肪、酸度、乳糖、非脂固形物、干物质等）进行检测。有条件的进行微生物指标和体细胞数的测定。

11. 卫生防疫与保健

卫生防疫：贯彻"预防为主"的方针，净化奶牛主要动物疫病，防止疾病的传入或发生，控制动物传染病和寄生虫病的传播。

饲养户间不相互接触牛舍及牛体。

牛舍内禁养其他畜禽。

发现牛只不适及时就诊，不乱用药，用药后严格遵守用药规定，不交问题奶、有抗奶。

当奶牛发生疑似传染病或附近出现烈性传染病时，应立即采取隔离封锁和其他应急防控措施。

配合当地兽医防疫部门做好每年的疫苗接种和驱虫工作。不饲养患有结核病、布鲁氏病的牛。

奶牛的饲喂人员必须身体健康。

定点堆放牛粪，定期喷洒杀虫剂，防止蚊蝇滋生。

污水、粪尿、死亡牛只及产品应作无害化处理，并做好器具和环境等的清洁消毒工作。

消毒：保持牛舍环境卫生，一个星期常规消毒1次。

应选择经国家批准，对人、奶牛和环境安全没有危害以及在牛体内不产生有害积累的消毒剂。

可采用喷雾消毒、浸液消毒、紫外线消毒、喷洒消毒、高温消毒等消毒方法。

对养殖的坏境、牛舍、用具、外来人员、生产环节（挤奶、助产、配种、注射治疗及任何与奶牛进行接触）的器具和人员等进行消毒。

免疫：结合当地实际情况，对口蹄疫进行强制免疫，其他疫病进行选择性免疫，疫苗、免疫程序和免疫方法按照各级兽医行政主管部门要求进行。

检测及净化：按照国家有关规定和当地畜牧兽医主管部门的具体要求，对结核、布鲁氏菌病等动物传染性疾病进行定期检测及净化。

奶牛保健：按《生鲜乳生产技术规程（试行）》要求实施。

兽药使用准则：兽药使用符合 NY 5032—2006 要求。

粪污处理：污染物排放符合 GB 18596—2001 要求。

每头牛配套建设堆粪池2立方米，三格式污水处理池2立方米。

采用干清粪工艺，固体粪便到堆粪池集中发酵处理后再还田利用。

污水及尿通过排污管道或暗沟到污水处理池处理后排入农田循环利用。

夏天每3天喷洒1次杀虫剂，防治蝇蚊滋生。

记录与档案：完善生产记录，饲料、饲料添加剂和兽药使用记录，消毒记录，免疫记录，诊疗记录，防疫监测记录，病死畜禽无害化处理记录，提供附录或删除。

（大理州畜牧站提供）

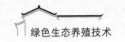

附录 2 肉牛标准化规模养殖技术

肉牛的规模化养殖和小区集中养殖，是肉牛产业化、标准化的基础。

肉牛标准化养殖技术包括：肉牛场的选址与设计、肉用牛的品种选择与运输、饲料与日粮配制、饲养管理、母牛的繁殖、卫生与防疫、粪便及废弃物处理、记录与档案管理八个方面。

一、肉牛场（小区）的选址与设计

（一）选 址

（1）原则上符合当地土地利用发展规划，与农牧业发展规划、农田基本建设规划等相结合，科学选址，合理布局。

（2）场址要选在地势高燥、远离噪音、背风向阳、排水良好、地下水位较低，具有一定的缓坡而总体平坦的地方，不宜建在低凹、风口处。

（3）水源充足，取用方便，有贮存、净化设施，能够保证生产、生活用水，水质应符合《生活饮用水卫生标准》（GB 5749—2006）的规定。

（4）场区土壤质量符合《土壤环境质量 农用地土壤污染风险管控标准（试行）》（GB 15618—2018）、《病害动物和病害动物产品生物安全处理规程》（GB16548—2006）。

（5）要综合考虑当地的气象因素，如最高温度、最低温度、湿度、年降水量、主风向、风力等，选择有利地势。

（6）根据当地主风向，场址应位于居民区及公共建筑群的下风向处。

（7）交通便利，有专用车道直通到场。场界距离交通干线和居民居住区不少于 500 米，距其他畜牧场不少于 1 千米，周围 1.5 千米以内无化工厂、畜产品加工厂、屠宰场、兽医院等容易产生污染的企业和单位。

（8）电力充足可靠，符合《供配电系统设计规范》（BG 50052—2009）的要求。

（9）满足建设工程需要的水文地质和工程地质条件。

（二）规划与布局

1. 场区规划原则

建筑紧凑，在节约土地、满足当前生产需要的同时，综合考虑将来扩建和改造的可能性。

2. 肉牛场（小区）分区

肉牛场（小区）一般分为生活管理区、辅助生产区、生产区、粪污处理区和病畜隔离区等功能区。各功能区之间有一定距离，并有防疫隔离带或墙。

（2）生活管理区包括与经营管理有关的建筑物，主要包括生活设施、办公设施，设在牛场（小区）常年主风向的上风向及地势较高地段，设主大门，与生产区严格分开，保证 50 米以上的距离。

（3）辅助生产区主要包括供水、供电、供热、维修、草料库等设施，要紧靠生产区布置。干草库、饲料库、饲料加工调制车间、青贮窖应设在生产区边沿下风向地势较高处。

（4）生产区主要包括牛舍、人工授精室等生产性建筑。在场区的下风位置，入口处设人员消毒室、更衣室和车辆消毒池。生产区肉牛舍要合理布局，各牛舍之间要保持适当距离，布局整齐，以便防疫和防火。

（5）粪污处理区和病畜隔离区主要包括兽医室、隔离牛舍、病死牛处理区、贮粪场、装卸牛台和污水池。应设在场区下风向或侧风向及地势较低处，与生产区保持 300 米以上的间距。粪尿污水处理、病畜隔离区应有单独通道和后门，便于病牛隔离、消毒和污物处理。

（三）牛　舍

标准化规模养殖肉牛场（小区）要建有单独的母牛舍、犊牛舍、育成牛舍、育肥牛舍，并建有运动场。

1. 牛舍类型

按开放程度分为全开放式牛舍、半开放式牛舍和封闭式牛舍。

全开放式牛舍外围护结构全开放，结构简单，无墙、柱、梁，顶棚结构坚固。

半开放式牛舍三面有墙，向阳一面敞开，有顶棚，在敞开一侧设有围栏。牛舍的敞开部分在冬季可以遮拦封闭。

封闭式牛舍有四壁、屋顶，留有门窗。

按屋顶结构分为钟楼式、半钟楼式、圆拱式、双坡式和单坡式等；按肉牛在舍内的排列方式分为单列式、双列式、三列式或四列式等。一般单列式内径跨度为 4.5~5.0 米，双列式内径跨度为 9.0~10.0 米，采用对头式饲养。

2. 基　础

应有足够强度和稳定性，坚固，防止地基下沉、塌陷和建筑物发生裂缝倾斜。具备良好的清粪排污系统。

3. 墙　壁

要求坚固结实、抗震、防水、防火，具有良好的保温和隔热性能，便于清洗和消毒，多采用砖墙并用石灰粉刷。

4. 屋　顶

能防雨水、风沙侵入，隔绝太阳辐射。要求质轻、坚固耐用、防水、防火、隔热保温；能抵抗雨雪、强风等外力因素的影响。

5. 地　面

牛舍地面要求致密坚实、不打滑、有弹性，可采用砖地面或水泥地面，便于清洗消毒，具有良好的清粪排污系统。

6. 牛　床

牛床地面应结实、防滑、易于冲刷，并向粪沟作1.5%坡度倾斜。牛床以使牛舒适为主，母牛床可采用垫料、锯末、碎秸秆、橡胶垫层，育肥牛床可采用水泥地面或竖砖铺设，也可使用橡胶垫层或木质垫板。牛床设计参数见表1。

表1　牛床面积设计参数

单位：米，平方米

牛　别	每头牛		分栏饲养或散栏饲养	
	长	宽	每栏头数	每头牛面积
成年母牛	1.60~1.80	1.10~1.20	—	—
围产期牛	1.80~2.00	1.20~1.25	—	—
育肥牛	1.80~1.90	1.10	10~20	4~6
育成牛	1.50~1.60	1.00~1.10	—	—
犊牛	1.20	0.90	—	—

7. 粪　沟

宽25~30厘米，深10~15厘米，并向贮粪池一端倾斜度为1 50~100。

8. 通　道

可分为单列式通道和多列式通道两种，单列式位于饲槽与墙壁之间，宽度1.30~1.50米；双列式位于两槽之间，宽度1.50~1.80米。若使用TMR车饲喂，则通道宽5±1米。

9. 饲　槽

设在牛床前面，槽底为圆形，槽内表面应光滑、耐用。使用TMR车饲喂时，槽底部比肉牛站立的地面要高5~15厘米，设计参数见表2。

表 2 肉牛饲槽设计参数

单位：米

牛　别	槽上宽	槽底宽	槽内缘高	槽外缘高
成年牛	60	40	30~35	60~80
青年牛	50~60	30~40	25	60~80
犊牛	40~50	30~35	15	35

10. 门

牛舍门高不低于 2 米，宽 2.2~2.4 米，坐北朝南，东西门对着中央通道，100 头肉牛舍通往运动场的门不少于 2 个。若使用 TMR 车饲喂，则门高最低 3.5 米，门宽 3.5~4 米。

11. 窗

能满足良好的通风换气和采光。采光面积成年母牛为 1:12，育成牛为 1:12~1:14，犊牛为 1:14。一般窗户宽为 1.5~3 米，高为 1.2~2.4 米，窗台距地面高 1.2 米。

12. 牛　栏

分为自由卧栏、拴系式牛栏两种。自由卧栏的隔栏结构主要有悬臂式和带支腿式，一般使用金属材质悬臂式隔栏。拴系饲养根据拴系方式不同分为链条拴系和颈枷拴系，常用颈枷拴系，颈枷有金属和木制两种。高档育肥舍有自由分栏饲养，每个栏内可容纳 10 头育肥牛。

13. 牛舍的建筑工艺要求

肉牛舍可采用双坡双列式或钟楼、半钟楼双列式。双列式又分对头式与对尾式两种。饲料通道、饲槽、颈枷、粪尿沟的尺寸大小应符合肉牛生理和生产活动的需要。

犊牛舍多采用封闭单列式或双列式；初生至断奶前的犊牛宜采用犊牛岛饲养。

14. 通　道

连接牛舍、运动场的通道应畅通，地面不打滑，周围栏杆及其他设施无尖锐突出物。

（四）运动场

1. 面　积

每头成年母牛占用面积 20~25 平方米，育成母牛 15~20 平方米，犊牛 8~10 平方米；运动场地面以三合土为宜。运动场可按 50~100 头的规模用围栏分

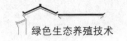
成小的区域。

2. 饮水槽

应在运动场边设饮水槽，按每头牛 20 厘米计算水槽的长度，槽深 60 厘米，水深不超过 40 厘米，供水充足，保持饮水新鲜、清洁。

3. 地　面

地面平坦、中央高，向四周方向呈一定的坡度（3 度~5 度）。

4. 围　栏

运动场周围设有高 1~1.2 米围栏，栏柱间隔 1.5 米，可用钢管或水泥桩柱建造，要求结实耐用。

5. 凉　棚

凉棚面积按成母牛 4~5 平方米计算，应为南向，棚顶应隔热防雨。

6. 空气质量

牛舍有害气体允许范围：氨≤19.5 毫克/立方米；二氧化碳≤2920 毫克/立方米；硫化氢≤15 毫克/立方米。

（五）配套设施

1. 电　力

牛场电力负荷为 2 级，并宜自备发电机组。

2. 道　路

道路要通畅，与场外运输连接的主干道宽 6 米；通往畜舍、干草库（棚）饲料库、饲料加工调制车间、青贮窖及化粪池等运输支干道宽 3 米。运输饲料的道路（净道）与粪污道路（污道）要分开。

3. 排水场

雨水采用明沟排放，污水采用暗沟排放和三级沉淀系统。

4. 草料库

根据饲草饲料原料的供应条件，饲草贮存量应满足 3~6 个月生产用量的要求，精饲料的贮存量应满足 1~2 个月生产用量的要求。

5. 青贮窖

青贮窖（池）要选择建在排水好，地下水位低，防止倒塌和地下水渗入的地方。无论是土质窖还是用水泥等建筑材料制成的永久窖，都要求密封性好，防止空气进入。墙壁要直而光滑，要有一定深度和斜度，坚固性好。每次使用青贮窖前都要进行清扫、检查、消毒和修补。

6. 饲　料

加工车间远离饲养区，配套的饲料加工设备应满足牛场饲养的要求。配备必要的草料粉碎机、精料搅拌机，有条件的牛场可配备全混合饲料搅拌车

（TMR 车）等。

7. 消防设施

应采用经济合理、安全可靠的消防设施。各牛舍的防火间距为 12 米，草垛与牛舍及其他建筑物的间距应大于 50 米，且不在同一主导风向上。草料库、加工车间 20 米以内分别设置消火栓，可设置专用的消防泵与消防水池及相应的消防设施。消防通道可利用场内道路，应确保场内道路与场外公路畅通。

8. 牛粪堆放和处理设施

粪便的贮存与处理应有专门的场地，必要时用硬化地面。牛粪的堆放和处理位置必须远离各类功能地表水体（距离不得小于 400 米），并应设在养殖场生产及生活管理区的主导风向的下风向或侧风向处。

9. 牛场（小区）

设有专门的装牛台和地磅。

10. 场区绿化

场区绿化应结合场区与牛场之间的隔离、遮阴及防风需要进行。可根据当地实际情况种植能美化环境、净化空气的树种和花草，不宜种植有毒、有刺、有飞絮的植物。

二、肉用牛的品种选择与运输

（一）肉用牛的品种

1. 国外肉牛品种：

国外的主导品种：西门塔尔、夏洛莱、安格斯、利木赞、短角牛、婆罗门牛、皮埃蒙特、海福特。

2. 国内肉牛品种：延边牛、鲁西牛、秦川牛、蒙古牛等。

3. 杂交肉牛：利用纯种肉牛或兼用牛做父本的肉用杂交牛。

4. 乳用公犊牛：乳用公牛、乳用杂交牛。

（二）肉牛的选择与运输

1. 购牛准备工作

（1）牛场准备工作。

购牛前，应做好牛场环境设施、圈舍、饲料、饮水与防疫等的相关准备。

牛场环境设施应符合《农产品安全质量　无公害畜禽肉产地环境要求》（GB/T 18407.3—2001）的要求。

牛场防疫应符合《无公害食品　肉牛饲养兽医防疫准则》（NY 5126—2002）的要求。

牛场饮水应符合《无公害食品　畜禽饮用水水质》（NY 5027—2008）的

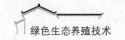

要求。

牛场饲料应符合《无公害食品　肉牛饲养饲料使用准则》（NY 5127—2007）的要求。

牛场污染物处理应符合《畜禽养殖业污染物排放标准》（GB 18596—2001）的要求。

（2）异地采购的准备。

购牛前，应调查拟购地区的疫病发生情况，禁止从疫区购牛。牛常见的传染病有口蹄疫、结核病、布病、病毒性腹泻/黏膜病、牛传染性鼻气管炎。

购牛前，注意牛源地的气温、饲草和饲料质量、气候等环境条件，以便相应地调整运输与运达后的饲养管理措施。

2. 选 牛

（1）牛的来源、免疫记录及申请检疫。应选来源清楚的健康牛，营养与精神状态良好，被毛光亮，无卧地不起、发热、咳嗽、腹泻等临床发病症状。

应检查牛的免疫记录，确保拟购牛处于口蹄疫等疫苗的免疫保护期内。

应按国家规定对拟购牛只申请检疫，检疫应符合《畜禽产地检疫规范》（GB 16549—1996）和《种畜禽调运检疫技术规范》（GB 16567—1996）的要求。

（2）牛只运输的准备工作。人员由有经验的选购人员、兽医及押运人员组成。

运输车辆用1%烧碱消毒，并准备好饲草、饮水工具、铁锹等。

运输前应备齐各种证件。包括准运证、兽医卫生健康证明（非疫区证明、防疫证、检疫证）、车辆消毒证件、产权证明。

加强运输管理，减少牛只的掉膘和死亡。运前3~4小时停喂具有轻泻性的青贮饲料、麸皮、鲜草等；装运前2~3小时不能超量饮水；运输前2~3天每头牛每天口服或注射维生素A 25万~100万国际单位；运输前2小时每头牛可补口服盐溶液（氯化钠3.5克、氯化钾1.5克、碳酸氢钠2.5克、葡萄糖20克，加凉开水至1000毫升）2~3升；运输汽车护栏高度应不低于1.5米，装车前给车上铺一层沙土防滑或均匀铺垫熏蒸消毒过、厚度在20~30厘米以上的干草或草垫防滑。应有防晒、防风、挡雨设施。

3. 运 输

（1）运输季节。架子牛的运输以春、秋两季为好，冬季调运要做好防寒工作，夏季不宜调运。调运时以夜间行车、白天休息为妥；或早晨、傍晚运输，切忌中午高温时运输。

（2）车速。尽量保持车行匀速，切忌急转弯和急刹车。

（3）途中检查。运输中每隔 4~5 小时应检查一次牛群状况，将躺下的牛及时扶起以防止被踩伤。在远途运输过程中，有条件时应保证牛只每天饮水 3~4 次，每天给予优质干草。

（4）途中牛只的护理。在途中牛只的常见病有牛只滑倒扭伤、牛前胃迟缓、流产等。宜采取简单易操作的肌肉注射方式，以抗炎、解热、镇痛的治疗方针，对症用药控制病情发展。

4. 卸　载

（1）卸车。运输车辆到达目的地后，要在专用台上让牛只自由下车，放入隔离牛舍中，并逐个核对牛只数量。

（2）饲喂。牛只入舍后休息 1.5~2 小时，然后让其少量饮水或补口服盐溶液 2~3 升，给少量优质干草。切勿暴饮暴食。

（3）交接。牛只运达后，立即办理交接手续。

5. 隔离与过渡饲养

（1）购回的肉牛集中在单独圈舍中饲养，饲草料过渡期在 15 天以上。过渡期第一周以粗饲料为主，视采食和消化情况，适当添加精料，第二周开始逐渐加料，每 3 天增加 300 克精料，直至达到正常水平。

（2）为新到肉牛提供清洁饮水，如果是夏天长途运输，肉牛应补充人工盐。

6. 防疫与治疗措施

（1）隔离期间进行驱虫与免疫接种，证明肉牛健康无病时并入大群。防疫措施根据《无公害食品　肉牛饲养兽医防疫准则》（NY 5126—2002）执行。

（2）入圈前进行全群检疫。

（3）疾病的治疗应符合《无公害食品　肉牛饲养兽药使用准则》（NY 5125—2002），严格遵守规定的用法与用量，慎用作用于神经系统、循环系统、呼吸系统、泌尿系统的兽药及其他兽药。

（4）并群后对所有隔离的空圈进行彻底消毒处理。

三、饲料与日粮配制

（一）饲料分类

肉牛养殖常用饲料可分为：粗饲料、精饲料、糟粕类饲料、多汁饲料、矿物质饲料、添加剂类饲料和非蛋白氮类饲料等类型。

1. 粗饲料

一般指天然水分含量在 60% 以下、体积大、可消化利用养分含量少、干物质中粗纤维含量大于或等于 18% 的饲料。常见的有青贮类饲料、干草类饲料、

青绿饲料、作物秸秆等。

2. 精饲料

一般指容积小、可消化利用养分含量高、干物质中粗纤维含量小于18%的饲料。包括能量饲料和蛋白饲料。

能量饲料指干物质中粗纤维含量低于18%，粗蛋白质含量低于20%的饲料。常见的能量饲料有谷实类（玉米、小麦、稻谷、大麦等）和糠麸类（小麦麸、米糠等）等。

蛋白饲料指干物质中粗纤维含量低于18%，粗蛋白质含量等于或高于20%的饲料。常见的蛋白饲料有豆饼、豆粕、棉籽饼、DDGS（酒糟蛋白饲料、菜籽饼、亚麻饼、玉米胚芽饼等）等。

3. 糟粕类饲料

是指在制糖、制酒等工业中产生的可饲用的副产物，如酒糟、糖渣、淀粉渣（玉米淀粉渣）、甜菜渣等。

4. 多汁饲料

主要指块根、块茎类饲料。

5. 矿物质饲料

常见的有食盐、含钙磷类矿物质（石粉、磷酸钙、磷酸氢钙、轻体碳酸钙等）等。

6. 添加剂类饲料

包括营养性添加剂和非营养性添加剂。常见的营养性添加剂：维生素、微量元素、氨基酸等；常见的非营养性添加剂：抗生素、促生长添加剂、缓冲剂等。

7. 非蛋白氮类饲料

包括尿素及其衍生物类、氨态氮类、胺类、肽类及其衍生物等。使用非蛋白氮类饲料应注意控制用量，并与其他营养素如碳水化合物、硫的比例保持适当。

(二) 饲料的加工、调制与贮存管理

1. 精饲料的加工方法

各种原料经过必要的粉碎，按照配方进行充分的混合。粉碎的颗粒宜粗不宜细，如玉米的粉碎，颗粒直径以2~4毫米为宜，可以采用压扁、制粒、膨化、湿贮等加工工艺。

(1) 玉米青贮方法。高水分玉米贮藏是保存籽实玉米的方法之一，按下列工艺进行：

玉米籽粒（或果穗）→收获→运输→粉碎→入贮→压实→密封→贮存→

饲喂。

收获：玉米籽粒的收获期为完熟期，以水分25%~35%为宜；玉米果穗的收获期一般应提前一周，以果穗水分在30%~45%为宜。玉米籽粒（或果穗）应及时粉碎入贮。

粉碎：玉米粉碎细度作为牛饲料时，粉碎粒度应尽可能大。

压实：装入设施的原料要迅速压实。注意边角的压实，小规模贮存可用人力踩踏，大规模贮存需利用履带式拖拉机压实后，仍需人踩踏拖拉机压不到的边角。经压实后的粉碎玉米籽粒的密度为0.823吨/立方米。

密封：最好用双面涂膜编织材料，也可用塑料薄膜。薄膜密封后，表层盖10~20厘米厚泥土即成。

贮存：贮存玉米温度上升一般在第三天达最高点，其最高温度在20~30℃之间，温度达最高点后呈下降趋势直至稳定。如果密封得好，可贮藏3~5年不变质。

取饲：经1个月以上的贮存即可取饲。贮存良好的玉米，颜色保持入贮前的色泽，气味酸香，无霉变结块现象，即可饲喂。

（2）贮藏设施。贮藏设施分为贮窖（砖砌水泥抹面贮窖、石砌水泥勾缝贮窖、预制件贮窖等）、贮仓（金属仓、砖砌水泥抹面仓等）、贮袋（涂膜编织袋、塑料袋等）多种，从贮藏费用和贮藏效果看，现阶段以选择贮窖为宜，贮窖以砖砌水泥抹面沟形窖为佳。设施要求同青贮窖。

2. 干草的制备

干草的营养成分与适口性和牧草的收割期、晾晒方式有密切关系。禾本科牧草应于抽穗期刈割，豆科牧草应于初花现蕾期刈割。牧草收割之后要及时摊开晾晒，当牧草的水分降到15%以下时及时打捆，避免打捆之前淋雨。豆科牧草也可压制成捆状、块状、颗粒成品供应。

3. 青贮饲料的加工调制

（1）收割时期。原料要求制作青贮的玉米最适宜的收割期为乳熟后期至蜡熟期。玉米在生理上成熟时是获得最高产量和营养质量的最适收获期。一是查看乳线，如果玉米已有籽实，可掰开玉米棒查看"乳线"。乳线距玉米粒外缘40%~50%时，可收割青贮，此时水分含量适中，营养最高。二是查看干尖，当玉米棒以上部分有20%或者未结实玉米秸秆有10%的长度发黄、发干时，可收割青贮，此时水分含量适中，营养最高。

（2）水分含量。入窖时原料的水分控制在65%~70%为最佳，水分过高或过低都会影响青贮的品质。青贮原料应含一定的可溶性糖，最低含量应达2%；当青贮原料含糖量不足时，应掺入含糖量较高的青绿饲料或添加适量淀粉、糖

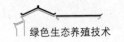

蜜等。

（3）制作方法。制作要求原料在青贮前切碎至 1.5~3.5 厘米，如果在日粮的粗饲料中干草和秸秆能保证牛的长纤维的数量，则可切得短些；如果长纤维保证不了，那么青贮可切得长些。往青贮窖中装料，应边往窖中填料，边用装载机或链轨推土机将料层层压实，时间一般应不超过 3 天。对于容积大的青贮窖，在制作时可分段装料、分段封窖。应用防老化的双层塑料布覆盖密封，密封程度以不漏气不渗水为原则，塑料布表面用砖土覆盖压实。在青贮的贮藏期，应经常检查塑料布的密封情况，有破损的地方应及时进行修补。青贮饲料一般在制作 45 天后可以使用。密封完好的青贮饲料，原则上以 1~2 年使用完毕为宜，取青贮时以纵切面均匀取用，保持饲喂时营养成分和水分稳定。

4. 秸秆类饲料加工调制

物理处理法主要包括切短、粉碎、揉搓、压块、制粒等。秸秆切短的长度以 3~5 厘米为宜。

化学处理法主要包括石灰液处理、氢氧化钠液处理、氨化处理等。氨化处理多用液氨、氨水、尿素等。

生物处理法主要采用秸秆微贮技术。

5. 饲料的贮藏

饲料的贮藏要防雨、防潮、防火、防冻、防霉变、防发酵及防鼠、防虫害；饲料堆放整齐，标识鲜明，便于先进先出；饲料库有严格的管理制度，有准确的出入库、用料和库存记录。

（三）日粮的配制

（1）配制原则。应根据《肉牛饲养标准》（NY/T 815—2004）执行。饲养标准是根据肉牛营养需要的平均数制定的，个体差异在±10%之间，可结合当地实际情况灵活运用。

（2）首先满足肉牛对能量的需要。在满足肉牛对能量需要的基础上，再满足对蛋白质、矿物质和维生素的需要，标准差：能量±5%、蛋白质±10%。

（3）饲料组成要符合肉牛的消化生理特点，合理搭配。应以粗饲料为主，视不同饲养阶段搭配精料，粗纤维含量应为 15%~24%，平均为 20%。

（4）日粮要符合肉牛的采食能力。既要满足营养需要，又要让牛吃得下、吃得饱。肉牛对饲料干物质采食量为体重的 2%~3%。

（5）日粮组成要多样化。发挥营养物质的互补作用，保证营养全面，适口性好。

（6）尽量就地取材，降低成本。

（7）在配制日粮时可按年龄、体重、性别、生产性能（日增重）和生理状态等情况将肉牛群中条件相似的划分为一组，然后分别为每一组肉牛配制一个日粮即可，个体间需要量的差异可在具体饲喂时通过增减喂量加以调整。

（8）肉牛养殖中禁止使用动物源性饲料，外购混合精料、浓缩料、预混料应有检测报告（包括营养成分和是否含有动物源性及其药物成分）。

（9）全混合日粮（TMR）。根据肉牛营养需要，把粗饲料、精饲料及辅助饲料等按合理的比例及要求，利用专用饲料搅拌机械进行切割、搅拌，使之成为混合均匀、营养平衡的一种日粮。全混合日粮水分应控制在45%～50%。投料时顺序为（秸秆）干草—青贮—糟粕、青绿块根类饲—（添加剂）混合精料，每天在利用TMR饲喂时，应及时使用分级筛，保证切割长度，饲喂时要随时观察牛群的采食量，保证牛群的采食时间。

（四）饲料贮备

表3　全年各种饲料的计划贮备量

单位：千克

饲料种类	供应天数	头日量	年总量	备　注
干草或秸秆	365	4～5	1500～1900	
青饲青贮	365	8～15	3000～5500	
块根、茎、瓜皮类	365	4～6	1500～2200	
糟渣类	365	5～10	1800～3700	
混合精饲料	365	3～5	1100～1800	
矿物质	365	0.18～0.2		混合料以3%计

四、饲养管理

（一）肉牛饲养管理的一般原则

一般饲养管理原则是指对不同类型的牛，如不同品种、不同性别、不同年龄的牛进行饲养管理的共同要求。要按照定时定量、少给勤添、充足饮水、保持牛舍和牛体清洁卫生经常梳刷、注意加强运动的原则养牛。

（二）饲养方式

（1）散栏饲养：将体重、品种、年龄相似的肉牛饲养在同一栏内，便于控制采食量和调整日粮，育肥牛可做到全进全出。散栏饲养需要散栏牛舍、饲料搅拌车、铲车等设备发挥作用。育肥牛的散栏饲养是10头牛饲养在同一栏内，便于TMR饲喂。

（2）拴系饲养：将牛按大小、强弱定好槽位，拴系喂养。优点是采食均匀，可以个别照顾，减少争斗爬跨。

（三）肉用犊牛饲养管理

1. 犊牛（0~6月龄）的饲养。

（1）舍饲和半舍饲犊牛舍的准备。

犊牛舍设笼式保育栏和犊牛栏，保育栏专供1~2月龄单个犊牛栖息用，单独的保育栏可离地面25厘米，栏内铺20厘米的垫草；犊牛栏供3~6月龄犊牛小群栖息，栏内地面最好为据末，若铺木板，木板上铺10厘米厚的麦秸或其他新鲜干净的垫草，牛栏前设料槽和饮水桶。犊牛舍要清洁、干燥、保暖，冬季舍温保持在5℃以上，夏季通风换气要好。

（2）犊牛舍消毒。

犊牛舍要定期消毒，冬季每个月一次，夏季每半个月一次。可用2%火碱、生石灰或消毒剂对地面、墙壁、饲槽、草架、工具等进行全面消毒。牛栏内要勤换起粪、勤垫草，保持栏内清洁干燥。运动场要保持清洁干燥，不存污水。

（3）犊牛的饲养管理。

①犊牛出生后应立即清除口、鼻、耳内的黏液，在距犊牛腹部6~8厘米处断脐，挤出脐内污物，并用5%的碘酒消毒，擦干牛体，称重，填写出生记录。

②犊牛生后移入犊牛舍内，放入保育栏饲养，1月龄后转入犊牛栏内小群饲养。犊牛生后20~30日龄去角。

③犊牛生后1小时内吃上初乳，1月龄内主要以母乳为营养来源，第一次初乳的喂量在1.5~2千克，以后每天按体重的1/5~1/6计算初乳的喂量，每天喂3次。奶温控制在35~38℃。15~20日龄开始训练采食优质的精粗饲料，禁喂不干净、发霉变质的草料。

④舍饲饲养，可实行早期2~3月龄时断奶，以后按犊牛期3~6月龄饲养标准饲喂。按犊牛营养需要配制犊牛料（颗粒料），自由采食，当日采食到1.5千克精料时可实行断奶。半舍饲半放牧饲养，犊牛哺乳期以5~6月龄为宜，这样随母牛放牧以节约饲养成本。哺乳期犊牛饲养方案见表4。

表4 哺乳期犊牛饲养方案

日 龄	牛乳（千克）		牛乳（千克）		牛乳（千克）		犊牛料（千克）	干 草	青贮饲料
1~7	4	28	4	28	4	28	—	—	—
8~14	5	35	5	35	5	35	训练采食	自由采食	—

续 表

日 龄	牛乳（千克）		牛乳（千克）		牛乳（千克）		犊牛料（千克）	干 草	青贮饲料
15～21	6	42	6	42	6	42	小量饲喂	自由采食	—
22～28	6.5	455	65	455	65	455	自由采食	自由采食	—
29～35	5	455	7	49	7	49	自由采食	自由采食	—
36～42	5	35	6	42	6.5	45.5	自由采食	自由采食	—
43～49	3	21	4.5	31.5	5.5	38.5	自由采食	自由采食	—
50～56	2	14	3	21	4.5	31.5	自由采食	自由采食	小量饲喂
57～63	1	7	1.5	10.5	3	21	自由采食	自由采食	按量喂饲
64～70	—	—	—	—	2	14	自由采食	自由采食	按量喂饲
合 计	—	270	—	300	—	350	—	—	—

（四）育成牛饲养管理

母犊牛断奶至第一次产犊（28 月龄左右）这段时间称为育成期。

（1）7～12 月龄是性成熟期。每日青粗饲料的采食量可为体重的 7%～9%。后备母牛可以放牧为主，如没有放牧条件的，要有足够的运动场地，采用群养方式，除给予优质的牧草、干草和多汁饲料外，还要补给精料。按 100 千克体重计算，青贮 5～6 千克或干草 1.5～2 千克，混合精料为 1～1.5 千克。

（2）13～18 月龄，此时的牛的消化器官更加扩大。后备青年母牛应供给充足和平衡的能量、蛋白质、矿物质、维生素，尤其是 13 月龄后更是需要高水平的微量元素和维生素以提高卵泡质量、配种成功率，保证后备青年母牛正常生长。一般到 16～18 月龄时，育成母牛体重为成年牛体重的 70% 左右，并开始初配。日粮应以优质的粗饲料为主。按干物质计算，粗饲料占 70%～75%，精饲料占 25%～30%，并在运动场放置干草、秸秆等。

（3）19～24 月龄，这时配种受胎，日粮应以品质优良的干草、青草、青贮料和根茎类为主。妊娠后期精料每日 2～3 千克。按干物质计算，粗饲料要占 70%～75%，精饲料占 25%～30%。

（五）怀孕母牛的饲养管理

此期以促进胎儿的发育、降低死胎率、提高产犊率为目的。

（1）以放牧为主，日粮以青粗饲料为主，适当搭配精料，怀孕母牛禁喂棉籽饼、菜籽饼、酒糟等饲料。

（2）不能喂冰冻、发霉饲料，饮水温度不低于10℃。

（3）舍饲时应注意让牛适当运动，但防止驱赶、跑、跳运动，防止相互顶撞和在湿滑的路面行走，以免造成机械性流产。

（4）环境应干燥、清洁，注意防暑降温和防寒保暖。

（5）怀孕前期（怀孕后3个月）胎儿发育较慢，不必为母牛增加营养，怀孕母牛保持中上等膘情（体况评分在3.75分）即可。应以优质干草、青草为基础日粮，可以少喂精料。怀孕中期（怀孕后4~6个月）可适当补充营养，每天补喂1~2千克精料，但要防止母牛过肥和难产。怀孕后期（产前2~3个月）要加强营养，每天补充精料2~3千克，粗饲料要占70%~75%，精料占25%~30%。

（6）临近产期的母牛应停止放牧，给予营养丰富、品质优良、易于消化的饲料。产前半个月，将母牛移入产房，由专人饲养和看护，发现临产征兆，计算好预产期，准备接产工作。产前1~6小时进入产间，消毒后驱，分娩时环境要安静。

（六）哺乳母牛的饲养管理

此期以增加产奶量、提高犊牛成活率为目的。

（1）母牛分娩后先喂麸皮温热汤，一般用30~40℃温水10千克，加麸皮0.5千克，食盐50~100克及红糖250克，拌匀后进行饲喂。

（2）母牛分娩后的最初几天，应喂容易消化的日粮，粗料以优质干草为主，根据牛的食欲情况，3~4天后就可以转为配合饲料。

（3）哺乳母牛的能量需要比妊娠期高50%，饲料中蛋白质、钙、磷的含量应加倍。转为配合饲料时，应多喂优质的青草、干草和豆科牧草、青贮。精料参考配方：玉米53%、豆粕20%、麸皮25%、石粉1%、食盐1%。冬季青饲料缺乏时，每头牛每天添加1200~1600国际单位的维生素A或饲喂1~2千克胡萝卜。

（4）乳房按摩：对18月龄怀孕母牛，每天按摩1~2次，每次按摩时用热毛巾敷擦乳房。产前1~2个月停止按摩。

（5）刷拭：保持牛体清洁，每天刷拭1~2次，每次5分钟。

（七）母牛的放牧管理

1. 哺乳母牛的放牧管理

放牧期间的充足运动和阳光浴以及牧草中所含的丰富营养，可促进牛体的新陈代谢，改善繁殖机能，增强母牛和犊牛的健康。

（1）春季放牧。

①春季要在朝阳的山坡或草地放牧，适宜的放牧时间是禾本科牧草开始拔

节或生长到 10 厘米以上时。

②春季开始牧食青草时，每天放牧 2~3 小时，逐渐增加放牧时间，最少要经过 10 天后才能全天放牧。

③放牧后适当补饲干草或秸秆（2~4 千克），有条件的夜晚补足粗料任其自由采食。

（2）夏季放牧。

夏季可于离牛舍较远处放牧，为减少行走消耗的养分，可建临时牛舍，以便就地休息。炎热时，白天在阴凉处放牧，早晚于向阳处放牧，最好采用夜牧或全天放牧。

（3）秋季放牧。

秋季夜晚气温下降快，环境温度常低于牛的适宜温度，要停止夜牧，要充分利用好白天的时间放牧，抓好秋膘。

（4）冬季放牧。

北方冬季寒冷，采食困难，应改放牧为舍饲，可充分利用青贮、秸秆、干草等喂牛，精饲料要按营养需要配制，以使肉牛冬季不掉膘。若冬季必须放牧时，也要在较暖的阳坡、平地、谷地放牧，要晚些出牧，早些回圈舍，晚间补喂干草和精料。冬季牛长期吃不到青草，每头牛每天应喂 0.5~1 千克的胡萝卜或 0.5 千克的苜蓿干草，或 2 千克的优质干草，也可按每头牛每天在日粮中加入 1 万~2 万国际单位的维生素 A，哺乳母牛还得增加 0.5~1 倍。枯草和秸秆缺乏能量和蛋白质，所以应喂含蛋白质和热能较多的草料。放牧回来不能马上补饲，需休息 3~5 小时后才能补给。

2. 放牧的注意事项

（1）做好放牧前的准备工作，放牧前要对牛进行体内外驱虫，以免将虫带入牧地。驱虫药的使用应按《无公害食品肉牛饲养兽药使用准则》（NY 5125—2002）的规定允许使用的中药材、中成药、化学药品、抗生素及其他制剂。

（2）放牧地离圈舍、水源要近，最好不要超过 3 千米。安排好水源，牛每天至少饮水 2 次，天气炎热时增加。

（3）其他注意事项：夏季在放牧过程中，青草是饲料的主体，因此必须补充盐，方法是搭一简单的棚子，放上食盐舔块，让牛自由舔食。由于牧草中磷的含量可能不足，因此在给盐时最好补充磷酸钾或投放矿盐。若是幼嫩的草地，易出现牛采食的粗纤维不足，可在牧区设置草架，补充一些稻草。

（4）舍饲情况下，应以青粗饲料为主，适当搭配精饲料。粗料以玉米秸为主，由于蛋白质含量低，因此需搭配 1/3~1/2 优质豆科牧草，再补饲饼粕类，也可用尿素代替部分饲料蛋白，比例可占日粮的 0.5%~1%；粗料若以麦秸为

主，除搭配豆科牧草外，另需补加混合精料 1 千克左右。怀孕牛禁喂棉籽饼、菜籽饼、酒糟以及冰冻的饲料，饮水温度要求不低于 10℃。

（八）肉用牛育肥

1. 肉用牛育肥方式

（1）按给料划分。精料为主的育肥方式和先粗后精的育肥方式。

（2）按育肥牛的年龄划分。育成牛育肥、成龄牛育肥、犊牛育肥、老龄淘汰牛育肥。

（3）按饲养方式划分。持续肥育法（直线育肥）、后期集中肥育法（吊架子育肥）。

2. 肉用牛育肥方法

（1）持续肥育法（直线育肥）。犊牛断奶后就进入肥育阶段进行育肥，或断奶后转入专门化的肥育场进行集中育肥，饲养 18～20 月龄，体重超过 500 千克时可出栏。

（2）后期集中肥育法（吊架子育肥）。从市场选购 1.5 岁到 2 岁的架子牛，经过驱除体内外寄生虫后，利用精料型日粮（以精料为主，搭配较少量的秸秆、青干草或青贮料等）进行 3～6 个月的短期强度肥育，达到上市体重（500 千克以上）出栏。

（3）肉用小犊牛育肥。

①饲养。

A. 饲料：犊牛育肥是指全部用全乳、脱脂乳或代乳喂饲犊牛，不喂其他任何饲料的育肥方法，日喂奶量由少到多，到 100～120 天，体重为 100～150 千克出栏。

B. 饲喂：日喂 2～3 次，并给予充足饮水。

②管理。

A. 在 7 天内吃完初乳，小群饲养，每 10 头一圈，每头占地面积 2.5～3 平方米，在圈内自由活动。采用部分漏缝水泥地面和木板或再生胶垫。

B. 舍内阳光要充分，温度在 15～20℃，通风良好，干燥，相对湿度 70%～75%，舍内要定期消毒，每天及时打扫干净。喂奶用具要每次用后及时清洗。

（4）分期育肥。

①杂交牛育肥。

分期育肥是把肉牛育肥划分为犊牛期、育成期和催肥期三个阶段，犊牛期为 1～6 月龄，育成期为 6～18 月龄，催肥期为 18～24 月龄。育成期一般以放牧为主，少量补给精料，每日 0.5～1 千克；催肥期采取舍饲栓系和散养育肥方法，以优质青粗饲料为主，补给高能量精料，体重为 500 千克左右出拦。育成期公牛可按照以粗饲料为主的方式饲养，在250~350千克后，可进入集中舍饲育肥。首先按个体大小、体重、采食速度、性情、性别等合理分群饲养，每群设专人负责。架子牛育肥采用单栏散养方式比较好，日增重与饲料报酬明显优于拴系饲养。每群头数在10头最佳，每头牛运动面积不低于4平方米，每栏饲养头数如超过20头，每头牛运动面积不能低于6平方米。

A. 以青贮为主育肥。

青贮育肥是以玉米青贮或牧草青贮为主要青粗饲料来源，适当补充精料和干草的育肥方法，这种方法在冬季显得更重要。牛开始采食青贮料不习惯，应进行短期训练，从断奶训练采食开始供给量由少到多，在10月龄之前控制在10~15千克，以后逐渐增加为20~25千克。另外补充5~6千克干草或秸秆、2千克精料，精料以玉米、豆饼为主，豆饼应适量多一些，添加适量矿物质如钙、磷等和少量微量元素。在17~20月龄以前，日增重保持在700~900克，在催肥期3~4个月内，青贮饲料供给适量减少，增加补充精饲料3~4千克，使日增重在1~1.2千克，体重为500千克左右出栏，在整个饲养期要保证充足的饮水。

B. 以酒糟为主育肥。

酒糟育肥肉牛一般采取舍饲的方法，酒糟必须是新鲜的，在冬季最好加热到20~30℃饲喂。为了让肉牛习惯吃酒糟，开始时要少给一些，使牛逐渐适应酒糟的气味，到育肥中期，喂饲量可大幅度增加，15月龄以前的酒糟日采食量一般为20千克左右，精料1千克左右，干草或秸秆2千克，15~24月龄的肉牛则日供给酒糟为15~30千克，精料1.5千克，干草及秸秆2千克左右；在催肥期三个月酒糟供给量则为20~30千克，精料为2~2.5千克，干草或秸秆3千克左右。前期日增重平均800~900克，后期日增重为1~1.5千克，体重为500~600千克出栏。

C. 酒糟和青贮育肥。

第一阶段：250~350千克，日增重可超过1.1千克；第二阶段：350~450千克，日增重可为1.2~1.3千克；第三阶段：450~550千克，日增重超过1.2千克。饲养时，每10天调整1次饲喂量，因为随着牛体重的增加，牛的采食量也会随之相应增加，各阶段配方百分比不变，只增加饲喂量和采食量即可，育肥牛不同阶段日粮组成见表5。

表5　育肥牛不同阶段日粮组成

单位：千克

阶段体重	青贮玉米	玉米秸秆	酒　糟	玉　米	带芯玉米	浓缩料	合　计
250~350	55.8	12.5	10.8	14.4		6.5	100.0
350~450	34.9		45.1		12.6	7.4	100.0
450~550	39.1		34.8		17.4	8.7	100.0

注：如果不是带芯玉米，则用一定比例的秸秆替代玉米芯以提高日粮中粗纤维的含量。若在育肥期无青贮，粗饲料则可用干草、微贮玉米秸秆、麦秸、稻草等。浓缩料可用40%比例的蛋白浓缩料，原料可采用DDGS、棉粕、脐子饼、豆饼、豆粕、糖蜜、预混料占5%。

②奶公牛育肥。

奶牛数量多，利用奶公犊牛育肥，有良好的资源。

A. 第一阶段：出生至50日龄。饲养方案见表6。

表6　犊牛饲养方案

单位：千克、克、千焦

阶　段	日增重	日　龄	牛　奶		饲　料	体　重
			日　量	喂　次		40
第一阶段	0.6	出生				70
		1~6	5	3		
		7~20	6	3	训练	
		21~30	4	2	0.5	
		31~40	2	1	1.5	
		41~50	1	1	2.0	

可在喂初乳后，用代乳粉代替饲喂。为了逐渐断奶也可在41~50天时补喂50~100克大豆分离蛋白或特制的豆粉。稀释成奶状，以喂奶的方式和时间喂给犊牛。

B. 第二阶段：51 日至 210 日龄。饲养方案见表 7。

表 7　奶公牛生长期饲养方案及日粮营养水平

饲养阶段（体重·千克）		71～150	150～225	225～300
精饲料（千克）	玉米	1.0	0.5	0.4
	豆饼	0.5	0.4	0.4
	麦麸	0.3	0.3	0.3
	米糠	0.2	0.3	0.3
	合计	2.0	1.5	1.5
精饲料（千克）	玉米青贮	8	12.0	16.0
添加剂（克）	食盐	15	20	25
	添加剂	30	35	40
	合计	45	55	65
干物质（克）	精饲料	1.7	1.3	1.3
	粗饲料	2.0	3.0	4.0
	合计	3.7	4.3	5.3
综合净能（千焦）	精饲料	14.6	11.0	11.0
	粗饲料	8.0	13.0	18.0
	合计	22.6	24.0	29.0
蛋白质（克）	精饲料	390	292	292
	粗饲料	180	293	405
	合计	570	585	697
矿物质（克）	钙	21	25	30
	磷	12	14	17
	日增重（千克）	0.6	0.7	0.8

　　注：玉米青贮不加 0.5% 尿素，在日粮中分别加豆饼 250 克、360 克、500 克。

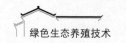

C. 第三阶段：51 日至 210 日龄。饲养方案见表 8。

表 8　育肥期饲养方案及日粮营养水平

饲养阶段		1	2	3
精饲料（千克）	玉米	2	3	
	大麦		1	1
	豆饼	1	1	3
	麦麸	1	1	1
	米糠			
	合计	4	6	8
粗饲料（千克）	玉米青贮	10	8	6
	干草	2	2	1
	合计（干物质）	4.5	4	2.5
添加剂（克）	食盐	25	28	30
	添加剂	40	45	50
	合计	65	73	80
干物质（克）	精饲料	3.6	5.4	7.0
	粗饲料	4.3	4.0	2.5
	合计	7.9	9.4	9.5
综合净能（千焦）	精饲料	29.2	44.8	65.3
	粗饲料	16.9	15.1	9.4
	合计	46.1	59.9	74.7
蛋白质（克）	精饲料	746	875	954
	粗饲料	296	307	164
	合计	1042	1182	1118
矿物质（克）	钙	38	40	42
	磷	20	25	26
指标	育肥日数	60	60	60
	日增重（千克）	1.0	1.3	1.3
	期末体重（千克）	360	430	500

五、母牛的繁殖

（一）母牛的档案记录

母牛要全部登记建卡、打耳号、照相、建立档案。系谱档案是牛群管理的资料，包括母牛的编号、出生日期、生长发育记录、繁殖记录、生产性能记录等。

（二）发情和发情鉴定

1. 母牛的发情周期

成年母牛的发情周期范围为 20~24 天，平均为 21 天；育成母牛的发情周期范围为 18~22 天，平均为 21 天。

2. 母牛的发情持续期

（1）成年母牛的发情持续期范围为 10~21 小时，平均为 15 小时。

（2）发情鉴定采用观察法，每天不少于 3~4 次，主要观察母牛是否接受其他母牛爬跨，发情母牛的黏液量和黏液性状，必要时检查卵泡发育情况。

（3）发情早期，母牛刚开始发情的症状是：鸣叫，离群，沿运动场内行走，试图接近其他牛，爬跨其他牛，阴户轻度肿胀，黏膜湿润、潮红，嗅闻其他牛后躯，不愿接受其他牛爬跨，兼用牛表现为产奶量减少。

（4）发情盛期持续约 18 小时，特征是站立接受其他牛爬跨，爬跨其他牛，鸣叫频繁，兴奋不安，食欲不振或拒食，兼用牛产奶量下降。

（5）发情即将结束期母牛表现拒绝接受其他牛爬跨，嗅闻其他牛，试图爬跨其他牛，食欲正常。

（6）发情结束后第 2 天可看到母牛阴户有少量血性分泌物；当隐性发情牛有此症状时，在 16~19 天后会再次发情，应引起重视。

（7）对超过 14 月龄未见初情的后备母牛，必须进行母牛产科检查和营养学分析。

（8）对产后 60 天未发情的牛、间情期超过 40 天的牛、妊检时未妊娠的牛，要及时做好产科检查，必要时使用激素诱导发情。

（9）对异常发情（安静发情、持续发情、断续发情、情期不正常发情等）牛和授精 2 次以上未妊娠牛要进行直肠检查。详细记录子宫、卵巢的位置、大小、质地和黄体的位置、数目、发育程度、有无卵巢静止、持久黄体、卵泡和黄体囊肿等异常现象，若有应及时对症治疗。

（三）配　种

（1）育成母牛 16~17 月龄，体重达 350 千克开始配种。

（2）成年母牛产后应有 60 天的休整期，下一次配种应在休整期以后。

（3）配前要对母牛进行产科检查，对患有生殖疾病的牛只不予配种，而应及时治疗。

（4）精液解冻方法：细管冻精用 38℃±2℃ 温水直接浸泡解冻。

（5）精液解冻后保存时间：细管精液 ≤1 小时。

（6）输精前应进行精液品质检查，符合《牛冷冻精液》（GB 4143—2018）所列质量标准方可输精。

（7）采用直肠把握法输精。输精时机掌握在发情中、后期。一个发情期输精 1~2 次，每次用 1 个剂量精液。两次输精的时间间隔为 8~12 小时。

（8）由液氮罐提取精液时，精液在液氮罐颈管部的停留时间不得超过 10 秒钟，停留部位应距颈管上口 8 厘米以下。

（9）细管精液用 38℃±2℃ 的温水解冻。解冻后的精液应在 15 分钟内输精，要防止对精子的第二次冷打击。

（10）输精时要迫使母牛腰部下凹，输精器要适深、慢入、轻拉、缓出，防止精液倒流或吸回输精枪内。

（11）配种室操作间应清洁、整齐、美观。绝对禁止吸烟和长期、大量摆放及使用对精子有害的药品。

（12）用一次性塑料外套的金属输精器输精时，一支输精器外套一次只能为一头牛输精。还可用卡苏枪或玻璃输精器输精。玻璃输精器每牛每次一支，不经消毒不得重复使用，用毕要及时清洗干净，放入干燥箱内经 170℃ 消毒 2 小时。

（13）配种全过程要保证无污染操作。

（四）妊娠和妊娠诊断

（1）妊娠诊断时间一般在输精后 40~60 天进行，直肠检查主要根据子宫角的卵巢黄体的变化进行诊断，如妊娠母牛子宫角两侧不对称、孕角有波动感、卵巢有妊娠黄体突出于排卵侧卵巢表面。

（2）妊娠诊断采用直肠检查法、激素法、子宫颈黏液诊断法、酶联免疫吸附法、腹壁触诊法、超声诊断法等。

（3）对妊娠母牛要加强饲养管理，做好保胎工作。

（五）繁殖障碍牛的管理

（1）对产后 60 天未发情的牛只、发情间隔在 40 天以上的未配牛只、妊检发现的未妊牛只，要查明原因，进行诱导发情或对症处理。

（2）对输精两次以上仍未妊的牛只，要进行母畜产科检查，发现病症及时处理。

（3）对产后半年以上的未妊成母牛和 24 月龄以上的未妊青年牛要组织会诊。

（4）对早期胚胎死亡、流产、早产的牛只，要分析原因，必要时进行流行病学调查。对传染性流产要采取相应的卫生、防疫措施。

（六）产科管理

1. 分娩管理

（1）分娩母牛在预产期前 15 天进产房，产后 15 天左右出产房。产房每周消毒 1 次，产床（或产间）每天消毒 1 次，并经常更换垫草，防止生殖道感染。

（2）母牛应以自然分娩为主，需要接产或助产时应严格按产科要求进行。

（3）对产后母牛要加强饲养管理，促进母牛生殖机能恢复。

2. 产后的一般监护

（1）产后 6 小时内，观察母牛产道有无损伤，发现损伤要及时处理。产后 12 小时内观察母牛的努责状态。母牛努责强烈时，要注意子宫内是否还有胎儿和有无子宫脱出征兆，发现子宫脱出要及时处置。

（2）产后 3 天内，观察胎衣排出情况及产道和外阴部有无感染。同时观察母牛有无生产瘫痪症状，发现有此症状时要及时诊治。

（3）产后 7 天内，监视恶露。一旦发现恶露异常或急性炎症表现要立即诊治。

（4）产后 14 天，进行第一次产科检查，主要检查阴道黏液的洁净程度。发现黏液不洁时，严重的进行治疗，较轻微的可先行记录，暂不处理。

（5）产后 30~35 天，进行第二次产科检查，主要通过直肠检查子宫恢复程度和卵巢机能状况，同时对第一次检查做先行记录的牛只进行复查。此次检查发现的子宫疾病，不论轻重均要治疗。

（6）产后 50~60 天，对一检、二检的治疗牛只进行复查，如未愈，继续治疗。对卵巢静止或发情不明显的牛只，通过诱导发情方法催情。

3. 对胎衣的监视、检查与处理

（1）产后 5 小时胎衣仍未下时，需进行处理。处理方法：肌注催产素或前列腺素。

（2）产后 24 小时胎衣仍未下时，行手术剥离或保守疗法。

（3）胎衣脱落后检查胎膜是否完整，尤其要注意对空角尖端的检查。如发现有部分绒毛膜或尿膜仍留在子宫内未排出，要及时向子宫内投药，以防止残留胎膜腐败。

（4）对子宫隐性感染的监测。

①用 4% 苛性钠液 2 毫升，取等量子宫黏液混合于试管内加热至沸点，冷却后根据颜色判定，无色为阴性，呈柠檬黄色为阳性。

②监测时间为产后 2 周内。

③控制标准为牛群产后子宫隐性感染率 <30%。

④子宫复旧的检查。

子宫复旧标准：

①位置：子宫角和宫体收缩恢复到骨盆腔。

②体积和形状：子宫体积不再缩小，两角基本对称，间沟明显，宫缩反应灵敏。

③子宫供血：恢复正常（无明显特异性搏动）。

检查方法：采用直肠检查法。

检查时间：

①产后 30~35 天进行第一次检查，产后 6 周进行复查。

②子宫复旧的正常时间范围为 4~6 周。

（七）记　录

（1）对母牛的发情、配种、妊检、产犊（包括流产）等情况需用专门的表格给予记录。

（2）牛场应根据产后监控内容设立母牛产后监控卡，把产后监控作为技术管理的一项常规措施。

六、卫生与防疫

（一）卫生防疫

（1）防疫总则是肉牛场应贯彻"以防为主，防治结合"的方针。肉牛场日常防疫的目的是防止疾病的传入或发生，控制传染病和寄生虫病的传播。

（2）防疫措施：肉牛场应建立出入登记制度，非生产人员不得进入生产区，谢绝参观；职工进入生产区，穿戴工作服经过消毒间，洗手消毒后方可入场；肉牛场员工每年必须进行一次健康检查，如患传染性疾病应及时在场外治疗，痊愈后方可上岗；新招员工必须经健康检查，确认无结核病或其他传染疾病；肉牛场员工不得互串车间，各车间生产工具不得互用；肉牛场不得饲养其他畜禽，如特殊情况需要饲养狗的，应加强管理，并实施防疫和驱虫处理，禁止将畜禽及其产品带入场区。

（3）定点堆放牛粪，定期喷洒杀虫剂，防止蚊蝇滋生。死亡牛只应作无害化处理，尸体接触到的器具和环境要做好清洁及消毒工作。

外来或购入的牛只应持有法定单位的健康检疫证明，并经隔离观察和检疫后确认无传染病后方可并群饲养。当场内外出现传染病时应立即采取隔离封锁和其他应急措施，并向上级业务主管部门报告。

淘汰及出售牛只应经检疫并取得检疫合格证明后方可出场。运牛车辆必须经过严格消毒后进入指定区域装车。当肉牛发生疑似传染或附近牧场出现烈性传染病时，应立即采取隔离封锁和其他应急措施。

（二）消　毒

1. 消毒剂

应选择对肉牛和环境比较安全、没有残留毒性、对设备没有破坏和不伤害牛只体表及在牛体内不产生有害积累的消毒剂。

2. 消毒方法

喷雾消毒、浸液消毒、紫外线消毒、喷洒消毒、热水消毒。

3. 消毒制度

建立消毒制度，对养殖场（小区）的环境、牛舍、用具、外来购牛人员、来往人员、生产（挤奶、助产、配种、注射治疗及任何对肉牛进行接触操作）前等进行消毒。

（三）免　疫

肉牛场应根据《中华人民共和国动物防疫法》及其相关法规的要求，结合当地实际情况，对规定疫病和有选择的疫病进行预防接种工作，并注意选择适宜的疫苗、免疫程序和免疫方法。

（四）检　疫

牛场应按照国家有关规定和当地畜牧兽医主管部门的具体要求，对结核、布鲁氏菌病等传染性疾病进行定期检疫。

（五）兽药使用准则

第一，禁止在饲料及饲料产品中添加未经国家兽医行政主管部门批准的兽药品种，特别是影响肉牛生殖的激素类药、具有雌激素类似功能的物质、催眠镇静药和肾上腺素能药等兽药。

第二，允许使用符合规定的用于肉牛疾病预防和治疗的中药材和中成药。允许使用符合规定的钙、磷、硒、钾等补充药，酸碱平衡药，体液补充药，电解质补充药，血容量补充药，抗贫血药，维生素类药，吸附药，泻药，润滑剂，酸化剂，局部止血药，收敛药和助消化药。

第三，允许使用国家兽药主管部门批准的抗菌药、抗寄生虫药和生殖激素类药，但应严格遵守规定的给药途径、使用剂量、疗程和注意事项。严格遵守休药期的规定。

第四，慎用作用于神经系统、循环系统、呼吸系统、泌尿系统的兽药及其他兽药。

第五，建立并保存肉牛的免疫程序记录；建立并保存患病肉牛的治疗记录，包括患病肉牛的畜号或其他标志、发病时间及症状、治疗用药的过程、治疗时

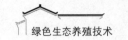

间、疗程、所用药物商品名称及有效成分。

七、粪便及废弃物处理

(一) 原 则

粪污处理应遵循减量化、无害化和资源化利用的原则。养殖场（小区）应建立配套的粪污处理设施，并进行无害化处理。养殖场（小区）发生重大疫情应按动物防疫有关要求对粪便进行处理。

(二) 处理方法

粪污处理和利用模式有沼气生态模式、种养平衡模式、土地利用模式、达标排放模式等。

(三) 处理要求

养殖场（小区）应尽量采用干清粪工艺，节约水资源，减少污染物排放量。

粪便要日产日清，并将收集的粪便及时运送到贮存或处理场所。粪便收集过程中必须采取防扬散、防流失、防渗透等工艺。

养殖场（小区）应实行粪尿干湿分离、雨污分流、污水分质输送，以减少排污量。对雨水可采用专用沟渠、防渗漏材料等进行有组织排水；对污水应用暗道收集，改明沟排污为暗道排污。

粪便经过无害化处理后可作为农家肥施用，也可作为商品有机肥或复混肥加工的原料。未经无害化处理的粪便不得直接施用。

固体粪便无害化处理可采用静态通风发酵堆肥技术。粪便堆积保持发酵温度50℃以上，时间应不少于7天；或保持发酵温度45℃以上，时间不少于14天。

在有条件的牛场，也可用沼气池对粪便进行无害化处理。

八、记录与档案管理

养殖户要根据农业部发布的《畜禽标识和养殖档案管理办法》建立肉牛生产记录制度，配备专门或兼职的记录员，对日常生产、活动等进行记录，以便及时掌握肉牛的生产情况，记录资料包括：产犊记录、牛群周转记录、日饲料消耗记录、舍内环境温湿度记录、出入记录、卫生防疫与保健记录、饲料兽药使用记录、育种与繁殖记录、饲料和兽药的使用记录等。建立健全包括牛群购销、疫病防控、饲料采购、人员雇佣等生产管理、档案管理制度。

生产管理制度、防疫消毒制度、饲养管理操作规程、合理的免疫程序全部需要上墙。

（大理州畜牧工作站张尧提供）

附录三：大理州生物发酵床养猪技术规程（试行）

为规范我州生物发酵床养猪技术推广应用，特制定本试行规程。

生物发酵床养猪技术应用于养猪生产，其主要技术路线和基本原理如下：生物发酵床养猪是根据微生态理论，在猪舍内铺设锯末、谷壳、米糠等有机垫料，添加微生物菌制剂建成发酵床，猪在发酵床上生活，利用猪的拱掘习性，加上人工辅助翻耙，使猪粪、尿和垫料充分混合，利用生物发酵技术，通过有益发酵微生物菌落的分解发酵，使猪粪、尿等有机物质得到充分的分解和转化，生成无害的菌体蛋白及纤维性物质。结合益生菌拌料饲喂，构建猪消化道及生长环境的良性微生态平衡。达到免冲洗猪舍，零排放、无臭味，从源头上实现环保和无公害养殖目的。猪出栏后，清出圈舍的垫料就是优质有机肥。

一、生物发酵猪舍新建（改造）设计与建造原则

（一）设计原则

建设生物发酵猪舍要达到夏天以散热为主，冬天以保暖为主的功能。应选择地下水位低、地势开阔、能充分采光、通风良好的地方，一般要求猪舍东西走向坐北朝南，南北可以敞开，两侧和屋顶留有通风换气窗口，能形成舍内良好的空气对流，能有效调控舍内及发酵床温湿度和菌种活性。

（二）猪舍结构

由于发酵床养猪技术有其特殊性，所以猪舍一般采用单列式，猪舍跨度为9~13米，猪舍屋墙高度3.7~4.3米（包含发酵床的高度）。以发酵池面计不低于2.5米。猪舍长度因地制宜。一般来说，猪舍建筑面积最好不低于200平方米。有条件的地方，栋舍间距要宽敞些，可供小型挖掘机或小型铲车行驶，一般在4米以上。

（三）猪　栏

栏圈面积大小可根据猪场规模大小（即每批断奶转栏数量）而定，一般掌握在40平方米左右，饲养密度0.8~1.5头/平方米。每栏饲养40头左右，猪栏高度在50~80厘米之间。位于发酵池中间的隔栏应深入床下一定深度，防止猪拱洞钻过混圈。隔栏最好是活动的，以便发酵床的维护和管理。

（四）猪舍内部设施

（1）采食台：在猪舍一端设置，经水泥硬化。采食台宽度根据饲养的猪的大小而定，一般育肥舍在1.2米以上，保育舍在40厘米以上。在采食台上建设

食槽或安装自动料槽供猪只采食。

（2）过道：经水泥硬化，宽度一般不得低于 1.2 米，以便饲养管理。

（3）饮水设施：在每个猪栏必须安装自动饮水器，每栏至少设 2 个，距床面 30~40 厘米，下设集水槽，将水向外引出，以防止猪饮水时漏下的水弄湿床面，流进垫料池。

（4）其他设施：根据需要合理配置。

（5）垫料池结构

垫料池建设有三种模式：一是地上式，适合地下水位高、雨水容易渗透的地区，该模式管理方便，但地上建筑成本有所增加，发酵床靠近四周的垫料发酵受周围环境影响大；二是地下式，适合地下水位低、排水通畅、雨水不易渗透的地区，该模式地上的建筑成本较低，发酵效果相对均匀，但需要挖掘发酵床区域泥土；三是半地上半地下式，结合了地上式、地下式的优点，地上建筑成本和效果也介于二者之间。针对垫料池的这几种形式，可以利用特殊的地理状况因地制宜地建设，以降低成本。垫料池底地面根据地下水位情况，可固化，也可不用固化。

二、发酵床的设计与建造技术要求

发酵床主要由有机垫料组成。垫料由锯末、谷壳、米皮糠或麦麸、玉米面等原料分层次按比例配合，加入发酵素菌剂而制成。垫料可集中制作，也可在猪舍内制作，无论采用什么方法，只要能达到充分搅拌、混合均匀、充分发酵即可。

（一）垫料原料的准备

（1）保水性原料。锯末、树枝、树根和树皮粉碎的末。该原料的主要成分是木质素，保水性好、耐用、不易霉变、不易被微生物酶解。

（2）疏松性原料。谷壳、松针（轧成寸长）。其主要成分是纤维素、半纤维素和木质素，优点是疏松性好、耐用、不易霉变、微生物降解慢。

（3）营养性原料。米皮糠、玉米、大米。将此原料粉碎成直径 0.5 毫米的粉状后使用。

（二）原料的选择和质量要求

（1）锯末。选择新鲜、无霉变、无腐烂、无异味的原木生产的粉状木屑。

（2）稻壳。选择新鲜、无霉变、无腐烂、无异味、不含有毒有害物质的稻壳，不能粉细，应当是片状的。

（3）米皮糠：是发酵床的营养物质。选择新鲜、质量良好的米皮糠。

（4）生物菌种：选择正规厂家生产的质量达标的成熟合格菌种。

（三）原料用量

1. 垫料厚度

保育猪40~60厘米，中大猪80~100厘米。育肥猪舍垫料厚度冬天为60~80厘米，夏天为60厘米，保育猪舍垫料厚度冬天为50~60厘米，夏天为50厘米。

2. 原料比例

锯末与谷壳的体积比为4:6，保水疏松性原料与营养性原料的体积重量比为1:6~1:7。以80厘米深，面积1平方米为例需要锯末100千克左右，稻壳50千克左右，在实际制作中，应多预留20%的用量以备用（因猪踩踏和降解，需添加）

（四）垫料堆积发酵

按设定好的高度将铺好的垫料进行加水混合搅拌，使其水分在45%左右，物料基本均匀。混合均匀后堆成梯形状，高度不得低于1.5米，每堆垫料体积不得少于10立方米，尽可能集中。用麻袋或编织袋覆盖周围保温（着地和顶部10厘米不需要遮盖，以利于空气进出）。通常情况下，垫料堆积后24小时，35厘米深度的温度应当上升超过40℃，72小时应当上升超过65℃上，当第一次堆积发酵温度在65℃以上保持48小时后即可进行第二次发酵。当温度持续在65℃以上达48小时后，垫料的发酵过程算完成，该垫料便可使用。

垫料在栏舍摊开铺平后，用预留的10%未经发酵的谷壳、锯末覆盖，厚度约10厘米。间隔24小时后才可进猪。

三、发酵床的使用、维护管理及猪的饲养管理

（一）进猪一周内主要观察猪排粪拉尿区的分布情况，把特别集中的猪粪分散开来，防止垫料表面扬尘。猪舍内饲喂台、料槽及时清理，打扫干净。为利于猪拱翻床面，猪的饲料喂量应控制在正常量的80%。

（二）一周后，一般每周根据垫料湿度和发酵情况调整垫料1~2次。当粪、尿成堆时在垫料区内挖坑埋上即可。在猪固定排便的区域重点维护，从30厘米的深度把垫料分散到垫料干燥的区域，再把干燥均匀的垫料填充弄平。进猪一段时间后，当猪舍中的锯屑变少时，要及时补充添加一些锯末、谷壳等垫料原料。

（三）垫料床表面不能太干燥，既要保持发酵床松散，又不能有灰尘扬起来，否则猪容易得呼吸道疾病。应经常测量发酵床的水分，中心发酵层含水量一般控制在65%左右，水分过多时可打开通风口，利用空气流动调节湿度。检查垫料水分时，可用手抓起垫料攥紧，如果感觉潮湿但没有水分出来，松开后

即散，可判断有 40%~50% 的水分；如果感觉到手握成团，松开后抖动即散，指缝间有水但未流出，可以判断水分含量为 60%~65%；如果攥紧垫料有水从指缝滴下，则说明水分含量为 70%~80%。在特别湿的地方加入适量新的锯末、谷壳，锯末、谷壳各 50%。

（四）从进猪之日起，每 50 天要大动作地翻垫料 1 次。有条件的，在猪舍内搬入小型挖掘机或铲车，在粪便较为集中的地方，把粪尿分散开来，并从底部反复翻弄均匀；水分高的地方添加一些锯木粉末、谷壳等垫料原料；看垫料的水分决定是否全面翻弄。如果水分偏多，氨臭较浓，应全面上下翻弄一遍。看情况可以适当补充些有营养的垫料原料和发酵菌种。

（五）生物发酵床养猪，经 2~3 个月后，床面成为自然腐熟状态，中部层有白色的菌丝或菌落，其温度应在 40~50℃。

（六）饲养密度：单位面积饲养猪的头数过多，床的发酵状态就会降低，不能迅速降解、消化猪的粪尿，一般每头猪占地 1.2~1.5 平方米。推荐养殖密度是：育肥猪（50~100 千克）1.2~1.5 平方米/每头；育仔猪（50 千克以下）0.8~1.2 平方米/每头；母猪 2.0~3.0 平方米/每头。

（七）饮水管理：要防止饮水器漏水或猪饮水时泼洒的水流入到发酵床中而使垫料湿度过大，影响发酵床的正常发酵。必须经常检查饮水及排水系统是否完好。

（八）猪全部出栏后，最好将垫料放置干燥 2~3 日；将垫料从底部反复翻弄均匀一遍，可以适当补充米糠与菌种混合，重新堆积发酵；谷壳、锯末覆盖，厚度约 10 厘米，间隔 24 小时后即可再次进猪饲养。

（九）饲料中不得添加抗生素、抗菌剂药物，不得使用高剂量铜、锌等微量元素添加剂，否则，粪便中残留的抗生素等会对发酵床中的微生物菌群产生不利影响。

（十）驱虫：虽然该技术可以抵抗病菌对猪的侵袭，增强猪的抗病力，但是发酵床的温湿度是寄生虫的最佳生存环境，发酵床一旦被寄生虫污染，很难清除。因此，驱除猪体内外的寄生虫是发酵床养猪技术中的重要环节，生猪入圈前一定要事先驱除体内外的寄生虫。

（十一）疾病防控：预防接种按照常规进行；舍外环境、走道、猪栏、器具、空气消毒照常，垫料无须消毒；驱虫按照常规驱虫方法进行；出现死猪按照常规进行处理；发现病猪，及时隔离治疗，如属群体发病，待猪痊愈后，将垫料发酵一次恢复益生菌菌群，同时杀灭病猪排放在垫料中的病原微生物。

（大理州畜牧工作站于 2009 年 12 月制定）

附图：国内外优质畜禽品种

一、优良猪种

民猪

金华猪

太湖猪

两广小花猪

荣昌猪

藏猪

约克夏猪（大白猪）

长白猪

杜洛克猪

皮特兰猪

汉普夏猪

巴克夏猪

二、优良牛种

秦川牛

南阳牛

晋南牛

鲁西牛

延边牛

瘤牛　　　　　　　　　　大额牛（独龙牛）

荷斯坦牛

红荷斯坦牛

娟珊牛

西门塔尔牛

海福特牛　　　　　　　　　　　红安格斯牛

安格斯牛

夏洛来牛

利木赞牛

比利时蓝牛

 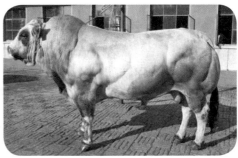

皮埃蒙特牛

婆罗门牛

九龙牦牛

青藏高原牦牛

天祝白牦牛

摩拉水牛

尼里－拉菲水牛

槟榔江水牛　　　　　　　　邓川牛

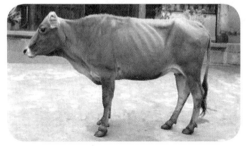

邓川牛（母）　　　　　　　邓川牛（公）

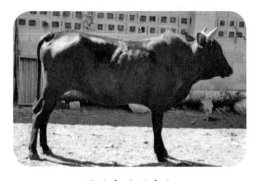

邓川牛（黑色）　　　　　　邓川牛（混合色）

三、优良羊种

澳洲美利奴羊

罗姆尼羊

边区莱斯特羊　　　　　　　　　　滩羊

蒙古羊

湖羊

乌珠穆沁羊

小尾寒羊

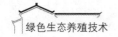

大尾寒羊

西藏羊

萨能奶山羊

安哥拉山羊

内蒙古绒山羊

中卫山羊

济宁青山羊　　　　　　　　波尔山羊

四、优良马种

英国纯血马

英国纯血马

奥洛夫马

苏维埃重挽马

伊犁马

三河马（呼伦贝尔）

河曲马（黄河上游第一河曲处）

蒙古马

大理马（骝色，公）

大理马（骝色，母）

大理马（绣黑色，公）

大理马（绣黑色，母）

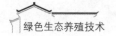

五、优良鸡种

白来航鸡

白洛克鸡

洛岛红鸡

白科尼什鸡（白羽）

狼山鸡

大骨鸡

九斤黄鸡

武定鸡

寿光鸡

无量山乌骨鸡

北京油鸡

固始鸡

茶花鸡

瓢鸡　　　　　　　　　　　腾冲雪鸡

白耳黄鸡

仙居鸡

桃源鸡　　　　　　　　　　鲁西斗鸡

南涧绿耳乌鸡

云龙矮脚鸡

参考文献

［1］林大木，梁伟.优质牧草栽培及加工技术［M］.长沙：湖南科学技术出版社，2012.

［2］蔡宝祥.家畜传染病学［M］.北京：中国农业出版社，1999.

［3］朴范泽.家畜传染病学［M］.北京：中国农业大学出版社，2004.

［4］张宏伟，欧阳清芳.动物疫病［M］.北京：中国农业出版社，2015.

［5］闻重阳.家禽生产技术［M］.昆明：云南科技出版社，2017.

［6］吴健.畜牧学概论［M］.北京：中国农业出版社，2006.

［7］常明雪，刘卫东.畜禽环境卫生［M］.北京：中国农业大学出版社，2011.

［8］周大薇，邓灶福.动物环境卫生［M］.西安：西安交通大学出版社，2015.

［9］徐国栋，郭立力.猪场的饲养管理要点与猪病防治策略［M］.北京：中国农业出版社，2012.

［10］路燕，郝菊秋.动物寄生虫病防治［M］.第2版.北京：中国轻工业出版社，2017.